玉米秸秆碳在土壤中的腐解与赋存

徐英德 汪景宽 等 编著

U0335613

中国农业出版社
北 京

图书在版编目（CIP）数据

玉米秸秆碳在土壤中的腐解与赋存 / 徐英德等编著
. —北京：中国农业出版社，2023.8
ISBN 978 - 7 - 109 - 30710 - 0

Ⅰ.①玉… Ⅱ.①徐… Ⅲ.①玉米秸－秸秆还田－研
究 Ⅳ.①S816.5

中国国家版本馆 CIP 数据核字（2023）第 089069 号

中国农业出版社出版

地址：北京市朝阳区麦子店街 18 号楼
邮编：100125
责任编辑：魏兆猛
版式设计：杨 婧　　责任校对：刘丽香
印刷：中农印务有限公司
版次：2023 年 8 月第 1 版
印次：2023 年 8 月北京第 1 次印刷
发行：新华书店北京发行所
开本：787mm×1092mm　1/16
印张：15
字数：360 千字
定价：90.00 元

编 委 会

本专著出版得到以下课题资助

1. 国家重点研发计划"黑土地耕地质量评价大数据平台构建（2021YFD1500204）"和"黑土地耕地立地条件和剖面性状关键指标快速调查技术与应用（2021YFD1500202）"。
2. 国家自然科学基金面上项目"植物残体转化为土壤有机质的微生物过程及新形成有机质的稳定性（41977086）"。
3. 国家自然科学基金面上项目"玉米残体在棕壤中的激发效应、赋存形态及其供氮能力（41671293）"。

东北黑土区是我国最重要的粮食生产基地，已成为保障国家粮食安全的"稳压器"和"压舱石"。然而，由于持续高强度地开发利用和气候变化等多种因素的影响，该地区农田土壤出现了"变薄、变瘦、变硬"等较严峻的退化问题，其中，土壤有机碳数量和质量的下降是土壤质量退化的核心。土壤有机碳的变化不仅直接决定土壤的肥力水平和农田生产力，而且影响农业可持续发展和陆地生态系统碳平衡。因此，提升农田土壤固碳潜力已成为提高土壤质量和保障粮食安全的双赢之举。而深入认识并理解东北地区农田土壤有机碳的转化、固定和稳定等关键过程及其调控机制，成为当前亟待解决的关键科学问题。

作物秸秆还田是补充土壤有机碳最直接、最有效的农业技术措施，对于改善土壤结构与理化性质、提升保肥与供肥性能、实现作物高产与稳产具有重要作用。秸秆碳向土壤有机碳的转化是十分复杂的过程，具有非线性、非平衡和非理想的特征。识别秸秆碳在土壤中的固定途径与驱动因素已成为厘清东北黑土区土壤有机碳更新与稳定机理的关键。土壤微生物是实现秸秆腐解与转化最重要的驱动力，而新形成土壤有机碳的固定又受到不同团聚体与碳组分的调控；同时，秸秆碳还能对土壤原有机碳产生激发效应，从而影响土壤有机碳的平衡。因此，在应用碳同位素示踪技术的基础上，融合团聚体分级、有机碳分组、生物标识物（磷脂脂肪酸和氨基糖等）、气体监测等多种土壤学研究手段，对玉米秸秆碳在土壤中转化的微生物调控过程及其在土壤不同空间/组分中的分布情况进行整体性、系统性研究，目的是明确玉米秸秆输入后外源碳在土壤中的转化、稳定和矿化过程之间的关系，建立多因素、多环节耦合的土壤碳循环模型，揭示东北黑土区土壤有机碳转化与赋存的本质。

本书是在国家自然科学基金面上项目"植物残体转化为土壤有机质的微生物过程及新形成有机质的稳定性（41977086）"等项目的资助下，并结合课题组多年来在东北黑土区基于碳稳定同位素示踪技术所开展的玉米秸秆腐解试验的基础上所凝练出的成果。全书共分为七章：第一章为绪论，主要概述东北黑土区耕地质量现状与面临的机遇与挑战，以及秸秆还田的内涵与意义；第二章主要对玉米秸秆在土壤培肥中的作用和土壤有机碳固定机制相关研究进展进行介绍；第三章至第七章，分别从玉米秸秆碳在土壤中的残留与固定、玉米秸秆碳在土壤团聚体中的分配与周转、玉米秸秆碳在土壤不同碳库中的赋存与保护机制，以及土壤微生物对玉米秸秆碳的利用过程、玉米秸秆碳对土壤有机碳的激发效应等方面，多角度、全方位揭示东北黑土区典型土壤中玉米秸秆还田后，外源碳在土壤中的固定特征及驱动机制。

本书的出版要感谢沈阳农业大学棕壤长期定位试验站、吉林省农业科学院公主岭国家级黑土肥力与肥料效益监测站、黑龙江省农业科学院农业农村部哈尔滨黑土生态环境重点野外科学观测长期定位试验站相关研究人员给予的大力帮助；感谢中国农业出版社编辑的鼎力支持，使得本书在短时间内得以出版。

由于编著者学术积累有限，书中遗漏和不足之处在所难免，真诚希望广大读者提出宝贵意见。

编著者
2023 年 4 月

CONTENTS
目录

第一章

绪　论

　　黑土地是最珍贵的土壤资源，在全球范围内涵盖了较多的土壤类型，除了典型的黑土外，还包括黑钙土、栗钙土、白浆土、暗棕壤、棕壤、草甸土及水稻土。东北黑土地区是世界四大黑土区之一，主要分布在黑龙江省、吉林省、辽宁省以及内蒙古自治区东四盟地区（东经$118°53'$—$135°5'$，北纬$38°43'$—$53°33'$），总面积124.86万 km^2。东北隔黑龙江和乌苏里江与俄罗斯相望，东南隔图们江和鸭绿江紧邻朝鲜，西与蒙古国接壤，西南与河北省相邻，南临渤海与黄海。地形多为山麓平原和山前洪积阶地，地势平缓辽阔，为波状漫岗起伏，坡度范围在$1°\sim5°$。该地区耕地总面积3 583.67万 hm^2，多数集中在松嫩平原、三江平原、辽河平原和大兴安岭山前平原，粮食产量占全国粮食总产量的1/4、商品粮的1/3，为保障国家粮食安全做出了重要贡献。

　　一般来讲，黑土是指温带半湿润气候草原草甸植被条件下形成的黑色或暗黑色均腐质土壤。从性状来看，黑土的主要特征是具有较深厚的暗沃表层（>20 cm）、良好的团粒结构、丰富的有机质含量（>20 g/kg）、较高的盐基饱和度（>70%）、适宜的pH（5.5～6.5）和适宜的土壤容重（1.0～1.3 g/cm^3）。东北黑土发育于多种基性母质上，包括石灰岩、玄武岩、第三系河流和湖泊沉积物，母岩中含有丰富的斜长石、铁镁矿物和碳酸盐。黑土区属于温带大陆性季风气候，四季分明，冬季漫长，寒冷干燥，年平均气温为$-2\sim$8 ℃，年均降雨量在400～700 mm。通常认为黑土是温带草原草甸条件下形成的土壤，母质绝大多数为黄土性黏土，土壤质地黏重，透水不良，且有季节性冻层。在温暖多雨的夏季，植物生长茂盛，使得地上及地下有机物年积累量非常大；而到了秋末，霜期到来早使得植物枯死保存在地表和地下；随着气温急剧下降使得残枝落叶等有机质来不及分解，等到来年夏季土壤温度升高时，在微生物的作用下，植物残体转化成腐殖质在土壤中积累，从而形成深厚的腐殖质层。数万年至几十万年前，草原和森林植被枯死后的残体在原先的沙砾层上逐渐堆积，形成厚重的腐殖质层，最终发育成养分丰富的黑土。据估计，每形成1 cm厚的黑土层，需要400年左右的时间。因此，黑土是东北地区特有的气候和植被相互作用而形成的土壤类型。

　　中华人民共和国成立后，该地区自然土壤得到了大面积开发利用，农业生产中拥有规模化、集约化和信息化等特点，东北黑土地区粮食产量不断增加，居全国粮食增产的主导地位。然而，由于土壤侵蚀和长期高强度重用轻养等原因，东北黑土地面临着土壤退化等诸多问题，具体体现如下。

　　黑土地区土壤开垦率高，但后备资源不多。东北平原及漫川漫岗地区主要土壤为黑土、黑钙土、白浆土和草甸土，总土壤面积为3 344.3万 hm^2，已开垦为耕地1 875.9万 hm^2，开垦率平均为 56.1%。目前，非耕地面积尚有 1 468.4 万 hm²，包括林地、草地及建设用地。这些非耕地开垦为耕地的难度较大，按一般 40% 的开垦率计算，可开垦为耕地的仅有 587.4 万 hm²。因此，东北黑土地区土地开垦率已较高，耕地后备资源储备较少，能开垦为优质耕地的数量更少，且难度很大。

黑土地区耕地面积较大，但中低等地比例较高。黑土地区耕地面积为 3 583.67 万 hm²，占全国耕地面积的 1/4 左右。根据 2014 年《东北黑土区耕地质量评价》结果，该区耕地质量平均为 3.84 等，其中高等地（1～3 等）面积 992.74 万 hm²，占比 27.70%；中等地（4～7 等）面积 2 161.88 万 hm²，占比 60.33%；低等地（8～10 等）面积 429.05 万 hm²，占比 11.97%。中低等地占比较高，达到了 72%（辛景树 等，2017）。

黑土地区利用强度较大，导致黑土变薄、变瘦、变硬。东北黑土地区土壤肥沃，是我国重要的农业产品基地。近年来，由于自然因素制约和人为高强度利用，该区域水土流失日益严重。据调查，黑土区平均每年流失 0.3～1.0 cm 厚的黑土表层，黑土区原本较厚的黑土层现在只剩下 20～30 cm，有的地方甚至已露出黄土状母质，基本丧失了生产能力。据测算，黑土地区现有的部分耕地再经过 40～50 年的流失，黑土层将全部消失。目前东北典型黑土区存在水土流失的面积有 4.47 万 km²，约占典型黑土区总面积的 26.3%（王玉玺 等，2002）。每生成 1 cm 黑土需要 200 年到 400 年时间，而现在部分黑土层却在以每年近 1 cm 的速度流失，黑土层越来越薄。此外，东北黑土地区土壤具有丰厚的腐殖质，碳储量巨大，因此相对于其他土壤类型，更容易受到扰动，其微小变化都对气候变化产生重要影响。东北黑土有机质含量从原来开垦初期的 60～80 g/kg，耕种 20～30 年后下降到 20～30 g/kg，2014 年平均为 30.56 g/kg（辛景树 等，2017）。损失的碳从土壤中释放到大气，导致大气中 CO_2 含量增加，影响气候变化，使土壤从"碳汇"转为"碳源"。黑土有机碳储量的降低导致黑土越来越瘦。此外，多年来，东北地区普遍采用小四轮拖拉机进行农田耕作及运输，反复碾压导致耕层土壤容重增加，土壤板结，孔隙减少，通透性变差，入渗能力下降。黑土理化性状的恶化导致保水保肥性能减弱，抗御旱涝能力降低，团粒结构不断减少，土壤日趋板结，黑土越来越硬。

黑土地耕层土壤 pH 下降，土壤酸化趋势明显。耕层土壤酸化是近年来黑土地区存在的主要问题。土壤酸化不仅影响作物的根系发育和养分吸收，而且会活化土壤中的重金属，导致土壤、农作物中重金属含量超标。从全区土壤情况来看，pH 在 5.5～6.5 的耕地占 46.89%，其中黑龙江省占本区域耕地面积 54.90%，存在明显的酸化趋势。从耕地的土壤类型看，黑土 pH 平均为 5.98，暗棕壤为 5.91、棕壤为 6.26、草甸土为 6.7、白浆土为 5.84、水稻土为 6.32（辛景树 等，2017）。由此可见，黑土地区土壤酸化趋势明显，必须引起高度重视。黑土地区酸化问题日益严重，主要是自然因素和人为因素两方面作用的结果。自然因素主要是大量降雨（或酸雨）导致土壤盐基离子淋失，以及土壤中微生物通过分解有机物产生大量酸性物质；人为因素主要是过量施用氮肥，导致土壤 pH 不断下降。

基础设施投入不足，法律保护措施落实不到位。东北黑土地区农田基础设施建设相对滞后。大多数地区基础设施是 20 世纪 70～80 年代建设的，已经很难满足当前农业生产的需求。尤其是土地联产承包以后，农田防护林体系破坏比较严重，防风防蚀能力下降，风蚀水蚀频繁发生,导致黑土层逐年变薄,土壤质地变粗,导致严重的沙化。我国现有的耕地质量保护方面的法律法规等存在一定的缺失,如我国《农业法》《土地管理法》《基本农田管理条例》等法律法规对耕地质量管理作了一些原则性的规定,但内容不够具体、操作性不强,在实际工作中难以落实。

东北黑土区耕地质量所出现的这些问题不仅影响作物产量,而且影响我国的粮食安全与长治久安。同时,这些问题的出现也给我们带来很多的机遇与挑战,具体体现如下。

保证国家粮食安全是黑土地区面临的最大机遇。首先,要落实国家领导人批示,加大黑土保护力度。2020年7月,习近平总书记视察吉林时强调要采取有效措施,切实把黑土地这个"耕地中的大熊猫"保护好、利用好,使之永远造福人民。我国人多地少的基本国情,决定了必须把关系十几亿人吃饭大事的耕地保护好,绝不能有闪失。要实行最严格的耕地保护制度,依法依规做好耕地占补平衡,规范有序推进农村土地流转,像保护大熊猫一样保护耕地。各级部门要扎实落实,加大投入,保护和利用好黑土地。其次,要落实黑土规划纲要,提高综合生产能力。2017年,农业部会同国家发展和改革委员会、财政部、国土资源部、环境保护部、水利部发布了《东北黑土地保护规划纲要(2017—2030年)》,该纲要明确指出黑土地保护的重要性和紧迫性,明确提出依靠科学进步,推进用养结合,改善内在质量,夯实国家粮食安全的基础,统筹土、肥、水、种及栽培等生产要素,确保黑土地保护取得实效。加大投资力度,鼓励和扶持农民秸秆还田,提升土壤有机质,有效改善土壤理化性状,提高耕地综合生产能力。优化种植结构,减少玉米连作,提高大豆种植面积,实行合理的轮作体系,优化施肥体系,提高黑土基础地力。提高农业集约化程度,落实好黑土地保护措施,提高黑土地综合生产力能力。再次,要利用黑土地优势,满足国家粮食需要。黑土地越来越多地致力于谷物生产、饲料生产以及发展天然牧场,是世界天然粮仓。东北黑土地区气候生产潜力 $4.65\sim13.06\ t/hm^2$ (平均 $8.67\ t/hm^2$),耕地生产能力 $2.77\sim9.38\ t/hm^2$ (平均 $6.63\ t/hm^2$),粮食生产能力 $2.97\sim12.1\ t/hm^2$ (平均 $7.64\ t/hm^2$),结合粮食播种面积,东北黑土地区粮食总生产能力 1.784 亿 t,以 $400\ kg$ 标准人均粮食占有量计算,东北黑土地区总剩余生产力 1.37 亿 t,在保障当地经济发展的前提下,可保证全国其他地区 3.414 亿人的粮食供给,是国家粮食安全的"压舱石"。

提升黑土地耕地质量等级是面临的最大挑战。第一,要加强水土流失治理,确保黑土地耕层不变薄。在东北黑土地区应加强水土流失治理,开展黑土地保护,应当修建等高地埂植物带、推进等高种植和建设防护林带。要坚持突出重点,综合施策。以耕地质量建设和黑土资源保护为重点,统筹考虑土、肥、水、种等生产要素,综合运用工程、农艺、农机、生物等措施,提升黑土地耕层厚度。要根据实施情况,对不同坡度的缓坡耕地,采取机械起垄横向种植、短坡种植、等高修筑地埂,结合地埂种植生物篱带等治理措施,来减缓和防止水土流失,确保黑土地耕层不变薄。第二,要加强有机物料投入,确保黑土地有机质不下降。在东北黑土地区,应当大力推广秸秆还田和增施有机肥技术,防止土壤有机质进一步下降。与此同时,开展测土配方施肥,推广高效肥和化肥深施、种肥同播等技术。通过秸秆还田、增施有机肥、深松深翻、测土配方施肥、合理轮作等措施,可以明显改善土壤结构、土壤理化和生物学性状。保护性耕作是一种以农作物秸秆覆盖还田、免(少)耕播种为主要内容的现代耕作技术体系,能够有效减轻土壤风蚀水蚀,增强保墒抗旱能力和土壤肥力，提高农业生态和经济效益。在现行的种植制度中，黑土保护应采取耕作、培肥和工程措施相结合方式进行，可以采用"粮-肥-畜"的创新型运营模式，结合国家财政补贴以及政策扶持等多重手段，实现黑土地土壤有机质提升的目标。第三，要重视平衡施肥和酸化土壤改良，遏制土壤酸化。黑土地区必须采取测土施肥技术，及时掌握土壤养分与 pH 变化情况，根据该地区土壤的理化性质和测定结果进行合理施肥，可通过有机无机肥料结合的方式进行科学平衡施肥，避免长期施用酸性肥料带来的土壤酸化。另外，对于已酸化的土壤要施用石灰、生物炭等酸性土壤改良剂，尽快提升土壤 pH，达到改良和缓解土壤酸化的目的。与此同时，要采取合理的灌溉、排水和种植制度，防止土壤酸化。第四，要加强高标准农田建设，确保黑土地质量不断提升。在高标准农田区，应当大力发展高效节水灌溉，实施续建配套与节水改造，完善田间灌排渠系，增加节水灌溉面积，争取实现节水灌溉全覆盖。在中低产田地区，要针对障碍层次（白浆层、黏化层、钙化层、酸化层、盐化层和碱化层等），开展土地整治和土壤改良，构建理想的肥沃耕层；加强农田水利设施建设，加大高标准农田建设力度，争取实现集中连片、旱涝保收的高标准农田建设目标。2020—2030 年，东北黑土地区耕地质量再提升 0.5～1 个等级，粮食产能稳步提高。第五，要加强质量管理制度建设，确保黑土地保护有法可依。保护黑土地，立法要先行。应制定严格的黑土地保护管理法律，包括防止污染与耕地政策调整等。建议制定耕地保护法，形成以耕地保护法为核心、土地管理法、农村土地承包法、环境保护法有机衔接、相互补充的严密的耕地保护法律体系；以耕地"总量不减少、质量不下降"为目标，明确保护黑土地及其他耕地资源的责任主体，落实法律责任，引导政府、企业和农户依法规范保护耕地；建立耕地质量建设激励机制，对提高耕地质量的有关措施实行补贴；制定相关政策措施，鼓励耕地承包经营者保护耕地，培肥地力，提升质量，如秸秆还田补贴、种植绿肥补贴、有机肥补贴、保护性耕作补贴等，并制订具体的补贴额度和补贴措施。国家要加大东北黑土地保护规划纲要的落实力度，吸引各方面资金，实施大规模中低产田改造，提高黑土地耕地质量。

在众多东北黑土区耕地质量提升措施中，秸秆还田技术是提升土壤有机质含量、改善土壤肥力、提高作物产量和农业效益的基本手段；同时，秸秆还田也是保护性耕作中的重要措施之一。但是，东北地区作物秸秆资源化利用率仍较低，秸秆焚烧和废弃量较大，对环境造成明显的污染；秸秆直接还田比例总体较低，且地域差异较大。世界上农业发达的国家大都非常重视土地的用养结合和发展生态农业，秸秆还田和农家肥占施肥总量的2/3。在美国秸秆还田十分普遍，据美国农业部统计，美国每年生产作物秸秆 4.5 亿 t，秸秆还田量占秸秆生产量的 68%，对保持土壤肥力起着十分重要的作用；英国秸秆直接还田量则占其生产量的 73%（李万良和刘武仁，2007）。因此，东北地区还应该继续加快秸秆还田的推广进程，建立完善的秸秆还田技术体系，使秸秆还田发挥出更大的效益。

秸秆还田方式主要有直接和间接两种（邱琛 等，2020）。其中覆盖还田、深混还田和留高茬这三种方式属于直接还田。将收获后的作物秸秆直接覆盖在土壤表层上面的方式称为覆盖还田，是降水量较少、干旱较严重的地区保水抗旱的一种重要方法。作物收获后使用螺旋式犁壁犁等机械将秸秆深混入 0～35 cm 土层的方式称为深混还田，通过增加秸秆与土壤的接触面积，促进秸秆的腐解（周怀平 等，2013），可用于玉米和水稻等大田作物秸秆还田。在完成作物收割后，保留一定高度的茬，耕作时翻埋到土壤中的方式称为留高茬，这种方式可以提高土壤抵御风蚀和水蚀的能力。此外，过腹还田和堆沤还田属于间接还田。作物秸秆经过食草牲畜的咀嚼作用和胃的消化作用后，以有机肥的形式返还土壤的方式称为过腹还田。这种还田方式不但有效减缓了浪费秸秆的现象，而且还在一定程度上减少了养殖业的成本，促进了养殖业的发展。将作物秸秆放置在一个温度较高的环境中，利用高温的作用使得秸秆充分发酵。有时为了使秸秆能够完全发酵和加快腐熟，经常通过加入催熟菌剂的方式来达到预期的效果。此外，堆沤的过程会降解因发酵作用而产生的有毒物质，从而解决因直接还田所带来的其他问题。在东北地区，玉米秸秆直接还田是最受关注的还田方式，玉米秸秆直接还田按秸秆还田数量分为全量还田和部分还田，按秸秆处理方式分为整秆还田和粉碎还田，按秸秆还田部位分为覆盖还田和翻埋还田（梁卫 等，2016）。在全国范围内，华北是玉米秸秆直接还田比例最高的地区，虽然东北是我国最大的玉米产区，但东北地区玉米秸秆直接还田比例远低于全国平均水平，很多农户将玉米叶在田间焚烧掉，玉米秆收集后放在家中用作冬季烧炕取暖、做饭燃料。虽然东北冷凉的气候条件在一定程度上不利于秸秆直接还田，但玉米秸秆还田是集土壤增碳培肥、固碳减排为一体的技术措施，是现代农业的必然选择。

秸秆还田最突出的作用就是向土壤输入新的有机碳，进而提升土壤有机碳水平并影响土壤有机碳的整个生物地球化学循环过程。但秸秆碳在土壤中的周转及其对土壤有机碳收支情况的影响是一个非常复杂的过程，受到秸秆性质、土壤理化性质和微生物性质的共同影响。因此，明确不同环境条件下还田秸秆碳在土壤中的去向、转化及微生物利用过程对于准确评估秸秆还田条件下各类土壤有机碳的变化特征，进而实现秸秆还田的高效培肥具有重要意义。还田进入土壤的秸秆在微生物的作用下大部分被转化为 CO_2 释放至大气中，剩余的碳组分经微生物同化后进入土壤有机碳库，使土壤有机质含量和总碳储量得以维持或增加。同时，土壤中原有机碳也不停地分解和矿化，分解成 CO_2 或 CH_4 离开土壤，并受秸秆腐解过程的制约。因此，秸秆碳的转化及其分配过程与秸秆还田后土壤肥力和固碳能力的变化密切相关。

碳同位素技术因其具有高度的专一性和灵敏度而成为研究秸秆碳在土壤中转化过程的最重要的手段（杨艳华 等，2019）。早在 1963 年，^{14}C 同位素示踪技术就被用来研究有机碳在土壤碳汇中的周转；在 20 世纪 80 年代后，^{13}C 因具有标记均匀、无放射性、无污染，且适用于短期培养和长期定位试验等优点，而被越来越多的研究者采用。通过向土壤中添加 ^{13}C 标记的玉米、小麦和水稻等作物秸秆，前人对秸秆 ^{13}C 在 CO_2 和土壤有机碳中的转化进行了研究，这些研究结果表明不同类型作物秸秆碳的转化总体上呈现先快后慢的规律。对于玉米秸秆而言，添加后 12~14 d 秸秆碳的分解转化率可达最大，CO_2 累积释放碳量占 50% 以上，此后，秸秆碳转化速率逐渐下降并趋于稳定（Kristiansen et al.，2004）。已有关于秸秆碳在土壤中不同碳库中的转化及分配研究显示，仅不足 40% 的秸秆碳经转化分配后进入土壤碳库，并以活性有机碳为主，且稳定性较弱（杨艳华 等，2019）。秸秆碳在土壤中转化的快慢与自身有机碳组成密切相关，秸秆中不同含碳组分的相对分子质量和结构稳定性的不同，造成微生物对其分解转化能力有所差异；同时，土壤类型、土壤肥力、土壤含水量及耕作制度等也是调控秸秆碳转化的重要因素，秸秆碳转化过程中存在对土壤微生物种群的选择性差异，而土壤环境由于其土著微生物群落组成本身存在差异，从而影响秸秆碳在不同类型土壤中的转化与分配。土壤微生物直接参与还田秸秆的碳转化与分配过程，秸秆碳同化微生物的组成、多样性及活性是驱动秸秆碳转化的内在动力。过去，人们通过传统的分离、培养方法对少数可培养的具备秸秆腐解功能的微生物类群做了大量的研究。近年来，随着稳定性同位素探针技术（stable isotope probing，SIP）和现代分子生物学技术的发展，通过^{13}C标记作物秸秆，结合DNA-SIP、PLFA-SIP和^{13}C-氨基糖等技术可以更全面准确地揭示秸秆碳同化微生物的群落组成、多样性及其动态变化规律。秸秆碳的转化分配过程受到以上各个影响因素的共同作用，需要系统研究来量化各影响因子与秸秆碳转化分配比例间的关系，进而指导农田管理措施的制定和调整，使秸秆还田技术能在满足作物养分需求、保障作物产量的同时，实现土壤肥力和土壤固碳能力提升的目标。

综上，东北黑土区是我国重要的优质商品粮生产基地，在保障国家粮食安全中起着重要的作用。但由于长久不合理耕种而造成的土壤肥力与碳储量的下降，已成为世界范围内亟待解决的问题。随着秸秆还田技术的不断推广应用，作物秸秆成为土壤外源有机碳的主要来源。秸秆碳在土壤中的转化和分配直接影响土壤有机碳的含量和组成，进而影响农田土壤碳收支和碳平衡。基于这些背景，本书以玉米秸秆碳在土壤中的腐解与赋存为切入点，通过设置不同的室内培养试验或田间原位模拟试验，利用碳稳定同位素示踪技术为基础研究手段，并与团聚体分组、土壤有机碳分组、生物标识物等技术相结合，全面剖析玉米秸秆碳在黑土和棕壤中的残留与固定情况，量化玉米秸秆碳在土壤团聚体中的分配与周转动态，探讨玉米秸秆碳在土壤不同碳库中的赋存与保护机制，评估土壤微生物对玉米秸秆碳的利用过程并揭示玉米秸秆碳对土壤有机碳的激发效应及其温度敏感性，以期为明确土壤有机碳转化和固定机理提供理论依据，为东北黑土区制定科学的秸秆还田措施、农田土壤培肥与农业可持续发展提供参考。

第二章

玉米秸秆在土壤培肥中的作用和土壤有机碳固定机制研究进展

东北黑土具有土壤肥力高、结构良好、有机质丰富和适合作物生长的特点，但是黑土开垦以来，由于高强度利用和不合理耕作出现了土壤肥力下降、理化性质恶化、水土流失严重和生态环境脆弱等一系列问题，已经成为影响粮食安全保障的潜在威胁。我国作为一个农业大国，有着非常丰富的秸秆资源，每年各种农作物的秸秆产量为 6 亿～7 亿 t。但近年来随着农村劳动力的转移，不少农民为了抢农时、节约人力，经常将大量的农作物秸秆焚烧，不仅浪费了资源、污染了环境，造成土壤水分的蒸发以及土壤结构的破坏，对土壤生态系统也造成了不利的影响。秸秆还田是高效且低成本利用成熟农作物茎叶的一种培肥地力的农业措施，在减少因秸秆焚烧所造成的大气污染的同时能有效地改善土壤理化性质和土壤结构，增加土壤养分含量、土壤总孔隙度和毛管孔隙度，降低土壤容重，促进微生物活力，为作物提供良好的生长环境。同时还能平衡土壤酸碱度，增强土壤保肥保水能力，实现作物高产及提高作物抗倒伏能力。因此，秸秆资源的合理化利用对促进农村经济发展、提高土壤肥力和保障粮食安全具有重要意义。

此外，土壤有机碳的数量和质量不仅是衡量土壤肥力状况的核心要素，也是维系全球气候变化和人类生存发展的关键要素。在全球范围内，土壤生态系统的有机碳储量高于大气层和植被的碳量之和（Stockmann et al.，2013），且对区域环境变化和土壤生物化学过程十分敏感，这个巨大碳库输入和输出平衡的微小波动均会对全球气候变化造成明显影响。目前，增加土壤有机碳库含量和稳定性已成为国际社会广泛认可的维持农业可持续发展以及缓解全球气候变化压力的重要途径。当前亟待解决的核心科学问题是正确认识并理解土壤有机质的形成、周转和稳定等关键过程及其影响机制。土壤有机碳在土壤中的固定过程是团聚体周转、不同土壤有机碳库保护及微生物代谢过程综合作用的结果。当前，无论是在土壤有机碳的稳定与矿化机制，还是土壤有机碳和微生物的相互作用关系等方面均取得了明显进展。但土壤有机碳的转化同样具有非线性、非平衡和非理想的特征。毫无疑问，这些让我们很难去完全捕捉并明确发生在其中的各过程，我们仍面临许多困难、争议和挑战。综合以上考虑，本章主要对玉米秸秆在土壤中的培肥作用以及土壤有机碳的固定机制与相关研究方法等进展进行了系统归纳。

第一节 玉米秸秆在土壤培肥中的作用

东北地区是我国的玉米主产区，玉米播种面积接近 1 400 万 hm²，据不完全统计，玉米秸秆产量超过 9 800 万 t，占全国的 31%（梁卫 等，2016）。从东北地区的自然条件与生产实际来看，玉米秸秆是土壤增碳培肥的主要资源与途径，对玉米产业的可持续发展和耕地的良性循环利用具有重要意义。因此，有必要了解玉米秸秆在土壤培肥中的作用及机理。

一、玉米秸秆还田腐解规律

玉米秸秆分解速度受土壤性质、气候等多种因素影响。高温条件下秸秆分解较快、积累相对较少，低温度条件下腐殖化作用强，有利于有机质积累（梁卫 等，2016）。灌溉有利于碳积累。随加入碳量增加，分解速度加快，碳残留量减少。弱碱性条件有利于秸秆分解（匡恩俊 等，2010）。随还田时间延长玉米秸秆分解率增加，经 150 d 腐解，秸秆组织和维管束均遭到破坏，秸秆腐解率大于根茬。土埋处理分解率大于露天处理，分解率分别为 65.9% 和 48.9%（迟凤琴 等，2010）。有机物料分解速度与含碳化合物组分相关。有机物料碳氮比越高，其分解速率越快，残留量越少；粗纤维含量高，分解速度也快。红外光谱研究表明，随着玉米秸秆腐解，腐解产物脂肪族性降低，芳香性增强；同时，腐解物中碳和氢含量逐渐下降，而氧和氮含量逐渐增加。腐解后，30%~60% 有机成分氧化为 CO_2 和 H_2O。各成分含量变化最快时期在腐解后 60 d 内，阳离子交换量和腐殖酸的含量增加较快。碳氮比也随腐解的进行而降低，而碳氢比则略有增加。氮肥加入能够促进玉米秸秆残体腐解。

二、玉米秸秆还田对土壤物理性质的影响

土壤含水量是表征土壤水分状态的一个重要指标。秸秆覆盖能够有效减小土-气界面的接触面积，从而降低水分的散失（邱琛 等，2020）。赵家煊（2017）的研究表明，作物生长前期，秸秆施入 0~20 cm 土层的土壤含水量较其他处理提高 6.5%~14.7%，试验后期，秸秆覆盖增加了 0~15 cm 土层的土壤含水量。上述研究同时表明，秸秆还田既能增加土壤的保水蓄水能力又能降低土壤表层的水分蒸发量。邹洪涛等（2012）研究认为，玉米秸秆内部具有较大的孔隙，除了可以吸附自然降水外，还可在达到饱和后释放自身吸收的水分，从而提高土壤的含水量。此外，土壤中施入作物秸秆后，土壤水分的毛细作用因秸秆的阻碍而受到抑制，土层深处水分的蒸发也受到抑制。战秀梅等（2017）的研究结果也证实了秸秆还田能提高土壤深层含水量。通过分析不同秸秆还田量对土壤水分的影响发现，随着秸秆还田量从 0 增加到 6 000 kg/hm²，0~10 cm、10~20 cm 和 0~20 cm 土层含水量也显著增加。

土壤容重是田间自然垄结状态下单位容积土体的质量或重量，孔隙度是土壤孔隙容积与土体容积的百分率，两者都是土壤的重要物理指标。秸秆还田后，除了土壤容重降低外，土壤的孔隙含量以及通气状态都会有很大的改善。与未还田处理相比，秸秆覆盖还田、旋耕还田和翻埋还田后土壤容重分别下降 3.2%、4.3% 和 5.8%，其中，翻埋还田对 0~15 cm 土层土壤容重降低效果不显著，其原因可能是在翻埋还田处理下，上下土层相互混合过程中，使下层容重较大的土壤上移，导致上层土壤容重有所增加；同时，覆盖还田、旋耕还田和翻埋还田土壤孔隙度分别提高了 4.1%、5.3% 和 5.9%，表明覆盖还田和

旋耕还田有助于降低上层土壤容重，提高相应深度土层的土壤孔隙度；翻埋还田能够打破犁底层，显著提高下层土壤孔隙度（徐莹莹 等，2018）。此外，李玮等（2014）的研究结果认为，秸秆还田处理的土壤容重降低了 2.5%～9.2%，土壤总孔隙度、毛管孔隙度和非毛管孔隙度分别增加了 1.1%～8.9%、18.9%～41.0% 和 6.4%～38.8%。与秸秆不还田处理相比，秸秆全量还田使土壤表层（0～10 cm）的容重降低 0.2～0.3 g/cm³，原因可能是秸秆还田促进了大团粒结构的形成，增加了土壤孔隙度，降低了土壤容重（马永良 等，2003）。

土壤团聚体是土壤颗粒经凝聚胶结作用形成的个体（邱琛 等，2020）。研究认为，秸秆施入土壤后，有利于土壤中微小粒子的团聚作用，改良土壤团聚体的孔隙结构分布；通过与氮肥进行配施后发现，土壤团聚体机械稳定性均以≥10 mm 粒径的土粒含量最多，其中 0～20 cm 土层含量最高，而土壤团聚体水稳性却随土层深度的增加逐渐降低（李艳 等，2019）。范围等（2018）研究表明，秸秆还田后，增加了＞1 mm 水稳定性团聚体的含量，同时，与秸秆不还田的处理相比，秸秆均匀还田的团聚体平均当量直径增加了 80.3%，水稳系数增加了 33.7%。秸秆还田后分解产生如多糖及蛋白质等有机胶质物质，以及由于土壤中微生物活性提高而形成腐殖物，均对大团聚体的形成及稳定性产生了积极影响。此外，植物残体输入土壤能促进真菌菌丝体生长和微生物产生分泌液，将土壤微团聚体、土壤矿物质和粗颗粒有机物胶结为大团聚体。添加秸秆速腐剂可以加快秸秆的分解速率，促进大团聚体的形成。李伟群等（2019）通过 5 年的实验发现，秸秆还田较根茬还田增加了土壤中＞2.0 mm 和 0.25～2.0 mm 团聚体的含量，且全量的秸秆还田使得＞2.0 mm 团聚体含量比根茬还田处理提高了 38.0%。此外，秸秆 50% 还田还可以有效增加土壤大团聚体粒级含量。

三、玉米秸秆还田对土壤有机碳含量的影响

土壤有机碳主要来源于动植物及微生物残体、排泄分泌物以及人为施加有机物料。农田土壤中除了作物根系的残留外，秸秆还田是增加新碳输入的主要途径，秸秆还田后新碳首先伴随着团聚体的形成而积累，随后经过团聚体的化学结合作用得以固定。玉米秸秆还田可明显提高土壤有机质含量。玉米秸秆还田量为 11.4 t/hm²，可使风沙土有机质在 10 年内由 1.97% 提高到 3.0%（迟凤琴 等，1999）。秸秆深层还田可明显增加亚表层土壤有机碳的含量，秸秆过量还田土壤有机质增长比率降低，适量的深层秸秆直接还田对提高土壤有机质具有重大意义。秸秆还田后，胡敏酸含量增高，缩合度和芳香度下降，氧化程度下降，相对分子质量变小，结构趋于简单化；土壤中富里酸的羧基含量减少，芳香碳含量下降，富里酸氧化程度降低，芳香度显著下降，富里酸分子结构向更为简单化的方向发展，有利于提高有机质活性和改善肥力。还田初期，富里酸形成速度大于胡敏酸，随时间延长，富里酸转化为胡敏酸或相互转化。随秸秆还田年限的增加，土壤腐殖化程度提高。同时，土壤松结合态、联结合态和紧结合态腐殖质含量增加，稳结合态腐殖质含量下降，土壤微生物生物量碳与土壤微生物生物量氮显著提高，利用逆仿真方法和校正的参数，氮磷钾＋秸秆还田处理有机质含量为最佳。对于不同物理组分有机碳而言，李晓庆（2018）的研究表明添加秸秆 150 d 后，明显增加了土壤轻组有机碳含量，而未对重组有机碳含量

产生影响，且这种现象对低有机碳含量的黑土影响更大；此外，在含有较低有机碳的土壤中，添加秸秆有利于颗粒态有机碳含量的增加，从而促进土壤有机碳活性，并在某种程度上增加土壤肥力，但对于高有机碳土壤，添加秸秆对颗粒态有机碳的含量却具有抑制作用。贺美（2016）通过分析不同秸秆还田量对土壤颗粒有机碳含量的影响发现，与33%的还田量相比，100%和50%还田量使土壤颗粒有机碳含量分别显著增加了54.3%和42.5%，但在长期条件下，秸秆还田处理的颗粒有机碳含量与不施肥处理和单施化肥处理之间差异不显著。韩锦泽（2017）认为，无论是不同秸秆还田深度，还是不同秸秆还田时间，有机碳含量变化均表现为相同的规律，即重组有机碳＞游离态轻组有机碳＞闭蓄态轻组有机碳，且不同碳组分之间达到显著性差异。

四、玉米秸秆还田对土壤养分含量的影响

土壤养分在作物生长过程中扮演着不可或缺的角色，均衡的养分供给可以保证作物的生长和发育，提高作物产量（邱琛 等，2020）。土壤中的养分元素主要包括氮、磷、钾元素。其中在植物生长过程中需要最多的矿质元素就是氮，化肥氮因不能长期保留在土壤中，因此氮素缺乏会导致农产品品质下降，但氮肥施用过剩又会造成水体富营养化。秸秆还田后其分解物多被土壤微生物转化为固定态氮，降低了土壤氮的矿化速率，增加了土壤全氮含量和碳氮比。磷是生物圈的重要生命元素，施入土壤后能够使得植物生长发育良好，代谢功能正常，除此之外，还可以提高植物的抗寒、耐旱性。秸秆还田后，秸秆的分解过程中会产生有机酸等物质，这些物质具有促进土壤中养分元素的肥效作用，能够调节养分元素比例失衡。赵小军等（2017）研究表明，在15～30 cm 和30～45 cm 土层，有效磷随着秸秆还田量的增加呈显著增加趋势。农作物秸秆中含有较多的钾素，施入土壤后能明显提高土壤代换性钾的含量，加快糖类化合物的合成，提高植物抗逆性及抗虫性。秸秆中的钾以非结合态的形式存在，容易被洗脱出来，因此，秸秆还田可以有效地解决钾肥不足引起的问题。

土壤中养分含量的变化与秸秆还田量、还田时间、还田方式及配施的肥料种类等密切相关（邱琛 等，2020）。土壤速效养分和全量养分与秸秆还田量呈正相关关系，且秸秆还田量对土壤速效养分含量的影响幅度大于对全量养分的影响。当秸秆还田量增加时，作物对大量矿质元素的吸收也在提高，例如氮、磷和钾。在化肥施入量相同的条件下，土壤氮素始终保持盈余状态，而磷素和钾素均处于亏缺状态。此外，速效养分与秸秆还田埋深和秸秆长度呈负相关关系。其中，土壤铵态氮和硝态氮含量随着秸秆还田量的增加也表现出增加的趋势。不同秸秆还田方式对土壤养分的影响不同，具体表现为在旋耕还田条件下，土壤中碱解氮、有效磷含量随播种天数的增加而减少，长期连续的秸秆翻埋还田（8年、6年、4年）情况下，显著提高了土壤全氮、全磷含量以及速效氮含量、有效磷含量和速效钾含量。连续3年等量秸秆混入0～50 cm 土层对土壤养分含量影响的研究发现，等量秸秆混入不同深度土层并没有显著增加相应土层全量养分的含量，但是却显著增加了速效养分含量，其中，有效磷和速效钾含量分别提高了9.2%～38.2%和12.6%～43.7%（邹文秀 等，2018）。有研究认为，秸秆还田过程中配施外源菌剂，使整个秸秆组织结构呈现松散状态是从降解秸秆内部开始的，从而影响秸秆的分解速率，调控土壤养分含量（李鹤

等，2014）。陆水凤等（2019）的研究表明，玉米秸秆＋低温菌剂＋常温菌剂显著增加了土壤中速效养分的含量，而且随着时间的逐渐增加，有效磷含量也逐渐增加。

五、玉米秸秆还田对土壤微生物和酶活性的影响

土壤微生物是土壤的重要组成部分。作物秸秆可以供给微生物活动所需要的氮源和碳源。秸秆还田后，由于土壤中微生物的繁衍速度加快，秸秆的腐解速度也加快，土壤微生物生物量碳与秸秆还田时间成正比，随着还田时间的增加表现出先增后降的趋势；当还田深度为 10～25 cm 时，此时微生物活动较频繁，土壤微生物生物量氮积累较大（荣国华等，2018）。秸秆还田以后，显著增加了土壤中可培养细菌的数量和变形菌门等的相对丰度，降低了接合菌门和厚壁菌门的相对丰度（宫再英 等，2016）。傅敏等（2019）研究了耕作方式和秸秆还田对微生物群落的影响，发现 0～15 cm 土层中，微生物群落数量最多的是变形菌门（35.3％），且物种丰度在不同耕作或还田方式之间无显著差别，但在深松秸秆全部还田处理中，芽单胞菌门的物种丰度均显著高于旋耕秸秆不还田处理。于寒等（2015）认为，在玉米长期连作土壤中，秸秆深埋更能增加土壤细菌、放线菌、主要生理类微生物群，降低土壤真菌数量，提高土壤脲酶和转化酶活性，但在玉米-小麦轮作土壤中，还田方式的不同对玉米根际土壤真菌和主要生理类微生物群、土壤脲酶和过氧化氢酶活性影响不大。

土壤酶主要来自植物、土壤动物和土壤微生物，土壤的各种生化活动都少不了酶的参与。玉米秸秆深翻还田后，既有益于土壤微生物的繁殖，又可以提高耕层土壤酶活性。与未添加秸秆的处理相比，翻埋还田分别使土壤脲酶和磷酸酶的活性提高了 21.6％和 18.9％，碎混还田分别使土壤纤维素酶和蔗糖酶活性提高了 37.3％和 51.6％（张锋 等，2019）。隋鹏祥等（2016）研究表明，旋耕秸秆还田和翻耕秸秆还田增加了 0～15 cm 土层 β-1,4-N-乙酰葡糖胺糖苷酶和酸性磷酸酶活性，且翻耕秸秆还田显著增加了土壤下层 β-1,4-N-乙酰葡糖胺糖苷酶活性。土壤中酶活性的高低和秸秆还田方式的不同有关，相较于直接还田和覆盖还田，过腹还田显著增加了土壤蔗糖酶活性、脲酶活性和碱性磷酸酶活性，秸秆直接还田增加了纤维素酶活性（程曼 等，2019）。公华锐等（2019）在秸秆全量还田的基础上探究不同肥料配施对土壤酶的影响，研究表明秸秆还田配施微生物有机肥和普通有机肥均能提高 β-1,4-葡萄糖苷酶、纤维二糖水解酶活性，但对土壤中亮氨酸氨基肽酶等酶的活性无显著影响。苏弘治（2019）研究表明，在秸秆还田条件下，土壤蛋白酶、脱氢酶等酶活性却降低，原因是秸秆还田处理引起的缺氧环境抑制了脱氢酶的活性；免耕秸秆覆盖的土壤温度变化缓慢，从而在一定程度上影响了蛋白酶的活性。不同于传统还田方式，徐忠山等（2019）研究表明，与秸秆不还田的处理相比，秸秆颗粒化还田后显著增加了土壤中蔗糖酶及脲酶的活性。

六、玉米秸秆还田对玉米生长发育的影响

玉米秸秆还田可明显促进玉米生长发育，并显著提高玉米叶面积与叶绿素含量，有利于作物根系的伸展，玉米净光合速率提高 0.94％～52.04％，促进了干物质积累，蒸腾速率下降 50％以上（张久明 等，2014）。鲜秸秆还田对玉米株高、叶面积和产量构成因子的

促进作用高于腐熟还田。秸秆深层还田扎根深度增加 5～10 cm，根系分布空间扩大
6 000～154 500 cm³；秸秆深层还田的次生根数目明显增多，秸秆深松还田促进根系集中
分布区下移至 21～30 cm（黄毅 等，2013）。

玉米秸秆还田促进了叶片和茎秆对氮、磷、钾的吸收积累。玉米生育期叶片氮、磷、
钾积累分别增加 4.4%～23%、9.7%～26%和 5.1%～18.3%，叶片氮积累增加高于磷和
钾。茎秆氮、磷、钾分别增加 5%～30%、25%～45%、12.4%～43.8%；茎秆磷积累增
加高于氮和钾，为籽粒形成提供了充足的养分（陈振武 等，2012）。在施氮、磷肥的基础
上，秸秆还田并结合施钾的交互增产作用高于单纯秸秆还田或施钾肥（谢佳贵 等，
2014）。同位素研究表明，施入秸秆后肥料利用率明显增加，植株全氮量平均增加
9.04%，植株全磷量提高 14.9%（刘莉 等，1997）。

研究表明，秸秆还田可在一定程度上增加玉米的产量。马慧娟（2016）认为，秸秆还
田之所以提高了玉米的产量，主要是因为提高穗粒数，增加百粒重，降低秃尖长，而对穗
长没有显著影响。相较于秸秆未还田处理，半量秸秆还田的增产是定量施肥条件下效果最
明显的，此外，全量的秸秆还田并没有使得作物产量减少（王宁 等，2007）。高天平等
（2019）认为，在干旱条件下，秸秆还田与小垄组合后有助于土壤中碳含量的增加，提高
了土壤含水量，并显著增产。不同还田方式对玉米产量的影响表现为秸秆翻埋还田＞秸秆
旋耕还田＞常规栽培＞秸秆覆盖还田。但也有研究表明，秸秆还田对作物产量有负效应
（高盼 等，2017）。邓智惠等（2015）研究表明，在深松条件下，秸秆还田的第 1 年作物
出现减产的现象，之后隔年秸秆还田第 2 年、连年秸秆还田第 3 年才实现增产。战秀梅等
（2012）的研究也表明，秸秆还田后，作物当年的产量具有降低的趋势。牛芬菊等（2014）
研究发现，玉米秸秆还田后，在作物的生长发育过程中不断地软化、腐烂，到玉米成熟时
尚未完全腐解的也都分解成碎的小片，秸秆还田对玉米叶面积及茎粗有一定的降低作用，
产量较不还田处理降低 4.6%～4.7%。

第二节　土壤团聚体及其与有机碳的关系

一、土壤团聚体

土壤团聚体是指由土壤中无机矿物成分与有机物质在干湿交替、冻融交替等过程作用
下所形成的一种特别的有机-无机复合物。首先，由于土壤中各种外力的存在，使得初生、
次生黏土矿物的单粒相互团结凝聚在一起，形成了复粒，这可以认为是团聚体形成的初级
阶段。随后，这些复粒再经过各种菌丝体、胶结物质的缠绕作用形成了大小级别不等的稳
定团聚体。事实上，土壤团聚体的形成过程并没有严格区分，在一定条件的作用下许多土
壤单粒也可以直接形成稳定团聚体。许许多多的这些土壤团聚体及分布在其中的孔隙共同
构成了土壤结构体，由此可知，团聚体是土壤结构的基础（Tisdall，1996）。长期以来，
在概念上，土壤结构的稳定性渐渐被土壤团聚体的稳定性所取代，因此，国内外大多数研
究者对土壤团聚体方面的研究产生了浓厚的兴趣。

二、土壤团聚体的形成与稳定机理

自从土壤团聚体这一概念出现以来，许多专家和学者都在不断深入研究土壤团聚体的

形成机制。土壤团聚体的形成被认为是一个包括化学、物理、生物化学综合作用的结果，发生过程十分复杂。早期，学者 Edwards 和 Bremner（1967）认为土壤团聚体形成的本质实际上就是无机-有机相互结合的过程，也就是无机颗粒物在金属阳离子连接的条件下吸附了极性小分子有机物的过程。Tisdall 和 Oades（1982）对不同大小级别土壤团聚体及团聚体表面上胶结物质的成分进行分析后，提出了一个理想的团聚结构模式，他们将土壤团聚体分为两大级别，即：大团聚体（>250 μm）和微团聚体（<250 μm），其中大团聚体又可分为>2 000 μm 团聚体和 250～2 000 μm 团聚体，微团聚体也可分为 53～250 μm 微团聚体和<53 μm 微团聚体。Tisdall（1994）持有微团聚体先形成的观点，认为首先细小的矿物颗粒胶结在一起形成微团聚体，微团聚体在植物根系和某些菌丝的纠缠作用下再由小变大最终形成大团聚体。Six 等（2000）则持有大团聚体形成在前的观点，当起胶结作用的有机物质失去了胶结能力以后，大团聚体才逐渐破碎进而变成微团聚体（王清奎和汪思龙，2005）。

　　在土壤团聚体形成的过程中，土体中各种有机胶结物质的贡献十分显著，它们能够迅速将土壤矿物胶结起来，这些胶结物质的来源十分广泛，既有来源于植物根系所分泌的有机物质，也有来自微生物降解土壤中有机物质时重新合成的腐殖物。已有相关研究表明，生长中的作物根系分泌物比枯萎的作物根系黏结土壤中无机矿物粒子的能力更强，更易形成较稳定的土壤团聚体（宋日 等，2009）。土壤中的一切生物体，例如丛枝菌根、蓝藻、植物根系、菌丝等构成一个巨大的网络，这个巨大的网络不断吸附小级别团聚体，其中，这些有机的生物体又会不断被微生物分解成糖类物质，进一步促使了稳定大级别团聚体的形成（Barea，1991）。Miller 和 Jastrow（1990）研究指出，土壤中粗细在 0.25～1.5 mm 间的根长度对土壤大团聚体的稳定效果更加显著（Miller and Jastrow，1990）。相关的研究指出，土壤中的无机黏结物质，包括一些无定型铁、铝的氧化物，以及碳酸钙、镁和硅酸盐等对团聚体的形成也发挥一定的作用（Barral，1998）。不稳定的土壤团聚体极易发生破碎，产生的微小颗粒阻塞土壤的孔隙，不利于土壤营养物质的迁移，加剧了地表径流与土壤侵蚀，同时释放出土壤碳，加快了土壤碳的周转。

　　许多年以来，土壤团聚体的稳定机理越来越被国内外研究者所重视。当土壤环境发生改变使得团聚体受到干扰时，其自身具有抗干扰而保持原形状不变的能力通常被定义为团聚体的稳定性。土壤团聚体的稳定性往往受水分作用的影响较大，如大气降雨或地表径流，所以研究者大多关注的是水稳性团聚体。土壤团聚体稳定性的测定方法也颇为繁多。最早，McCalla（1944）研究土壤团聚体的稳定性时应用水滴不断击打土壤的方法，后来研究者们在这一方法的基础上进行了创新，土壤团聚体被打碎时所需的水滴数用来反映它的稳定程度（Farres and Cousen，1985）。Marshall 和 Quirk（1950）用摔土壤法研究土壤团聚体的稳定性，即将土壤团聚体放到一定高处，然后让它做自由落体运动，摔碎以后，测定土壤的粒径，以此来反映团聚体的稳定程度。Young（1984）研究土壤团聚体的稳定时利用了人工模拟降雨，来使风干的土壤团聚体发生分散，还有学者则采用超声波来使土壤团聚体发生分散（Zhu and Minasny，2009；王秀颖 等，2011）。

　　影响土壤团聚体的形成与稳定的因素非常多，如土地利用方式、施肥方式、种植制度和耕作模式、人类活动等。土地利用方式的改变对土壤结构的影响极大，容易造成各级别团聚体重新分布。张超等（2011）研究表明，耕地退耕后，天然草地对于土壤微团聚体的改善效果比人工草地的改善效果更佳。李海波等（2012）研究发现草地土壤中＞2 000 μm 团聚体的质量分数和平均重量直径（mean weight diameter，MWD）均显著高于裸地和一般农田，相比于裸地和一般农田，草地植物细根系的缠绕作用更有助于使土壤发生团聚。常规机械耕作促进了土壤有机碳的矿化，加快了团聚体的转变，不利于大团聚体内微团聚体的形成，与常规耕作相比，少耕免耕可以促进土壤的生物活性，有利于大团聚体中总有机碳和新鲜有机碳的固定，有利于土壤结构的稳定（Six et al.，2000）。与轮作种植模式相比，单一种植模式不利于增加土壤有机碳含量，进而严重影响团聚体的稳定（李恋卿等，2000）。梁爱珍等（2008）分析了自然和耕作两种条件模式下黑土团聚体的分布情况，结果表明，与自然土壤相比，耕作土壤中大团聚体的含量相对低很多。有机肥的施用能够显著增加土壤大团聚体的团聚化程度（Whalen et al.，2003），这主要是由于新鲜有机残留物的输入，提高了土壤有机碳含量，促使微生物的活性增强，进一步提高了土壤的团聚能力（Maysoon et al.，2004；安婷婷 等，2007）。

三、土壤团聚体与有机碳库的关系

在土壤系统中，动物排泄物、植物分泌物以及它们自身秸秆在微生物作用下形成的腐殖酸类物质成为有机碳的主要来源。土壤有机碳在土壤结构中时刻发生着分配转移与重新分配再转移，这是一个动态的变化过程。根据有机碳在土体中的分布情况将其划分为以下几种的碳库（Six et al.，1998）：游离态颗粒有机物质（free particulate organic matter，frPOM）、闭蓄态颗粒有机物质（occluded particulate organic matter，oPOM）、可溶性有机物质（dissolved organic matter，DOM）和矿物结合态有机物质（mineral associated organic matter，mSOM）。游离态颗粒有机物质主要是没有腐解或者腐解近半的动物、植物残留物，一般情况下粒径偏大，常位于土壤的大孔隙中。闭蓄态颗粒有机物质主要为被土壤团聚体包裹在里面的颗粒有机物。可溶性有机物质是溶于土壤溶液中的各种小分子有机物。矿物结合态有机物质是大颗粒有机物逐级分解以后的有机产物，这些极小的有机产物能够结合在土壤矿物微粒之上。

因为土壤有机碳在土体中的分布不同，这使得它们与微生物的接触情况不尽相同，故而使其对团聚体形成和稳定的贡献能力有很大不同。存在于土壤孔隙中的颗粒有机物，如游离态和可溶性有机物，暴露于团聚体之外而缺乏保护，很容易被微生物快速分解，对团聚体形成的贡献不多。存在于土壤团聚体内部的有机物，如闭蓄态和矿物结合态有机物，受到较好保护，难以被微生物分解，对团聚体形成的贡献较多。Dalal 和 Chan（2001）将对外界条件变化敏感、转化速度快、转化时间短，一般变化时间是几个月至几十年的有机碳库称为活性有机碳库，包括游离态、闭蓄态和可溶性有机碳库；将对外界条件变化不敏感、转化速率慢、转化时间长，通常一般变化时间是几十年乃至几千年的有机碳库称为惰性有机碳库，如矿物结合态有机碳库（Dalal and Chan，2001）。

四、土壤团聚体在农业生态系统中的作用

1. 土壤团聚体与土壤肥力

实现高效高产的农业生产要求土壤应有良好的结构，不容易板结，土壤空隙适宜，能

够保障土壤水分、养分运移畅通。土壤团聚体中不仅贮存着大量植物生长所需的营养物质，与此同时，不同大小团聚体的组成对土壤中的水、肥、气、热具有一定的协调功能。土壤酶的活性往往能够反映出土壤中微生物的活性，不同级别的团聚体对土壤酶活性的影响并不相同，例如，微团聚体中脲酶的活性要比大团聚体中脲酶的活性强，而微团聚体中磷酸酶的活性却比大团聚体中磷酸酶的活性弱（孟向东，2011）。土壤团聚体本身以及它们之间的组成比例共同影响着土壤的肥力水平，其中，大级别团聚体主要起调节土壤养分的作用，小级别团聚体主要起贮存土壤养分的作用（陈恩凤，1994）。

2. 土壤团聚体与温室效应

土壤有机碳经过团聚体的形成而被固定下来，陆地生态系统中大量的碳被固定在土壤团聚体中，这在一定程度上减缓了 CO_2、CH_4 等温室气体向大气中排放，缓解了全球温室效应。据统计，每年土壤固定碳的经济潜力可以高至相当于约 8 000 t CO_2 的价格（陈建国，2011），由此可以断定，提高土壤团聚体固碳潜力的同时有利于实现国内生产总值的提升。

五、土壤团聚体分离方法

目前，国内外关于土壤团聚体分离方法主要有以下两种：湿筛法和干筛法。由于湿筛法得到的结果相对稳定，干筛法的结果重复性差，最近几年，湿筛法应用较多。但是湿筛法本身也存在不足之处，有机胶结物质离子水化后溶解、土体内空气爆破均能导致团聚体破裂，致使水溶性碳损失，从而导致团聚体碳库容量有可能被低估。湿筛法还会影响微生物在不同团聚体内的分配。因此，选取合适的团聚体分离方法一定要根据具体试验目的而定。土壤中沙砾的多少、水分的多少及土壤的前期处理方式也都会对团聚体的测定构成一定的影响。鉴于此，人们逐渐摸索发现土壤首先经过 8 mm 或 10 mm 筛子后，再进行自然风干，而且风干土进行湿筛的同时，进行必要的含沙量测定可以减少以上因素的影响，在正式开始湿筛前将土壤样品浸泡于去离子水中数分钟，这样可以驱除团聚体内闭塞的气体，以此防止团聚体突然发生气爆。

第三节　土壤有机碳的分组与稳定机制

长期以来，土壤有机碳的研究一直是国内外专家学者关注的重点，由于土壤有机碳组成成分复杂、化学结构及其存在方式的多样等特点，使得研究者们对它的研究始终与其分组技术相联系，一般常采用化学分组技术和物理分组技术。通过化学分组技术获得土壤有机碳的化学组分，通过物理分组技术获得土壤有机碳的物理组分（Kononova，1964；Ni et al.，2000）。化学分组技术是通过使用某种化学试剂提取分离出土壤中各种有机成分（如富里酸和胡敏酸），依据的是它们溶于酸液、碱液的能力不同（Kononova，1964），这种化学技术的确帮助人们弄清楚了土壤有机碳的某些化学性质、某些功能团的化学结构，但是它的局限性在于有机碳原始的结构遭到了一定的破坏，造成分离所得的有机物质不能完全体现土壤有机碳的真正面貌，因此很难揭示农业耕作模式对土壤有机碳的影响机制（Ni et al.，2000）。物理分组技术一般有相对密度分组法，还有颗粒大小分组法。相对密度分组法是把土壤样品浸没于某种密度溶液中,让不同比重的颗粒有机物质自然分开。在相对密度分组中,密度相对较低的有机物质常被认为是轻组(light fraction,LF),而密度相对较高的有机物质常被认为是重组(heavy fraction,HF)。颗粒大小分组法是根据土壤颗粒粒径的大小不同,把土壤有机物质筛分出不同大小的颗粒有机物质。当今,大多数学者和研究者们将这两种物理分组的方法结合起来进行使用。

一、轻组有机碳

迄今为止,国内外对土壤中轻组有机碳(light fraction organic carbon,LFOC)已进行了大量的深入研究,但还没有找到一种十分理想的溶剂作为密度分离液。早期,人们使用有机溶剂作为重液,例如三溴甲烷($CHBr_3$)、四溴甲烷($C_2H_2Br_4$)和四氯化碳(CCl_4),但是在实际操作中这些有机溶剂可能会人为造成土壤有机碳测定值偏高,而且这些有机溶剂也对人体有害(Alvarez et al.,1998)。后来,人们逐渐发现可以使用水溶性的无机盐作为密度分离液,例如水溶性的溴化锌($ZnBr_2$)、碘化钠(NaI)、聚钨酸钠($Na_6H_2W_{12}O_{40}$)。其中,最常用的是 NaI 和 $Na_6H_2W_{12}O_{40}$,然而无机盐不仅成本高,而且对环境也有一定污染,往往不适用于大量样品的研究,更有相关研究认为,有机物质被无机盐溶液浸入后,它的矿化作用会受到抑制(Sollins,1984)。此后,学者逐渐发现了硅胶悬浮液作为密度分离液具有许多好处,如化学性状相对较稳定、价格便宜、安全无害、可以对多量样品进行研究,而且对获得的有机物的活性也没有干扰,但是 Magid 等(1996)却认为硅胶悬浮液对分离物质以后的生物降解会产生一定的干扰。

通常研究者们认为,轻组有机碳往往留存在团聚体之间孔隙中,主要来自土壤中未分解和正在分解的动植物残留物、糖类和半木质素等物质,它具有相对较高的碳氮比、稳定性不高、转变速度相对较快等特点(Christensen,1992)。重组有机碳是指与土壤融合在一起的有机碳,碳氮比不高,与轻组有机碳相比,稳定性较高、转变速度相对较慢(Jennifer et al.,2001)。轻组有机碳是土壤微生物所需能量的来源之一,它与土壤呼吸速率、微生物生物量碳的联系十分密切。由于土壤对轻组有机碳保护不足,因此它常常受土壤微生物和土壤酶的干扰,所以把轻组有机碳作为土壤中易变有机物质的良好指标(Janzen et al.,1992)。土壤中轻组组分的数量并不多,但是轻组中有机碳的含量却高于土壤碳含量的平均水平。Greenland 和 Ford(1964)指出,轻组组分占土壤质量不足 8.5%,但是其中的有机碳含量占土壤有机碳总量的比例可达到 49%。土壤中轻组有机碳含量的多少极大地受到土地利用方式、植被类型、施肥措施、气候、温度条件及微生物活性等特征因素的影响。Dalal 和 Mayer(1986)发现,农田土壤经过一段时间的耕作以后,微团聚体中轻组有机碳的损失约是重组有机碳损失的 6 倍,Hassink(1995)也发现与其他土壤有机组分相比,轻组组分分解更快。沼泽地经过开垦种植以后,轻组有机碳的含量显著降低(张金波 等,2005),而在林地向耕地(种植玉米)转变的过程中,通过自然碳稳定同位素(^{13}C)的转移,发现植物的分解剩余物首先移至土壤轻组组分中(朴河春 等,2000)。Malhi 等(2003)研究了耕地及其邻近草地中的有机碳含量,发现经过耕作的表层土壤中轻组有机碳含量要比草地的低 83%,在草地再一次变成种植一年生作物耕地的过程中,轻组有机碳的变化要显著高于土壤总有机碳的变化。肥料的应用通常也能促进土壤中轻组有机碳的累积，尹云峰等（2005）研究发现应用化肥处理，土壤中轻组有机碳会随施肥年限呈线性模式增加，而应用有机肥处理土壤中轻组有机碳会随施肥年限呈对数模式增加。气候条件也会严重影响土壤轻组有机碳的含量，研究指出在干冷气候条件下土壤中轻组有机碳较为丰富（Christensen，2001）。

二、颗粒有机碳

国内外专家和学者对颗粒有机碳（paticulate organic carbon，POC）的研究做了很多工作，并且已经开始深入土壤结构内部。颗粒有机碳是指粒径大小为 $53\sim2\,000\ \mu m$ 的土壤颗粒中的碳，这一有机组分碳主要来源于动、植物残留物的半分解产物。颗粒有机碳在土体内的位置不同，Colchin 等（1994）把颗粒有机碳组分简单分成两类，一类是游离的颗粒有机碳（free POC，frPOC），另一类是团聚体内部的颗粒有机碳（intro POC，iPOC）。之后一些研究者又根据颗粒的大小，进一步将团聚体内部的颗粒有机碳分为粗颗粒有机碳（coarse POC，cPOC，大小为 $250\sim2\,000\ \mu m$）和细颗粒有机碳（fine POC，fPOC，大小为 $53\sim250\ \mu m$）（Camberdella et al.，1994；Mtambanengwe，2008）。颗粒有机碳通常被研究者们认为是处于活性和惰性有机碳库中间的过渡有机碳，一般情况下它的周转周期为 $6\sim18$ 年（Cambardella and Elliott，1992；Frazluebbers and Arshad，1997）。Golchin 等（1994）认为土壤颗粒有机碳是团聚体形成的过渡成分，能够为土壤微生物、植被的生长供给必需的营养。Balesdent（1996）研究发现，与大多数的有机-无机复合物相比，颗粒有机碳的平均存留时间较短，这说明颗粒有机碳容易发生转变。颗粒有机碳的盈缺不仅由输入土壤中的植物残留物的质量和数量所决定，而且还受到气候条件、土壤类型和耕作管理模式等方面的影响。Bayer 等（2001）认为可以用颗粒有机碳的变化来反映土壤质量的变化，其原因在于它对外界条件变化的反应是非常灵敏的。由此可见，土壤颗粒有机碳对于大气 CO_2 含量和土壤质量的变化发挥着显著的调控作用。

三、有机碳物理组分的保护机制

土壤团聚体的形成自然地把微生物、底物此二者物理性地隔离开来，通过这种隔离作用阻碍了微生物与底物之间的相互作用，抑制了微生物的活动，进而对土壤有机碳起到一定的保护。例如，土壤中不稳定的颗粒有机碳随着团聚体的形成而被保护起来，随着团聚体的破碎而被暴露出去。相关研究认为，颗粒有机碳能否受到保护主要取决于土壤的结构特性，而这种物理保护能力又强烈地受到土壤中不稳定有机碳周转的干扰（谢锦升 等，2009）。

颗粒有机碳有利于土壤团聚体稳定性的提高，土壤团聚体多数是以颗粒有机碳为核心，形成于其周围，致使更多碳聚积在团聚体中。人们普遍认为，有机碳受到大团聚体结构的物理保护作用较弱，微团聚体的形成才是有机碳物理保护的主要机制，这些微团聚体包括位于大团聚体外部和内部的微团聚体。当土壤大团聚体遭到破坏时，碳的矿化作用稍有增加，但与未被破坏的大团聚体相比，碳的矿化作用差异并不十分显著，增加的矿化作用还不到大团聚体碳含量的 2.5%，然而土壤微团聚体遭到破坏以后碳的矿化作用却显著提高（Bossuyt et al.，2002）。另外，研究表明受物理保护的有机碳与未受保护的有机碳的化学组成成分差异显著。Golchin 等（1994）报道蓄闭态颗粒有机碳比游离态颗粒有机碳的碳含量高，其中，烃基碳含量最为丰富，这表明游离态颗粒有机碳在转移到团聚体内部的过程中，不稳定的碳水化合物选择性地分解，稳定的烃基碳得以被保护起来。

长期传统机械耕作的模式下，土壤的结构遭到破坏，原来由团聚体保护的有机碳再次被暴露出来。Six 等（2002）发现传统耕作下被大团聚体包裹的颗粒有机碳的含量比免耕条件下高一倍，然而微团聚体内部颗粒有机碳的含量是免耕下的 1/3。与免耕相比，传统耕作条件下微团聚体的比例更低，大团聚体内的微团聚体所含颗粒有机碳的比例也更低，这与传统耕作条件下大团聚体较快的周转速度有着密不可分的联系。大团聚体的转变造成了大团聚体内的微团聚体数量的降低，进而引起了有机碳含量逐渐下降。

四、有机碳物理组分的分离手段

对于土壤有机碳物理组分的分离手段，早在 1992 年，学者 Cambardella 和 Elliot（1992）采用了一个针对颗粒有机碳组分分离的简单方法，也就是首先称取出 10 g 土壤过 2 mm 筛子，放入 30 mL 浓度为 5 g/mL 六偏磷酸钠溶液中，开始振荡，设定振荡时间为 15 h，设定振荡频率为 180 次/min，振开的土壤样品在蒸馏水中过 53 μm 筛，再使用水洗去筛上的颗粒残留物质数次，直到洗干净为止，将筛子上剩余的有机颗粒物质在 50 ℃的烘箱中烘干，即获得颗粒有机碳，这种颗粒大小分组的方法简便易行，但是它没有将游离态颗粒有机碳与团聚体内颗粒有机碳区分开。随后，许多研究者发现密度分离与颗粒大小分组联合使用更为有效，即首先将土壤团聚体浸没于某种密度分离液（密度一般为 1.8 g/cm³ 左右）中，数分钟后自然分离，悬浮于密度分离液上的为轻组，视为游离态颗粒有机碳，沉没于密度分离液底的为重组；再利用 Cambardella 的方法将重组中粗颗粒有机碳、细颗粒有机碳和矿物结合态有机碳逐一分离出来（Golchin et al.，1994）；矿物结合态有机碳被吸附在土壤细矿物质成分上，不太容易被土壤微生物腐蚀分解，但是由于其自身个体密度相对较低而易受土壤水分的影响，从而随水分的迁移发生流失。

第四节　微生物在土壤有机碳固定中的作用

土壤微生物的群落特征、活性和生理过程等均与其对作物秸秆的利用、转化过程密切相关。土壤微生物对作物秸秆的利用和固持过程一般分为两个阶段：一是微生物分解所能接触到的作物秸秆，并同化分解过程中所产生的部分低相对分子质量化合物（如碳水化合物、蛋白质等），以满足自身的生长，在这个过程中将作物秸秆转化为土壤微生物生物量碳；二是通过自身的进一步代谢将微生物生物量碳转变为微生物来源的有机质。微生物在这样反复的生长—代谢过程中以代谢产物（如胞外酶、胞外多聚物、渗透物质、协同蛋白等）或残留物（如几丁质、肽聚糖等）的形式将作物秸秆彻底转化为土壤有机质（Liang et al.，2017）。不同微生物种群的代谢产物和残留物的释放模式、种类及数量都有所区别。而这些微生物释放出的化合物也会反过来从不同的方面作用于作物秸秆碳的固持过程，例如胞外酶具有保证养分供应的作用，能破碎作物秸秆和微生物大分子碎屑，产物可被微生物再次利用（Schimel，2003）；而胞外多聚物能够起到连接微生物和底物的作用，可促进或抑制碳的释放（Jiao et al.，2010）。

　　除微生物自身生理功能外，对作物秸秆碳的利用及转化还受土壤环境的影响。土壤不同颗粒组成、结构等会影响微生物对作物秸秆底物的可接触性和可利用性（Ding et al.，2018）。被团聚体包被的有机质必须先经过团聚体破碎过程才能被微生物腐解。同样，土壤有机质与矿物质结合后，土壤中由于其化学保护作用较强，也会降低微生物接触的机会（Mcnally et al.，2017；Ding et al.，2018）。土壤水分含量同样会对微生物对碳的固持过程产生很大影响，水分的流动性和异质性，以及干湿交替均可以造成微生物呼吸和生物量的变化，也会影响微生物对底物的同化能力，从而引起土壤各形态含碳化合物的再分配（Xiang et al.，2008）。此外，在受到外界的胁迫下，土壤微生物会同化更多的底物以满足自身生理功能的需要；同时，在不同类型的胁迫条件下，微生物会释放出不同的物质（如渗透物质、低温保护剂等）以提高自身的适应性，在满足自身压力耐受性的同时，也调节了对残体碳的利用及转化速率（Allison et al.，2010）。当前，在全球气候变暖的大背景下，也在一定程度上促进了微生物的活性和群落演化，并增加作物秸秆的输入量，从而加速有机质周转，形成全球升温的正反馈。

　　最近，Liang 等（2017）提出土壤微生物对土壤有机质形成和转化的作用包含体外修饰和体内周转两个方面。其中体外修饰作用指作物秸秆输入土壤后，不易被微生物利用的组分会经过胞外酶的分解转化，而最终还不能被微生物利用的植物源碳则在土壤中沉积（即植物源有机质贡献于土壤有机质的途径）；同时，易于被微生物利用的有机组分会进入由不同种类微生物组成的"微生物碳泵"，并通过细胞摄取—生物合成—细胞生长—细胞死亡的途径转化为微生物源有机质（即微生物源有机质贡献于土壤有机质的途径）。由于土壤微生物周转速率快、生长周期短，经过周而复始的世代繁衍和同化过程导致不同活性和数量的微生物残留物在土壤中迭代持续累积（即续埋效应）（Liang et al.，2010）。因此，体内周转过程成为作物秸秆向土壤有机质转化、累积和稳定的重要途径。该碳泵的概念同时强调了植物源有机质和微生物源有机质在土壤中的形成和累积过程（Liang et al.，2010），对深入了解作物秸秆在土壤中的转化及不同来源有机质对土壤有机质的相对贡献提供了新的技术支撑。在此基础上，我们还需要详细地确定微生物碳的利用效率（微生物将可利用的基质碳转化为微生物合成产物的效率）（Geyer et al.，2016），并将该方面的研究更多地纳入建模工作，以期更全面地了解各来源有机质的形成过程及贡献。

第五节　土壤有机碳的矿化与激发效应

一、土壤有机碳的矿化

　　土壤有机碳矿化是指在微生物的作用下，有机碳分解转化为 CO_2 的过程（又称土壤呼吸），是陆地生态系统碳循环过程中的重要环节，对土壤养分的释放具有积极影响。近年来，土壤有机碳矿化的研究成为国内外热门话题，国内外对其也取得了一些重要的研究成果，主要涉及外源物质添加、土壤基质的差异、环境因素的影响等。

　　玉米秸秆还田作为重要的外源有机碳来源，已成为提高农田土壤有机碳和培肥地力的重要措施，并已开展大量研究。但其还田后除了影响农田土壤中有机碳的积累外，也会影响农田土壤碳的矿化（Clemente et al.，2013）。土壤碳库的变化对陆地生态系统及人类活动的影响已成为国内外研究的热点。土壤碳占陆地总碳的大部分，是植物中碳的 3 倍、大气中碳的 2 倍。土壤碳库的变化将对大气 CO_2 产生巨大的影响成为探讨的重点话题，而土壤有机碳的分解作为重要的土壤碳释放的动力来源，参与土壤碳排放过程，对大气 CO_2 浓度的动态变化具有直接作用（关松 等，2010）。张庆忠等（2005）对冬小麦-夏玉米轮作的农田土壤的研究表明，相同施氮条件下（200 kg/hm²），小麦秸秆处理与空白相比，土壤 CO_2 排放量增加 9.6％。张学彩等（2004）通过小麦和玉米秸秆还田来研究土壤呼吸的响应特征，土壤呼吸试验结果表明，秸秆还田使土壤呼吸增加。然而袁淑芬等（2015）认为由于适宜温度，土壤胞外酶活性已在土壤有机质矿化的过程中处于最佳状态，外源碳输入不会明显使其矿化速率进一步增加。

土壤基质差异也会引起土壤矿化的差异，土壤基质差异除了土壤类型外，还可能是由于施肥引起的。Falchini 等（2003）认为，养分缺乏的土壤比营养元素丰富的土壤更容易受到激发效应的影响。戚瑞敏等（2006）研究长期不同施肥下潮土有机碳矿化趋势，发现添加牛粪后，土壤有机碳激发效应与土壤养分含量呈负相关关系，而与土壤活性组分碳氮比呈正相关关系。潘根兴等（2008）采用长期定位试验研究不同施肥处理下土壤碳排放及碳库的稳定性，得出不同施肥措施均显著地影响水稻土土壤呼吸的强度，与有机无机肥料配施相比，长期单施化肥下 CO_2 排放强度提高了 55％～85％。Lai 等（2007）研究发现与不施肥相比，施用有机肥显著提高了土壤呼吸速率。Ghosh 等（2016）对酸性土壤的研究表明，在 25 ℃和 35 ℃培养温度下，长期施化肥、有机肥与化肥配施均显著提高土壤中大团聚体和微团聚体中有机碳累积矿化量。

温度是土壤有机碳矿化的重要影响因素。温度影响土壤中部分微生物的活性、数量和因为温度产生的优势菌群的主导作用进而影响土壤呼吸过程。低温时土壤微生物和酶的活性受到一定程度的限制，土壤有机碳矿化速率较慢（Yang et al.，2011；Liu et al.，2011）；温度升高，参与有机碳分解的土壤微生物和土壤酶的活性更加高，从而加快土壤中碳循环，进而促进土壤有机碳矿化。葛序娟（2015）采用室内培养法，分别在 5 ℃、15 ℃、25 ℃和 35 ℃温度下，研究水稻土矿化规律得出：水稻土有机碳矿化速率和累积矿化量均随培养温度升高而增加，15 ℃、25 ℃和 35 ℃时土壤有机碳累积矿化量分别是 5 ℃时的 1.94 倍、3.55 倍、6.01 倍。陈晓芬（2019）研究不同温度（15 ℃、25 ℃和 35 ℃）对红壤水稻土矿化的影响，试验结果也表明温度升高，土壤有机碳矿化速率、累积矿化量也升高。然而也有研究得到相反结论（Giardina et al.，2000）。Thiessen 等（2013）研究则发现不同温度下添加外源碳处理后的土壤有机碳矿化动态不一致，温度越高，激发效应强度越强，但持续时间越短；温度越低，激发效应强度减弱，持续时间却增长，二者在土壤有机碳累积矿化量方面却无显著差异。

玉米秸秆作为农田首要的外源有机物，其归还影响土壤有机碳的积累和矿化，进而影响着土壤培肥效果和对温室效应的影响。温度和土壤肥力差异对土壤矿化的影响也不容小觑。故在温室效应持续上升引发气候变暖的背景下，探讨玉米秸秆怎样影响土壤有机碳的矿化，更好地揭示因气候变暖而使土壤肥力产生的负效应具有重要意义。

二、土壤有机碳的激发效应

1953 年 Bingeman 等在研究有机碳转化过程中，发现外源碳的加入会加快原土壤有机碳的矿化，称这一现象为"正激发效应"。外源碳的添加也可能降低原土壤有机碳的矿化，称这一现象为"负激发效应"（Sparling et al.，1992）。随后的研究发现，激发效应的正负和大小差异与外源添加物的数量和组成有关（Waldrop et al.，2004）。外源碳进入土壤后，为微生物提供能量，促进微生物生长繁殖，为满足其自身的生存，产生大量的胞外酶分解外源碳，同时促进土壤原有机碳分解，产生正激发效应，有研究学者将这一现象称为"共同代谢"（Potthast et al.，2010）。负激发效应则认为是秸秆添加后，微生物会倾向于利用秸秆碳，减少原土壤有机碳的利用（Kuzyakov et al.，2000）。随后几十年，外源物添加引发土壤有机碳矿化差异的研究受到了广泛关注。张鹏等（2011）通过设置不同数量秸秆还田，研究了土壤碳矿化速率和土壤累积矿化量的差异，得出秸秆还田对土壤有机碳矿化具有提升作用。王志明等（1998）观察了淹水土壤中秸秆碳的转化与平衡，发现添加新鲜有机碳源后，土壤原有机碳分解速率发生了变化，前期出现正激发，之后出现较小的正激发和负激发，这与蔡道基等（1980）用 ^{14}C 标记紫云英观察到的结果相似，这一结果不仅与土壤本身性质有关，也与秸秆的组分有关，即易分解组分（水溶性有机物质）等会产生正激发，而纤维素等组分则更偏向于产生负激发。秸秆还田会增加其自身碳的变化，从而刺激老碳的矿化（Fontaine et al.，2007）。苗淑杰（2019）在添加玉米秸秆和对照处理下，以黄棕壤为研究对象进行 30 d 的室内培养，分析了土壤激发效应：添加不同量玉米秸秆后，土壤有机质的激发效应在整个培养时期均为负。李奕霏（2019）选取宁乡长期定位试验点土壤，设置四个处理：秸秆有机肥土壤、有机无机配施土壤、无机化肥土壤和对照进行激发效应动态变化的研究发现：外源碳的添加在不同程度上刺激了土壤正激发效应，而在培养后期大多又出现微弱的正激发和负激发现象。

Kuzyakov（2006）研究表明，激发效应的大小与土壤有机质的含量呈正相关关系；但 Hamer（2004）观察到，在两种森林土壤和一种农田的不同土层中，有机碳含量低的或者有机碳分解速率低的土壤反而具有较为强烈的激发效应。李奕霏（2019）在宁乡长期定位试验点土壤中同样发现：长期施肥的表层土壤（高微生物生物量碳）产生正激发持续时间较短但强度较大，随后迅速减弱，负激发增强。

此外，随着全球变化研究在农业资源与环境领域的不断深入，越来越多的学者进行了土壤矿化和激发效应对温度变化的响应研究。陈立新等（2017）在 25 ℃、30 ℃、35 ℃ 培养温度下，添加不同枯叶分别进行室内培养，发现 25 ℃、30 ℃、35 ℃ 培养温度下添加枯叶均可促进土壤矿化。当培养温度为 30 ℃ 时，其促进效果最好。魏圆云等（2019）通过 ^{13}C 稳定同位素示踪技术，研究农田和湿地土壤在 15 ℃ 和 25 ℃ 下的土壤激发效应，结果表明，15 ℃ 时农田土壤的相对激发效应高于 25 ℃。Ghee（2013）发现不同温度下土壤有机碳矿化激发效应强度没有显著差异，认为温度不是限制激发效应强度的因素。Zhang（2013）等通过 Meta 分析，发现尽管培养温度对激发效应的影响是显著的，但相同或相近培养温度，研究结果之间激发效应差异很大，当培养温度小于 20 ℃、20~25 ℃ 和大于 25 ℃ 时，激发效应的平均强度不同，分别为 38.4%、−0.17% 和 88.2%。

综上，探究添加外源有机物与其所引起的土壤激发效应之间的关系，对于预测外源有机物输入对土壤碳动态和碳平衡的影响具有重要意义。通过比较温度对不同肥力土壤有机碳激发效应的影响，将有利于明确温度和土壤肥力差异对外源有机物输入后土壤激发效应动态变化，更好地理解在玉米秸秆还田背景下土壤碳排放对温度和土壤肥力基础差异的响应。

三、土壤有机碳矿化的温度敏感性

土壤碳矿化温度敏感性 Q_{10} 模型通常假设与温度呈指数关系，反映高温度下的土壤矿化速率与低温土壤速率的比值，同时是温度对土壤有机碳矿化和激发效应影响的综合表现。温度敏感性动态变化在很大程度上决定了气候变化与碳循环之间的响应关系。土壤碳矿化温度敏感性通常用 Q_{10} 来表示，早期研究中 Q_{10} 被认为是一个常数（$Q_{10}=2$），但随着研究深入，这一结论被发现是不准确的。Q_{10} 值不仅在空间时间上变化很大，而且与地理位置和生态系统类型也相关（Atkin et al.，2000）。长期以来，指数方程被广泛地用来描述温度对土壤矿化的影响，并总结归纳得出简单的经验模型，这些模型的建立主要源于 Hoff 和 Lehfeldt（1898）提出的温度指数模型。土壤矿化速率与环境温度密切相关，在全球变暖背景下，土壤碳矿化对温度变化的响应极大地影响着陆地生态系统对全球气候变化反馈效应（Conant et al.，2011）。外源有机物的添加、土壤基质差异（肥力水平）、环境因子（如温度、水分）除了影响土壤生物的群落结构和生物量外，还调控着底物的供应状况（Davidson et al.，2006），而且还影响土壤碳矿化对温度的敏感性。

土壤矿化过程中产生的 CO_2 主要来自底物的分解，因此基质质量和外源碳供应会显著影响土壤矿化对温度敏感程度（杨庆朋，2011）。外源有机物的添加会影响基质的质量，进而影响 Q_{10}。Fierer（2005）等添加外源物研究温度敏感性特征，培育期内随着矿化速率的逐步降低，外源物矿化的 Q_{10} 值越来越高。Gershenson（2009）等的研究表明，Q_{10} 值随着基质供应能力的增加而显著增加。根据热力学原理，底物越复杂，越难以分解，活化能越高，Q_{10} 值也越大（Bosatta et al.，1999）。对红壤水稻土施肥，可以提高水稻土有机碳矿化的温度敏感性（陈晓芬，2019），土壤中底物的质量是决定有机碳矿化温度敏感性的关键（Wetterstedt，2010）。然而，马天娥（2016）等对旱作农田土壤的研究却表明，施肥反而降低了土壤的 Q_{10} 值。Sierra（2012）和 Conant（2011）认为土壤有机质含量越高，有机碳矿化速率越大，有机碳矿化的温度敏感性越低。同时，一些研究发现，不同利用方式土壤的 Q_{10} 值与有机质数量大小没有对应关系（邬建红，2015）。

土壤温度作为重要的环境因子，调控着土壤矿化中土壤生物化学过程。温度不仅可以直接影响酶的活性和土壤生物活性，还通过间接的途径（底物供应）影响 Q_{10}（Gershenson，2009）。一般来说，增温可以显著提高土壤矿化速率（Li et al.，2016），在不超过土壤微生物活性的最佳温度下，土壤矿化与温度呈正相关关系（Davidson，2006）。通过Meta 分析得到：土壤增温 0.3~6 ℃，土壤矿化速率增加约 20%（Zhou et al.，2016）。许多实验室培养和温度试验研究均表明：Q_{10} 值通常随温度的升高而增加（Rustad et al.，2001）。然而，一些试验表明 Q_{10} 值随温度的升高而降低；Q_{10} 的平均值从热带或亚热带到温带会呈现上升趋势。同时，低温条件下土壤呼吸的 Q_{10} 值高于高温的 Q_{10} 值；北纬地区的气温升高对土壤矿化率的影响要大于温暖气候地区（Kirschbaum，2004）。孙宝玉（2016）采用红外辐射加热器模拟升温，对该地区非生长季土壤矿化对环境因子的响应机制进行研究，结果显示表层土壤温度升高 4.0 ℃时，Q_{10} 值降低。

综上，了解气候因素、土壤基质和外源有机物如何影响土壤碳矿化 Q_{10} 的动态变化，对于预测全球变暖对土壤有机碳矿化的增加或减少，从而加速或减缓气候变暖至关重要。

第六节 ^{13}C 同位素示踪技术在土壤有机碳周转中的应用

关于土壤有机碳的动态转变方面的研究，国内外研究者们起初在室内的试验条件进行培养，但这种可控的条件与实际情况相差甚远，不足以完全反映土壤有机碳的转化过程。研究者逐渐将研究转移到室外，起初依然采用传统的差减法，即将植物秸秆装入容器（如砂率管、尼龙袋）中，放置于田间培养，设置对照处理与试验处理两组，假定有机物料在腐解过程中土壤原有机碳的分解速率保持一致，利用差减法所计算出有机物料的分解速度是可行的，但是后来应用同位素标记材料进行的大量试验都证实了有机碳在分解过程中发生了碳激发效应，因而表明了这一假定是不正确的。这种传统的差减法局限性在于它仅能对土壤有机碳表面的变化进行研究，而且分析误差较大。同位素标记示踪技术，既能用于追踪土壤有机碳总体的变化，也可以追踪不同大小、不同密度颗粒中有机碳的变化，还可以研究不同农业措施以及不同环境条件对有机碳动态的干扰情况。

尽管 ^{14}C 标记示踪法弥补了非标记法（即差减法）的缺点，但是试验所需时间较长且仅能对土壤中存留时间不长的有机碳进行标记，与此同时，^{14}C 的辐射也会危害人体健康，从而使其在应用上受到了一定的限制。虽然可以利用成本不高的 ^{13}C 天然丰度来研究土壤有机碳的动态变化，其主要优势是能够对试验地采集的样品直接进行研究，但它的灵敏度与结果的平行性等远远落后于 ^{13}C 加富标记技术，^{13}C 天然丰度法的缺点在于碳库间的 $\delta^{13}C$ 值的差异不够大，难以明显追踪出有机碳的迁移周转。二十世纪八十年代以后，人们开始倾向于使用碳的稳定同位素（^{13}C）进行标记研究。朴河春和余登利（2000）应用 $\delta^{13}C$ 研究法，发现林地土壤轻组有机碳的 $\delta^{13}C$ 值显著低于重组，当林地变为耕地（玉米地）后土壤轻组有机碳 $\delta^{13}C$ 值显著高于重组。安婷婷等（2013）利用 $^{13}CO_2$ 脉冲标记法示踪探索了 ^{13}C 在植物-土壤生态系统中的转移分配，发现标记了半个月时间后，土体中 $\delta^{13}C$ 值表现出略有升高，而植株本身和根际土壤中 $\delta^{13}C$ 值表现出略降低。与 ^{14}C 相比，^{13}C 最大的好处在于它不具有放射性，对人体没有伤害，安全、无毒、放心。这样一来，利用 ^{13}C 同位素标记就可以实现对土壤有机碳来源及周转的长期研究。

第 三 章

玉米秸秆碳在土壤中的残留与固定

在全世界农业生态系统中，因土壤有机碳流失而造成的土壤退化已经是不争的事实，而其中一个重要的因素就是有机物料归还不足（Liu et al.，2010）。作物秸秆还田是通过自身腐解过程将光合碳转化为土壤有机碳的重要途径（Liu et al.，2014），并已被广泛地认可为补充土壤有机碳的简便且经济的措施。深入认识并明晰作物秸秆向土壤有机碳转化的这一关键过程及其调控机制已成为当前亟待解决的核心科学问题。通常，作物秸秆作为有机物质含有大量微生物生长繁殖所需的营养物质，秸秆等外源有机物质的投入可以为微生物分解、有机碳的形成和稳定提供营养物质，同时也改变了土壤有机碳的周转速率（Poirier et al.，2014）。然而，作物还田后的固碳效应并未得到一致的结论（Shahbaz et al.，2017），一些研究认为作物秸秆还田甚至会降低土壤的有机碳含量（Fontaine et al.，2004；Aye et al.，2018）。在这种情况下，探明作物秸秆碳在土壤中的残留及固定动态极为必要。此外，作物秸秆在土壤中的腐解过程还受到秸秆性质（如添加量、秸秆化学组成）和土壤性质（如土壤肥力）的制约，这会直接影响作物残体碳在土壤中的分配与固定特征。这些问题的解决对理解土壤有机碳的固定、土壤肥力的改善和农业的可持续发展具有至关重要的作用。本章主要通过碳稳定同位素示踪的方法，采用室内培养和田间原位模拟等试验方法，针对玉米秸秆碳在土壤中残留与固定的动态变化特征及其受土壤肥力、玉米秸秆部位、玉米秸秆添加量和土壤类型的影响进行探讨。

第一节　玉米秸秆碳在不同肥力棕壤中的固定

一、材料与方法

1. 试验位点

土壤样品采自沈阳农业大学棕壤长期定位试验站（北纬 $41°49'$，东经 $123°34'$）。该试验站处于温带大陆性季风气候区，冬季寒冷干燥，夏季高温多雨；年均温 $7.9\ ℃$，年均降水量 705 mm，海拔 75 m；土壤属中厚层棕壤（简育淋溶土）。该长期定位试验开始于1987 年春天，当时表层土壤（0～20 cm）性质为：有机质含量 15.6 g/kg，全氮1.0 g/kg，全磷 0.5 g/kg，碱解氮 67.4 mg/kg，有效磷 8.4 mg/kg，pH（H_2O）6.39，沙粒含量 16.7%，粉粒含量 58.4%，黏粒含量 24.9%（汪景宽 等，2006）。每小区面积 69 m^2（长×宽＝9.6 m×7.2 m），分地膜覆盖栽培与传统栽培（即不覆膜）两组。常年种植作物为玉米（当地常用品种），每年 4 月中下旬播种、施肥，并按常规进行田间管理，9 月中下旬进行收割、测产，并清除玉米茎秆，然后翻地（根系都保留在土壤中）。

2. 供试土壤

本研究主要根据土壤有机碳含量的高低定义土壤的肥力水平。高肥力水平土壤（HF）采自有机肥与氮磷化肥配施（年施有机肥折合 N 67.5 kg/hm²，化肥 N 135 kg/hm² 和 P₂O₅ 67.5 kg/hm²）处理的表层土壤（0～20 cm），其有机碳含量为 11.8 g/kg；中肥力水平土壤（MF）采自不施肥对照处理表层土壤（0～20 cm），其有机碳含量为 9.00 g/kg；低肥力水平土壤（LF）采自不施肥对照处理的底层土壤（100～120 cm），其有机碳含量为 5.19 g/kg。施用的有机肥为猪厩肥，其有机质含量为 150 g/kg 左右，全氮为 10 g/kg；施用的化肥为商品氮肥（尿素，含 N 46%）和磷肥（磷酸二铵，含 P₂O₅ 45%）。在 2011 年春季施肥前采集土壤，然后挑除土壤中的植物根系等杂质，风干后过 2 mm 筛备用。各处理土壤的基本理化性质（2011 年）见表 3 - 1。

表 3 - 1　各处理土壤基本理化性质（2011 年）

肥力水平	有机碳（g/kg）	$\delta^{13}C$ 值（‰）	总氮（g/kg）	有机磷（g/kg）	碳氮比	微生物生物量碳（mg/kg）	黏粒（%）
低肥力	5.19±0.09 c	−22.3±0.03 c	0.7±0.017 c	0.17±0.002 c	7.4±0.10 b	167±22 c	31.5±0.9 a
中肥力	9.00±0.06 b	−18.5±0.01 b	1.2±0.021 b	0.24±0.001 b	7.5±0.08 b	351±28 b	17.3±0.4 c
高肥力	11.8±0.16 a	−18.5±0.03 a	1.3±0.015 a	0.37±0.002 a	9.2±0.02 a	666±31 a	18.7±0.8 b

注：不同小写字母表示差异显著（$P<0.05$），下同。

供试有机物料为标记有 ^{13}C 的玉米秸秆。2005 年薛菁芳（2007）在日光温室内用 $^{13}CO_2$ 标记了不同生长季的盆栽玉米，共标记了 4 次，玉米成熟后收获标记的秸秆。标记的玉米秸秆经杀青、烘干、粉碎（<40 目）后，保存在密闭干燥的容器中备用。玉米秸秆有机碳含量为 401 g/kg，全氮含量为 9.96 g/kg，$\delta^{13}C$ 值为 138‰。

3. 试验设计

田间原位培养试验在沈阳农业大学棕壤长期定位试验站内进行。分别称取 100 g 土壤（风干土重，过 2 mm 筛子）与 5 g 玉米秸秆（烘干重，大小为 2～4 mm）均匀混合（即低肥力水平土壤加玉米秸秆处理，LF＋CS；中肥力水平土壤加玉米秸秆处理，MF＋CS；高肥力水平土壤加玉米秸秆，HF＋CS），装入砂滤管中。砂滤管的孔径大小为 140 μm× 70 μm，能够防止作物根系和土壤动物（如蚯蚓）的影响，但管内外水、气和可溶性物质可以进行交换。加入相应处理土壤的悬浊液，使管内土壤水分达到田间持水量为止，以达到接种的目的。用胶带密封砂滤管后，垂直埋入对应处理的小区（砂滤管上端距土表 5 cm）。同时，设不加秸秆的对照处理即低肥力不加玉米秸秆处理（LF）；中肥力不加玉米秸秆处理（MF）；高肥力不加玉米秸秆处理（HF）。不加秸秆的对照处理与加秸秆的处理的试验设计方法一致。

分别在试验开始后第 30 天（2011 年 6 月 5 日），第 60 天（2011 年 7 月 5 日），第 90 天（2011 年 8 月 4 日），第 180 天（2011 年 11 月 2 日），第 365 天（2012 年 5 月 5 日）取样。每个处理随机取出 3 个砂滤管。

4. 测定方法

土壤样品的有机碳含量及 $\delta^{13}C$ 值在风干并用研钵研磨（过 100 目筛）后，采用 EA -

IRMS（元素分析-同位素比例质谱分析联用仪，Elementar vario PYRO cube – IsoPrime100 Isotope Ratio Mass Spectrometer，德国）测定。EA – IRMS 分析的基本原理和测定过程：样品经高温燃烧后（燃烧管温度为 920 ℃，还原管温度为 600 ℃），通过 TCD（Thermal Conductivity Detector）检测器测定有机碳含量，剩余气体经 CO_2/N_2 排出口通过稀释器进入质谱仪，在稳定同位素比例质谱仪上测定 $\delta^{13}C$ 值。

5. 数据处理与分析

采用 Microsoft office Excel 2010 和 Origin 8.0 软件进行数据处理和绘图，SPSS 19.0 统计分析软件对数据进行差异显著性检验（邓肯法）。

二、土壤有机碳 $\delta^{13}C$ 值

不添加秸秆各处理土壤有机碳 $\delta^{13}C$ 值随时间变化不大（数据未列出）。整个培养期间低肥力、中肥力、高肥力土壤 $\delta^{13}C$ 平均值分别为－22.00‰±0.51‰、－18.37‰±0.24‰、－18.03‰±0.42‰。由图 3 - 1 可以看出添加秸秆第 30～365 天不同肥力水平土壤有机碳的 $\delta^{13}C$ 值都远高于不加秸秆处理土壤有机碳的 $\delta^{13}C$ 值，且随时间增加 $\delta^{13}C$ 值不断下降。不同肥力土壤添加秸秆后有机碳 $\delta^{13}C$ 值在 30～180 d 表现为低肥力＞高肥力＞中肥力；180 d 后中肥力与高肥力处理接近相等，而低肥力处理仍旧高于其他处理。整个培养期间低肥力处理土壤有机碳的 $\delta^{13}C$ 平均值比高肥力与中肥力处理高 25.00‰。

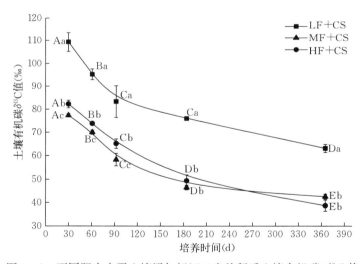

图 3 - 1　不同肥力水平土壤添加标记玉米秸秆后土壤有机碳 $\delta^{13}C$ 值

注：LF、MF、HF 分别代表低肥力、中肥力和高肥力土壤；CS 代表 ^{13}C 标记玉米秸秆。不同大写字母表示同一肥力水平土壤不同培养时间的差异显著（$P<0.05$）；不同小写字母表示同一培养时间不同肥力水平间差异显著（$P<0.05$）。

三、土壤有机碳含量

本研究未在添加秸秆第 0～30 天期间进行采样，因此对该期间有机碳的变化不进行探讨。不添加标记秸秆各处理土壤有机碳含量随时间变化不大（数据未列出）。整个培养期间低肥力、中肥力和高肥力处理不加秸秆土壤有机碳含量平均值分别为 5.32 g/kg±

0.6 g/kg、10.2 g/kg±0.2 g/kg 和 11.6 g/kg±0.3 g/kg。由图 3-2 可以看出秸秆加入明显提高了土壤总有机碳含量，各处理有机碳含量是不添加标记秸秆的 1.8～2.7 倍。各处理土壤总有机碳含量随时间延长呈下降的趋势，且高肥力＋秸秆＞中肥力＋秸秆＞低肥力＋秸秆。高肥力处理添加标记秸秆后在第 30 天至第 90 天呈线性下降的趋势，第 90 天后下降趋于平缓。但中肥力与低肥力处理添加标记秸秆后第 30 天至第 60 天下降平缓，第 60 天至第 90 天下降显著，第 90 天后下降趋缓。土壤中添加秸秆 1 年后高肥力与中肥力处理有机碳含量差异不大，在 15 g/kg 左右，而低肥力处理仍比其余两处理低 31%。对土壤有机碳含量与其 δ^{13}C 值进行相关性分析后发现，高肥力处理和中肥力处理添加秸秆后有机碳含量与 δ^{13}C 值呈显著的正相关关系，而低肥力处理这两者之间的相关性不太明显，具体结果见表 3-2。

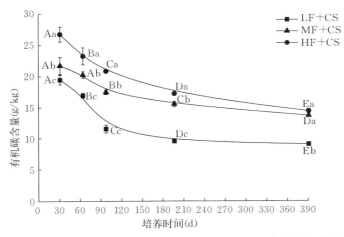

图 3-2　不同肥力水平土壤添加标记玉米秸秆后土壤总有机碳含量

注：LF、MF、HF 分别代表低肥力、中肥力和高肥力土壤；CS 代表 ^{13}C 标记玉米秸秆。不同大写字母表示同一肥力水平土壤不同培养时间的差异显著（$P<0.05$）；不同小写字母表示同一培养时间不同肥力水平间差异显著（$P<0.05$）。

表 3-2　不同肥力水平土壤添加标记玉米秸秆后土壤有机碳 δ^{13}C 值与有机碳含量的相关性分析

肥力水平	δ^{13}C 值与土壤有机碳相关性			δ^{13}C 值与秸秆来源土壤有机碳相关性		
	拟合函数	n	R^2	拟合函数	n	R^2
低肥力	$y=-5.65+0.23x$	5	0.893	$y=-11.59+0.15x$	5	0.935
中肥力	$y=9.70+0.15x$	5	0.959	$y=-3.67+0.22x$	5	0.996
高肥力	$y=5.31+0.25x$	5	0.985	$y=-4.92+0.26x$	5	0.979

四、土壤有机碳中秸秆来源碳含量

不同肥力水平土壤添加标记秸秆后，秸秆来源的土壤有机碳（^{13}C-SOC）随时间变化的趋势与土壤总有机碳的变化趋势基本一致（图 3-3）。添加秸秆第 30 天，土壤有机碳有 60%～80%碳来源于秸秆。第 60 天，低肥力、中肥力、高肥力处理 ^{13}C-SOC 含量分别比第 30 天减少了 21%、13%、19%，中肥力处理与低肥力处理秸秆来源碳含量差异显著，而高肥力处理依旧高于这两个处理。随培养时间延长，^{13}C-SOC 在土壤有机碳中比例逐渐降低，三个处理间土壤新固定有机碳的差异逐渐缩小。秸秆加入土壤培养 1 年后，虽然三个处理土壤 ^{13}C-SOC 含量都接近 6.0 g/kg，但高肥力与中肥力处理平均 38% 的土壤有机碳来源于秸秆，低肥力处理秸秆来源的有机碳比例占 50% 左右。

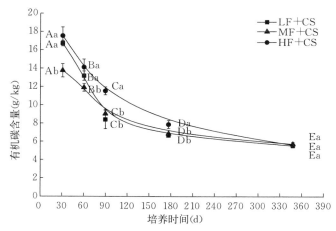

图 3-3 不同肥力水平土壤添加标记玉米秸秆后秸秆来源的土壤有机碳含量

注：LF、MF、HF 分别代表低肥力、中肥力和高肥力土壤；CS 代表 ^{13}C 标记玉米秸秆。不同大写字母表示同一肥力水平土壤不同培养时间的差异显著（$P<0.05$）；不同小写字母表示同一培养时间不同肥力水平间差异显著（$P<0.05$）。

五、秸秆分解率

秸秆添加到不同肥力水平土壤后，其分解随时间的变化见图 3-4。随培养时间增加，秸秆分解率也增加，且不同处理间分解率差异越来越小。在第 30 天，低肥力、中肥力、

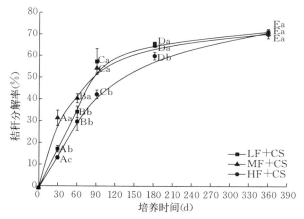

图 3-4 不同肥力水平土壤添加标记玉米秸秆后秸秆分解随时间的变化

注：LF、MF、HF 分别代表低肥力、中肥力和高肥力土壤；CS 代表 ^{13}C 标记玉米秸秆。不同大写字母表示同一肥力水平土壤不同培养时间的差异显著（$P<0.05$）；不同小写字母表示同一培养时间不同肥力水平间差异显著（$P<0.05$）。

高肥力处理分别有 18％、32％、14％的秸秆被微生物分解；第 60 天，各处理秸秆分解率仍为中肥力＞低肥力＞高肥力；第 90 天是秸秆分解的转折点，第 90 天之前秸秆分解迅速，低肥力与中肥力处理分解率达到 55％，高肥力处理为 43％；第 90 天以后秸秆以较为稳定的速度分解。一年后秸秆分解水平相似，秸秆残留率仅有 27％。

六、讨论与结论

标记玉米秸秆加入土壤后显著提高了土壤总有机碳含量及其 ^{13}C 丰度值，这与尹云锋和蔡祖聪等（2007）及张晋京等（2006）的研究结果一致。长期连作玉米的土壤添加小麦秸秆后土壤有机碳含量有所提高，但土壤 δ^{13}C 值却降低 4.88‰（王金达 等，2005）。因此影响 δ^{13}C 值差异的因素主要是土壤有机碳的来源。培养一年后土壤有机碳 δ^{13}C 值仍高于培养前土壤，说明土壤有机碳的来源仍主要是秸秆。随着秸秆的分解，土壤中残留的秸秆碳减少，因此土壤有机碳 δ^{13}C 值逐渐下降。高肥力与中肥力处理土壤有机碳 δ^{13}C 值与土壤有机碳含量和秸秆碳含量呈显著正相关关系，因此秸秆碳是影响 δ^{13}C 值变化的主要原因。窦森等（2003）认为土壤有机碳 δ^{13}C 值下降的原因可能是植物富 ^{13}C 的化合物（例如半纤维素、碳水化合物等）迅速矿化，使贫 ^{13}C 的化合物（例如木质素、脂类等）在土壤中相对累积的结果，也可能是富 ^{13}C 的化合物与贫 ^{13}C 的化合物相互转化的结果。低肥力处理 δ^{13}C 值与有机碳和秸秆来源碳的相关性没有达到显著水平，但相关系数也相对较大，说明除植物秸秆碳影响有机碳的 δ^{13}C 值外，还有土壤本身的性质如黏粒等也影响 ^{13}C 丰度的变异。低肥力处理土壤 δ^{13}C 值远高于高肥力与中肥力处理，因此低肥力处理秸秆来源碳占土壤有机碳的比例高于高肥力与中肥力处理。

秸秆分解的研究常采用室内培养、尼龙网袋法和砂滤管法。室内模拟和培养试验通过人为保持恒定温度和水分条件，不能反映有机物质转化的真实情况；尼龙网袋法受植物根系和土壤动物的干扰较大；砂滤管能通水透气，且能排除植物根系和动物的干扰（林心雄 等，1981），与管外土壤进行气体、可溶性养分和水分的交换（王旭东 等，2009）。许多研究发现植物秸秆培养 30 d 的分解率大约为 50％（王金达 等，2005；张晋京 等，2000；窦森 等，1995）。本研究培养 30 d 秸秆的分解率仅有 22％，培养 60 d 平均分解率为 35％，这可能与培养初期砂滤管中水分含量较高，不利于好气性微生物对秸秆矿化有关。

植物秸秆的分解经历迅速分解和缓慢分解两个阶段（Lu et al.，2003；Chen et al.，2009）。随着培养时间的延长，秸秆的分解速率降低，这可能与秸秆的质量降低和物理固定有关，而且三个处理秸秆的分解率接近，一年后玉米秸秆的残留率仅为 30％左右。植物秸秆分解速率的变化可以反映微生物分解秸秆质量的变化，第一阶段微生物主要分解非纤维素多糖、蛋白质和半纤维素等容易被微生物利用的物质；第二阶段微生物对玉米秸秆碳中更稳定成分例如木质素、纤维素进行分解（Majumder and Kuzyakov，2010）。这个阶段随着较小生物活性和不稳定的成分不断地分解损失，剩余植物秸秆中更难分解组分的比例不断增加（Wang et al.，2004），难腐解的脂类、木质素等开始分解，因此使秸秆碳的矿化分解变慢（王旭东 等，2009），最后不能分解的植物秸秆碳经微生物作用有助于土壤中稳定有机碳的形成（Majumder and Kuzyakov，2010）。史奕等（2003）也认为分解一年后所有有机物料的碳氮比趋于一致，且与土壤腐殖质的碳氮比非常接近，说明有机物料完成腐殖化过程，变成稳定的有机组分。

土壤有机碳库的大小、微生物的活性及外源有机质输入的质量和数量是影响土壤中作物秸秆分解和腐解的重要因素（Rubino et al.，2010）。王旭东等（2009）认为不同肥力水平土壤秸秆分解的差异与土壤本身的有机碳含量、微生物大小和活性及土壤中速效养分有关。中肥力处理有机碳含量相对较低，土壤中的速效养分等能通过水分进入砂滤管（林心雄 等，1981），提高了微生物活性，刺激了秸秆的分解。低肥力处理本身土壤有机碳含量很低，微生物活性也很低；而且黏粒含量较高，减缓了植物秸秆分解的进行（林心雄等，1981）。高肥力处理土壤本身有机碳含量相对较高，且微生物活性较大，因此有利于秸秆的腐殖化（王旭东 等，2009）。Majumder 和 Kuzyakov（2010）认为长期施有机肥改变了土壤的微生物群落，因此降低了微生物对植物秸秆的分解。这与本研究高肥力水平土壤秸秆分解的结果一致。

综上，本节利用 ^{13}C 标记玉米秸秆可以区分土壤不同有机碳库的来源及不同来源碳在土壤中的动态变化过程。研究结果表明，土壤总有机碳及秸秆碳含量随培养时间增加出现明显下降的趋势，培养 1 年秸秆碳含量在不同肥力土壤中趋于相等。

第二节 玉米不同部位秸秆碳在棕壤中的固定

一、材料与方法

1. 供试土壤

本试验所用土壤采自沈阳农业大学后山棕壤长期定位试验站（试验站介绍见本章第一节）。本研究共选取 2 个肥力水平供试土壤，即低肥土壤（不施肥处理，LF）和高肥土壤[施高量有机肥处理，即年施有机肥（N）270 kg/hm²，HF]。其中，高肥土壤施用的有机肥为猪厩肥，有机质含量为 150 g/kg，全氮含量为 10 g/kg。供试土壤于 2014 年 11 月采自各田间处理表层 0～20 cm 土壤，将采集的土壤挑除植物根系等杂质后，轻轻掰碎，过 2 mm 筛，风干后做培养实验。

2. 供试有机物料

所用材料为 2014 年 5 月在沈阳农业大学棕壤长期定位试验站进行 $^{13}CO_2$ 脉冲标记试验所获得的 ^{13}C 标记的玉米植株秸秆（根、茎、叶），种植玉米品种为丹玉 606。具体标记过程详见相关文献（安婷婷，2015）。简要标记过程为：标记室由透明的农用地膜和可升降的支架组成。标记室的长、宽、高分别为 5 m、1 m、1.5 m。标记室与土壤之间的缝隙用湿土密封。注入 $^{13}CO_2$ 前用真空泵抽取标记室内的 CO_2，让植株饥饿一段时间后再注入 $^{13}CO_2$ 气体以提高 $^{13}CO_2$ 的吸收同化率。当标记室内 CO_2 降到 150 μL/L 时开始进行标记。标记必须是晴天，于早晨 9:00 开始。将 $^{13}CO_2$ 气体注入标记室内，此时标记室 CO_2 浓度达到 400 μL/L，同时开动风扇，使标记室内的气体充分混合。利用标记室顶部安装的红外 CO_2 分析仪监测标记室内的浓度，当降到 150 μL/L 时，再次加入 $^{13}CO_2$ 气体，共标记 7 次，标记时间持续 7 h。标记结束后向标记室中加入 $^{12}CO_2$，使标记室内的浓度达到 400 μL/L，以减少 $^{13}CO_2$ 的损失，当标记室浓度降到 150 μL/L 时（或经过 1.5 h 后），将标记室移走。

每次选取不同处理（包括标记和未标记处理）的三株玉米，从基部剪断，挖出根系。玉米根、茎和叶经冲洗后，在 105 ℃烘箱杀青 30 min，然后在 60 ℃烘干 8 h，称重并计算根、茎和叶生物量。烘干的玉米茎叶和根用混合型研磨仪（Retsch MM 200，德国）粉碎研磨＜40 目后，秸秆碳粒径为 0.425 mm，保存在密闭干燥的容器中备用。

3. 实验设计

本试验共设置 8 个处理：①低肥土壤不添加玉米秸秆（LF），②低肥土壤添加标记玉米根（LF＋Root），③低肥土壤添加标记玉米茎（LF＋Shoot），④低肥土壤添加标记玉米叶（LF＋Leaf），⑤高肥土壤不添加玉米秸秆（HF），⑥高肥土壤添加标记玉米根（HF＋Root），⑦高肥土壤添加标记玉米茎（HF＋Shoot），⑧高肥土壤添加标记玉米叶（HF＋Leaf）。

首先称取相当于 120 g 烘干土重的风干土样，并将含水量调节到 7% 左右，预培养7 d。培养期间用帕拉膜封口并在膜上扎几个小孔，既能减缓水分散失又能防止帕拉膜对空气流通产生阻碍。将粉碎的根、茎、叶（按烘干土质量的 1% 计算）分别与预培养土壤充分混匀。然后调节土壤含水量至田间持水量的 60%，25 ℃下恒温恒湿培养 360 d。每个处理设 3 次重复。分别在培养的第 1 天、第 7 天、第 28 天、第 56 天、第 180 天和第 360天破坏性取样。

4. 测定方法

土壤样品的有机碳含量及 $\delta^{13}C$ 值的测定参考本章第一节的方法。

5. 数据处理与分析

采用 Microsoft office Excel 2010 和 Origin 8.0 软件进行数据处理和绘图，SPSS 19.0统计分析软件对数据进行差异显著性检验（邓肯法）。

二、土壤有机碳含量

整个培养期间低肥土壤和高肥土壤未添加玉米根、茎、叶的处理土壤有机碳含量平均值分别为 10.07 g/kg±0.2 g/kg 和 17.80 g/kg±0.5 g/kg（数据未列出）。根、茎和叶的添加使土壤有机碳含量提高 1.10～1.29 倍（图 3-5）。在秸秆分解期内，土壤有机碳含量显著受时间、肥力水平和植物秸秆因素的影响（$P<0.001$），除三因素（时间＋肥力＋植物秸秆）之间在 0.01 水平上显著外（$P<0.01$），其他两因素之间均在 0.001 水平上差异极显著（$P<0.001$）（表 3-3）。高肥处理土壤有机碳含量在整个培养阶段均高于低肥处理（$P<0.05$），添加叶处理在大部分培养时期（低肥 28～180 天，高肥 0～180 天）高于添加根和茎的处理。低肥土壤添加茎、叶后土壤有机碳含量在培养第 1 天至第 7 天下降了 0.6 g/kg，与培养 7 d 后相比下降速度较快；添加根的处理在第 7 天至第 28 天下降了0.8 g/kg，与其他时间段相比下降较快。高肥土壤添加茎、叶后在第 1 天至第 7 天土壤有机碳含量变化与低肥处理一致；加根处理在第 7 天和第 28 天无显著性差异（$P>0.05$），28 d 后三种处理均下降缓慢。第 360 天时低肥处理添加茎的土壤有机碳含量高于添加根、叶的土壤有机碳含量且差异显著（$P<0.05$），高肥处理三者之间无显著性差异（$P>0.05$）。

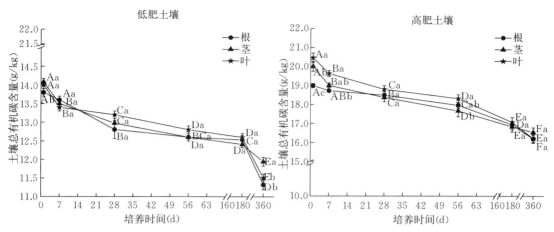

图 3-5 不同肥力水平添加 13C 标记玉米根、茎、叶后土壤有机碳变化

注：不同大写字母表示不同时间相同处理土壤有机碳含量差异显著（$P<0.05$）；不同小写字母表示同一时间不同处理土壤有机碳含量差异显著（$P<0.05$）。

表 3-3 植物秸秆、土壤肥力水平和培养时间对土壤有机碳影响的方差分析

因素	自由度	SOC	δ^{13}C	^{13}C-SOC	R_{maize}	MBC	^{13}C-MBC	DOC	^{13}C-DOC
时间（T）	5	***	***	***	***	***	***	***	***
肥力水平（F）	1	***	***	**	***	***	***	***	***
植物秸秆（M）	2	***	***	***	**	***	**	***	**
$T\times F$	5	***	***	***	***	***	***	***	***
$T\times M$	10	***	***	***	**	***	***	***	***
$F\times M$	2	***	***	***	***	***	***	***	***
$T\times F\times M$	10	**	***	*	*	**	**	**	**

注：*、**和***分别表示显著水平 $P<0.05$、$P<0.01$ 和 $P<0.001$。SOC 代表土壤有机碳；δ^{13}C 代表有机碳同位素值；^{13}C-SOC 代表外源新碳含量；R_{maize} 代表添加玉米根、茎和叶的残留率；MBC 代表微生物生物量碳含量；^{13}C-MBC 代表来源于根、茎和叶微生物生物量碳含量；DOC 代表土壤总可溶性有机碳含量；^{13}C-DOC 代表来自根、茎和叶的可溶性有机碳含量。

三、土壤有机碳 δ^{13}C 值的变化

在整个培养期间未添加玉米根、茎、叶的低肥处理和高肥处理土壤有机碳 δ^{13}C 值分别为 $-17.95‰\pm0.31‰$ 和 $-19.45‰\pm0.15‰$，变化幅度不大（数据未列出）。从表 3-3 中可以看出 δ^{13}C 值极显著受时间、肥力水平和植物秸秆因素的影响（$P<0.001$），且其余任何两个因素之间和三个因素之间均存在着显著交互作用。由图 3-6 可以看出，与未添加相比，两种肥力土壤添加玉米根、茎、叶后土壤有机碳 δ^{13}C 值明显增加。整个培养期间，添加根的低肥处理比高肥处理土壤有机碳 δ^{13}C 平均值高 19.22‰，添加茎的低肥处理比高肥处理高 41.61‰，添加叶的低肥处理比高肥处理高 49.87‰。两种肥力水平土壤添

加玉米根、茎、叶的土壤有机碳 $\delta^{13}C$ 值在培养 7 d 之后为茎＞叶＞根，这个趋势与土壤总有机碳含量趋势不一致。两种肥力水平土壤添加玉米根、茎、叶后有机碳 $\delta^{13}C$ 值均在第 1 天至第 7 天下降速度最快，且叶下降趋势比茎和根的明显；第 180 天时，添加标记根的两种肥力的土壤有机碳 $\delta^{13}C$ 值接近相等；第 360 天时低肥和高肥土壤添加茎、叶的土壤有机碳 $\delta^{13}C$ 值高于添加根的处理，且差异显著（$P<0.05$）。

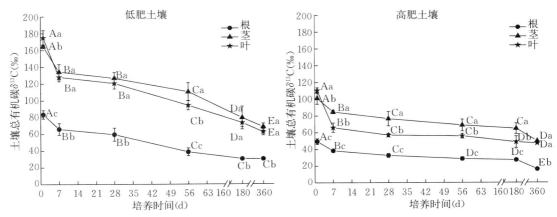

图 3-6　不同肥力水平添加标记玉米根、茎、叶后土壤有机碳 $\delta^{13}C$ 值变化

注：不同大写字母表示不同时间相同处理土壤有机碳含量差异显著（$P<0.05$）；不同小写字母表示同一时间不同处理土壤有机碳含量差异显著（$P<0.05$）。

四、土壤有机碳中外源玉米秸秆碳含量

随着时间的延长，添加根、茎、叶的两种肥力土壤有机碳中玉米根、茎、叶来源的土壤有机碳含量与土壤总有机碳含量变化趋势一致（图 3-7）。其含量显著受时间和植物秸秆因素的影响（$P<0.001$），除三因素之间在 0.05 水平上差异显著外，其余两因素之间

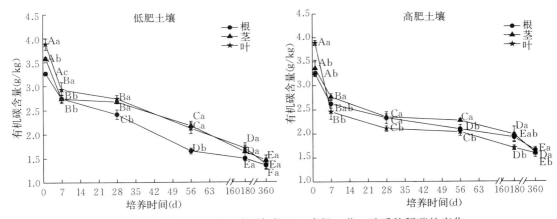

图 3-7　不同肥力水平土壤添加标记玉米根、茎、叶后秸秆碳的变化

注：不同大写字母表示不同时间相同处理土壤有机碳含量差异显著（$P<0.05$）；不同小写字母表示同一时间不同处理土壤有机碳含量差异显著（$P<0.05$）。

均在 0.001 水平上差异显著。总体上，低肥土壤添加根的秸秆碳含量比添加茎、叶的低，而添加叶的高肥处理的秸秆碳含量比添加根和茎的低。添加根、茎、叶的低肥土壤第 1 天至第 180 天的秸秆碳含量比例下降了 12%±1%，而高肥土壤下降了 7%±1%。在第 1 天至第 7 天时添加根、茎、叶两种肥力的根、茎和叶来源的土壤有机碳含量均下降较快，低肥土壤添加根、茎、叶的秸秆碳含量第 7 天比第 1 天分别减少了 4%、3% 和 6%，高肥土壤添加根、茎、叶的秸秆碳含量第 7 天比第 1 天分别减少了 3%、2% 和 6%。低肥处理在第 7 天至第 28 天时下降缓慢，而在第 28 天至第 180 天时下降较快，添加根、茎、叶的高肥土壤在 7 d 后开始下降较缓慢。第 180 天时，两种肥力土壤分别添加根、茎、叶的秸秆碳含量接近，低肥土壤添加根、茎、叶的秸秆碳含量为 1.8 g/kg±0.1 g/kg，高肥土壤添加根、茎、叶的秸秆碳含量为 1.9 g/kg±0.1 g/kg。低肥土壤添加玉米根、茎、叶的秸秆碳含量在第 1 天至第 28 天时平均分别为 2.81 g/kg、3.00 g/kg、3.18 g/kg，第 56 天至第 180 天时的平均值为 1.57 g/kg、1.90 g/kg、1.91 g/kg。高肥土壤添加玉米根、茎、叶的秸秆碳含量在第 1 天至第 28 天平均值分别为 2.73 g/kg、2.83 g/kg、2.82 g/kg，第 56 天至第 180 天时平均值为 2.01 g/kg、2.13 g/kg、1.87 g/kg。培养一年时，低肥处理添加根、茎、叶的秸秆碳含量平均为 1.37 g/kg±0.6 g/kg，三者之间差异不显著（$P>0.05$），高肥处理添加根、茎、叶的秸秆碳量平均为 1.59 g/kg±0.5 g/kg。

五、玉米不同秸秆碳的残留率

随着时间的延长，两种肥力土壤添加玉米根、茎、叶后的残留率均呈逐渐降低趋势（图 3-8）。由表 3-3 可以看出，玉米根、茎、叶的残留率受时间和植物秸秆因素的显著影响（$P<0.001$），且两因素之间的相互作用在 0.01 水平上差异显著（$P<0.01$），三因素之间在 0.05 水平上差异显著（$P<0.05$）。培养第 1 天时，低肥处理添加根、茎、叶的残留率分别为 81.49%、80.76% 和 92.17%；高肥处理分别为 80.49%、76.38% 和 92.45%。培养第 360 天时，低肥处理添加根、茎、叶的残留率分别为 33.56%、33.03%

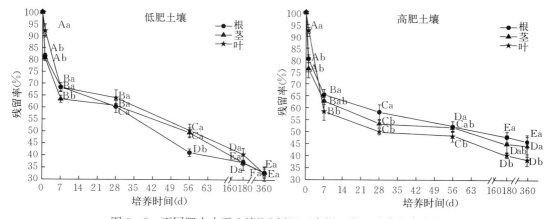

图 3-8 不同肥力水平土壤[13]C 标记玉米根、茎、叶残留率变化

注：不同大写字母表示不同时间相同处理土壤有机碳含量差异显著（$P<0.05$）；不同小写字母表示同一时间不同处理土壤有机碳含量差异显著（$P<0.05$）。

和 33.60%；高肥处理分别为 45.77%、44.23% 和 38.34%。高肥处理添加叶的残留率最低，且与添加根、茎的差异显著（$P > 0.05$）。两种肥力添加根、茎、叶的残留率仍然在第 1 天至第 7 天下降最快；7 d 后残留率下降趋于缓慢。

六、讨论和结论

添加玉米根、茎、叶后，两种肥力水平土壤有机碳及其 $\delta^{13}C$ 值随时间变化不断降低，这与 Gerzabek 等（2001）以及窦森和张晋京（2005）的结果一致。窦森等（2003）添加 12% 标记秸秆进行室内培养研究有机质动态变化，发现土壤有机碳及其 $\delta^{13}C$ 值在第 1 小时至第 15 天下降较快，15 d 后下降缓慢。而本研究培养试验仅添加 1% 的玉米根、茎、叶，并且在添加玉米根、茎、叶之前将土壤预培养了 7 d，这可能是导致土壤有机碳及其 $\delta^{13}C$ 值在第 1 天至第 7 天下降较快的原因。本研究在第 7 天至第 15 天期间没有进行取样，此阶段土壤有机碳及其 $\delta^{13}C$ 值的变化趋势尚不了解。试验培养初期（7 d 之前）添加玉米茎、叶的两种肥力水平土壤有机碳及其 $\delta^{13}C$ 值下降较快，而添加根处理在培养初期变化相对缓慢，这是因为茎、叶中含有易分解的可溶性物质，例如纤维素、半纤维素和糖类等物质，而根中含有更多的角质和木质素（Joyce et al.，2013；Samul et al.，2005），较难分解。培养期间两种肥力水平土壤添加叶的土壤有机碳含量比添加根和茎的高，可能是因为叶中可溶性物质较多、分解较快，微生物可能优先固定。培养 180 d 时添加根、茎、叶的土壤有机碳含量已经接近相等。尹云峰和蔡祖聪等（2007）研究表明所添加秸秆的量影响有机碳的分解快慢，且 Hallam 等（1953）研究得到 ^{14}C 标记玉米和大豆秸秆加入量越多，其在土壤中的残留越大。而本试验所添加玉米根、茎、叶的用量较少，随着培养时间的延长，茎、叶中可溶性组分分解释放，但是秸秆中仍有一部分物质残留在土壤中。虽然根中含有较多的较难分解的木质素，但是随着培养时间的延长逐渐被微生物分解，培养 180 d 时根、茎、叶贡献给土壤的土壤有机碳含量接近相等，培养一年（360 d）后，添加茎的土壤有机碳含量比添加根、叶的高，低肥力水平土壤三种处理差异显著，高肥力水平差异不显著。但是 Samul 等（2005）研究表明，从长远来看，根碳对土壤的贡献应该较植物其他部位对土壤的贡献更为重要。

培养 7 d 后，土壤添加茎处理有机碳的 $\delta^{13}C$ 值最高，茎中可溶性组分在初期迅速分解，纤维素和半纤维素含量相对增加（王旭东 等，2009）；随着培养时间的延长，纤维素和半纤维素也开始分解，但是其里面一部分化合物选择性保持下来。低肥土壤添加玉米根、茎、叶处理土壤有机碳的 $\delta^{13}C$ 值高于高肥土壤处理（在第 180 天到第 360 天时低肥土壤添加根处理除外），这与吕元春等（2013）结果一致。低肥土壤中有机碳含量较低，新加入的根、茎和叶进入土壤，含有 ^{13}C 的物质增多，使 ^{13}C 比例增大。高肥土壤中有机碳的 $\delta^{13}C$ 值较低是因为高肥土壤中土壤有机碳含量较高，^{13}C 所占比例较小，微生物种类较多、活性较高，促进了玉米根、茎、叶的分解。

土壤由于玉米根、茎、叶的添加，总有机碳含量发生变化，其中土壤有机碳中来源于玉米根、茎、叶的碳即为秸秆碳。残茬残留率是根、茎和叶添加到土壤后，经过一段时间的分解，土壤有机碳中来源于玉米根、茎、叶的碳量占初始加入土壤的玉米根、茎、叶碳量的比例。吕元春等（2013）研究不同土壤类型秸秆碳在土壤中的分配，发现土壤初始有机碳含量越低，进入土壤中的秸秆碳就越多，而且秸秆碳进入的多少与土壤初始有机碳含量有关。这与本研究培养 56 d 前的结果相似，低肥土壤初始有机碳含量低于高肥土壤，而土壤中秸秆碳含量却高于高肥土壤。56 d 后高肥土壤秸秆碳含量高于低肥土壤，这可能与土壤分解过程中氮的供应情况有关。高肥土壤添加根的处理秸秆碳含量高于添加茎、叶的处理，这与王旭东等（2009）研究不同肥力条件下玉米秸秆腐解变化结果相一致，腐解一段时间后，在高肥力土壤中半纤维素、纤维素矿化分解较多，而木质素分解较少，所以根在土壤中残留率高于茎、叶。低肥土壤添加根处理秸秆碳含量低于茎、叶，这与王旭东等（2009）的研究结果不一致。李世朋等（2009）和汪景宽等（2008）研究表明不同肥力土壤微生物种群和生物多样性存在较大的差异，这可能是导致不同肥力土壤茎、叶、根分解的差异，其原因有待进一步研究。第 360 天时，低肥土壤添加根、茎、叶的残留率接近相等，所添加的根、茎和叶进入土壤趋于稳定，被微生物固定，从而提高有机碳含量，而高肥土壤添加根、茎和叶的残留率之间还存在一定差异，需要通过更长时间的培养进一步探讨。

综上，本节可得出以下结论：添加玉米根、茎和叶后，土壤有机碳含量增加，随培养时间延长逐渐降低。培养一年后，添加茎的处理土壤有机碳含量高于添加根和叶的处理；低肥土壤中添加茎的处理与添加根和叶的处理差异显著，高肥土壤三种处理差异不显著。残体碳含量培养两个月之前添加根、茎和叶的三种处理均为低肥的残体碳含量高于高肥（除了第 56 天时来源于根的残体碳含量在低肥力水平中低于高肥外）；低肥土壤中根的残留率最低，高肥土壤中叶的残留率最低。

第三节 秸秆添加量对黑土和棕壤有机碳固定的影响

一、材料与方法

1. 供试土壤

供试的东北农田土壤土样分别采自辽宁沈阳农业大学棕壤长期定位试验站、农业农村部哈尔滨黑土生态环境重点野外科学观测长期定位试验站。这两种土壤分别代表了典型的东北农田土壤。长期施肥试验点概况见表 3-4。

表 3-4 长期定位试验基本情况

土壤	气候类型	地理坐标	海拔高度（m）	年均温（℃）	年均降水量（mm）	农作制度
黑土	北温带大陆性季风气候	N 45°50′ E 126°51′	151	3.5	533	小麦-大豆-玉米
棕壤	暖温带大陆性气候	N 41°49′ E 123°34′	75	8.0	721.9	玉米连作一年一熟

棕壤试验位于沈阳农业大学棕壤长期定位试验站，该试验站介绍见本章第一节。农业农村部哈尔滨黑土生态环境重点野外科学观测试验站（N 45°50′，E 126°51′）位于黑龙江省哈尔滨市民主乡光明村，属松花江二级阶地，地势平坦，海拔 151 m。土壤为发育于黄土状母质上的中层黑土，黑土层厚度为 50 cm，质地为壤质，土壤黏粒含量为 30%～

35%。该站处于北温带大陆性季风气候区。年平均气温 3.5 ℃，年平均降水量 533 mm，年平均蒸发量 1 315 mm，无霜期 135 d。试验于 1979 年设立，1980 年开始按小麦-大豆-玉米顺序轮作，试验面积 8 500 m²，每个小区面积 168 m²。试验地土壤表层（0～20 cm）基本性状（1979 年）为：有机质含量为 26.7 g/kg，全氮含量为 1.47 g/kg，全磷含量为 1.07 g/kg，全钾含量为 25.16 g/kg，碱解氮含量为 151.1 mg/kg，有效磷含量为 51.0 mg/kg，速效钾含量为 200.0 mg/kg，pH（H₂O）为 7.22。

本研究主要根据土壤有机碳含量的高低定义土壤的肥力水平。供试棕壤为发育在第四纪黄土状母质上的简育湿润淋溶土，是辽宁省主要耕作土壤之一；2015 年 10 月采自沈阳农业大学棕壤长期定位试验站。高肥力水平土壤采自单施有机肥（年施有机肥折合 N 270 kg/hm²）处理的表层土壤（0～20 cm），土壤有机碳含量为 14.57 g/kg，施用的有机肥为猪厩肥，其有机质含量为 150 g/kg 左右，全氮含量为 10 g/kg；低肥力水平土壤采自不施肥对照处理的土壤（0～20 cm），其有机碳含量为 9.04 g/kg。详细基本性状见表 3-5。

表 3-5　2015 年不同肥力水平土壤的基本性质

土壤类型	肥力水平	土壤有机碳（g/kg）	全氮（g/kg）	$\delta^{13}C$ 值（‰）	碳氮比	pH（H₂O）	容重（g/cm³）
棕壤	低肥力	9.04	1.1	−17.2	10.2	6.44	1.15
	高肥力	14.57	2.1	−19.3	9.48	6.39	1.01
黑土	低肥力	12.11	1.5	−21.2	11.07	6.88	1.10
	高肥力	15.28	1.7	−21.1	11.87	6.62	0.96

供试黑土为典型中层黑土，成土母质为第四纪洪积黄土状黏土；2015 年 10 月采自农业农村部哈尔滨黑土生态环境重点野外科学观测试验试验站，当季作物为玉米。本研究选取该长期定位试验低肥（CK）、高肥（M2）处理，其中有机肥为纯马粪，采集于固定养马农户，按纯氮量 75 kg/hm²（约马粪 18 600 kg/hm²）施用，每个轮作周期玉米收获后施入。马粪中有机碳（C）、氮（N）、磷（P₂O₅）和钾（K₂O）含量分别为 163.5 g/kg、5.8 g/kg、6.5 g/kg 和 9.0 g/kg。

2. 供试有机物料

供试秸秆为 ^{13}C 稳定同位素标记的玉米秸秆。于 2014 年在日光温室内用 ^{13}CO₂ 标记了不同生长季的玉米，共标记了 7 次。玉米秸秆有机碳含量为 429 g/kg，全氮含量为 13.5 g/kg，δ^{13}C 值为 677‰。

3. 试验设计

于 2015 年 10 月作物收获后，在两个试验点分别采集 0～20 cm 土层的田间土壤样品供分析用。每个小区内随机 5 点采集新鲜土样，完全混匀后，装入布袋中。将从各试验地采集的田间表层原状土样挑除植物根系等杂质后，室内自然风干。当土壤样品风干到含水量达土壤塑限时，用手把大土块沿自然破碎面轻轻掰开后于室内继续自然风干，最终将所有风干土样通过 2 mm（10 目）筛，备用。

本研究田间原位培养采用砂滤管法，具体设计如下：分别称取各试验地各处理供试土壤 100 g（烘干土重）与不同添加量（烘干重 1 g、3 g、5 g、10 g）的 ^{13}C 标记玉米秸秆混匀，装入砂滤管中，形成秸秆添加量为土壤重量 1%、3%、5% 和 10% 的试验系列。根据当地的土壤和秸秆产量，1% 和 3% 处理与目前实际秸秆还田比例接近；5% 和 10% 处理是为实现有机碳更大范围提高进行的加倍量处理。砂滤管孔径大小为 140 μm×70 μm，能够防止作物根系和土壤动物例如蚯蚓的影响，但管内外水、气和可溶性物质可以进行交换。加入相应处理土壤的悬浊液，以达到接种的目的，使管内土壤微生物区系与原土壤基本一致。用胶带密封砂滤管后，垂直埋入对应处理的小区（砂滤管上端距土表 5 cm）。另设不加玉米秸秆的相应空白处理。每个秸秆添加量水平设置三次重复。于 2016 年 5 月初（播种前）分别垂直埋入相对应试验地相应处理耕层中（5～20 cm，即砂滤管上端距表土 5 cm），同时，用当地土壤的水浸液喷浇砂滤管用于接种，随后用当地土壤覆盖。此后，定期取样测定土壤有机碳含量和 δ^{13}C 值，取样时间分别为第 60 天（2016 年 7 月 11 日）、第 180 天（2016 年 11 月 13 日）和第 360 天（2017 年 5 月 1 日）。用四分法从每根管中分别取出约 25 g 样品，剩余的土壤重新放回砂滤管中，重新密封并埋回相应土壤的采样点。

4. 测定方法

土壤样品的有机碳含量及 δ^{13}C 值的测定参考本章第一节的方法。

5. 计算方法

土壤有机碳中秸秆碳在土壤有机碳中所占比例（F_{maize}）的计算公式（De et al.，2011）如下：

$$F_{maize} = (\delta^{13}C_{sample} - \delta^{13}C_{control0}) / (\delta^{13}C_{maize0} - \delta^{13}C_{control0})$$

式中，$\delta^{13}C_{sample}$ 代表添加玉米秸秆处理土壤有机碳的 δ^{13}C 值，$\delta^{13}C_{control0}$ 代表培养之前不添加秸秆和根茬土壤样品的 δ^{13}C 值，本研究发现在整个培养时期不加秸秆的对照处理土壤同位素值（数据未列出）与培养之前土壤同位素值的误差范围为 0.2‰～0.6‰，所以用培养之前土壤同位素值代替每一个时期对照处理土壤同位素值，$\delta^{13}C_{maize0}$ 代表培养之前添加秸秆和根茬的 δ^{13}C 值。

土壤有机碳中秸秆碳（C_{maize}，g）含量的计算公式如下（Blaud et al.，2012）：

$$C_{maize} = C_{sample} \times F_{maize}$$

式中，C_{sample}（g）代表土壤总有机碳含量。

δ^{13}C 值（‰）计算以美国南卡罗来纳州白垩纪皮狄组层位中的拟箭石化石（pee dee belemnite，PDB）为标准物质：

$$\delta^{13}C = \frac{R_{sample} - R_{PDB}}{R_{PDB}} \times 100$$

式中，R_{sample} 为样品 ^{13}C/^{12}C 原子比值，R_{PDB} 值为 0.011 802（Werner and Brand，2001）。

秸秆和根茬来源的有机碳残留率（R_{maize}，%）公式：

$$R_{maize} = F_{maize} \times C_{sample} \times 100 / C_{maize0}$$

式中，C_{maize0}（g）代表玉米秸秆和根茬的含碳量。

土壤有机碳平均驻留时间（mean residence time，MRT），秸秆碳的周转速率 k 计算公式：

$$MRT = -T / \ln(1 - F_{maize}/100)$$

$$k = 1/MRT$$

式中，MRT（d）为土壤有机碳平均驻留时间，常用来表征土壤有机碳的周转变化情况；T（d）为玉米秸秆腐解时间；F_{maize} 为土壤有机碳中秸秆碳在土壤有机碳中所占比例。

土壤有机碳储量为单位土地面积上在某固定土层中有机碳的数量，一般用特定土层中的有机碳的数量来表示（Mg/hm²），土壤有机碳、氮储量按以下公式计算：

$$M = Ci \times BD \times d \times 0.1$$

式中，M 为单位面积的碳、氮储量（Mg/hm²）；Ci 为土壤有机碳、氮的含量（g/kg）；BD 为土壤容重（g/cm³）；d 为土层厚度 20 cm。其中，各组分有机碳储量按照上述公式计算，Ci 为对应组分碳浓度，土壤容重（g/cm³）与总有机碳储量容重取同一值。

土壤有机碳的固定速率 [stabilization rate，S，kg/(m²·d)] 的计算公式（Kong et al.，2005）：

$$S = (SOC_t - SOC_0) \times BD \times d \times 10/t$$

式中，SOC_t 和 SOC_0 分别为土壤有机碳初始含量及取样时间有机碳的含量，t 为培养天数（d）。

6. 数据处理与分析

应用 Excel 2007 对试验数据进行处理，用 SPSS 19.0 对试验结果进行相关统计分析，所有数据测定结果均以平均值±标准差表示。不同处理间的差异显著性水平采用 LSD 法进行检验（$P < 0.05$）。采用 Oringin 8.0 及 Excel 2007 进行绘图。

二、土壤有机碳含量及其 $\delta^{13}C$ 值

从表 3-6 中可以看出，黑土和棕壤的土壤有机碳 $\delta^{13}C$ 值随着秸秆碳投入量的增加显著增加。相同秸秆投入量，棕壤和黑土的高肥力水平中土壤有机碳 $\delta^{13}C$ 值低于低肥力水平土壤。总之，土壤有机碳含量的增加会显著降低土壤固定秸秆碳的能力。低肥力水平棕壤和黑土添加 10% 的秸秆，培养 360 d 后土壤有机碳 $\delta^{13}C$ 值最高分别为 368.9‰ 和 292.9‰。

表 3-6 培养 360 d 后不同肥力水平添加不同碳投入量的玉米秸秆后土壤有机碳 $\delta^{13}C$ 值（‰）

土壤类型	肥力水平	秸秆添加量				
		0%	1%	3%	5%	10%
棕壤	低肥力	−13.5±0.9 aE	52.0±3.7 aD	148.3±7.4 aC	238.8±5.0 aB	368.9±6.8 aA
	高肥力	−17.8±0.6 cE	22.27±2.9 bD	90.5±2.4 bC	150.4±5.7 cB	271.4±6.7 cA
黑土	低肥力	−14.8±0.2 abE	29.2±2.1 bD	101.2±1.6 bC	172.7±3.1 bB	292.9±6.9 bA
	高肥力	−16.8±0.3 bcE	24.5±0.8 bD	90.6±2.2 bC	149.3±3.5 cB	245.3±5.8 dA

注：不同大写字母表示不同碳投入水平相同肥力土壤有机碳 $\delta^{13}C$ 值含量差异显著（$P < 0.05$）；不同小写字母表示相同碳投入水平不同肥力水平土壤有机碳 $\delta^{13}C$ 值含量差异显著（$P < 0.05$）。

土壤有机碳含量随玉米秸秆添加量的增加而增加（图 3-9），且受培养时间的影响显著（$P < 0.05$）。添加玉米秸秆后，土壤有机碳含量在 0～60 d 快速增加，然后在 60～360 d 总体开始下降。另外，培养 360 d 后，不添加秸秆和 1% 玉米秸秆投入条件下，土壤

有机碳含量随培养时间的变化不大，呈缓慢下降趋势。而3％、5％和10％玉米秸秆投入下，土壤中有机碳的含量在0～60 d增加，然后在60～360 d减少，土壤有机碳含量最终呈上升趋势。其中，低肥力水平棕壤有机碳含量与不添加秸秆处理相比，分别增加了5.49％（1％秸秆）、21.00％（3％秸秆）、40.35％（5％秸秆）和81.81％（10％秸秆），高肥力水平土壤增加了6.31％（1％秸秆）、12.40％（3％秸秆）、18.00％（5％秸秆）和44.00％（10％秸秆）。说明与不添加秸秆相比，添加等量秸秆总体使低肥力水平棕壤总有机碳含量增加幅度更大。

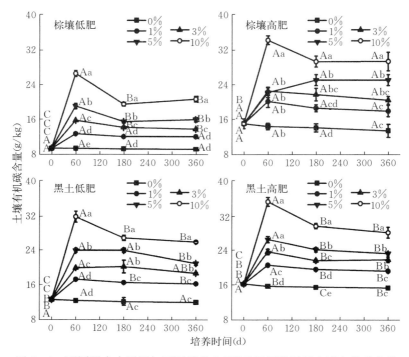

图3-9 不同肥力水平添加不同碳投入量[13]C标记秸秆后土壤有机碳变化

注：不同大写字母表示不同碳投入水平相同肥力土壤有机碳含量差异显著（$P<0.05$）；不同小写字母表示相同碳投入水平不同肥力水平土壤有机碳含量差异显著（$P<0.05$）。

三、土壤有机碳的固定速率

从表3-7可以看出，在秸秆添加条件下，高肥力水平棕壤的碳固定速率总体高于低肥力土壤。棕壤添加10％秸秆后，土壤有机碳的固定速率范围从低肥力水平的0.07 kg/（m²·d）到高肥力水平的0.08 kg/（m²·d）。在黑土中，不同秸秆碳投入水平下，高肥力水平土壤的碳固定速率与低肥力土壤相比差异不大。黑土高肥力土壤添加不同量玉米秸秆后，碳固定速率为0.02～0.08 kg/（m²·d）。在土壤中添加1％和3％玉米秸秆后，不同肥力水平的土壤碳固定速率没有显著性差异。在添加5％和10％玉米秸秆的棕壤中，低肥力土壤的碳固定速率比高肥力土壤低0.01 kg/（m²·d）。而在黑土土壤中，与低肥力土壤相比，施用10％玉米秸秆后，高肥力水平土壤有机碳的固定速率比低肥力水平土壤低0.01 kg/（m²·d）。

表 3-7　不同添加量玉米秸秆投入不同肥力水平土壤后有机碳的固定速率 $[kg/(m^2 \cdot d)]$

土壤类型	肥力水平	秸秆添加量			
		1%	3%	5%	10%
棕壤	低肥力	0.02 (0.00) Ad	0.03 (0.00) Ac	0.04 (0.00) Ab	0.07 (0.01) Aa
	高肥力	0.02 (0.01) Ac	0.03 (0.01) Abc	0.05 (0.00) Ab	0.08 (0.02) Aa
黑土	低肥力	0.02 (0.01) Ad	0.03 (0.01) Ac	0.05 (0.00) Ab	0.08 (0.00) Aa
	高肥力	0.02 (0.00) Ac	0.03 (0.01) Ab	0.05 (0.00) Ab	0.07 (0.01) Aa

注：不同大写字母表示相同秸秆投入量不同肥力水平土壤有机碳固定速率含量差异显著（$P<0.05$）；不同小写字母表示相同肥力水平不同秸秆投入量土壤有机碳固定速率含量差异显著（$P<0.05$）。

四、土壤有机碳中秸秆来源碳

秸秆碳在土壤中的残留量受培养时间的影响显著（$P<0.05$，图 3-10），约 60% 的玉米秸秆在培养的前 60 d 进行快速分解，随后分解速率缓慢下降。培养 360 d 以后，土壤中玉米秸秆碳显著降低至初始值的 26.7%～27.2%（棕壤低肥力水平）、22.8%～24.8%（棕壤高肥力水平）、25.1%～27.1%（黑土低肥力水平）和 24.3%～26.3%（黑土高肥力水平）。同一培养时间，不同添加量玉米秸秆在高肥力水平土壤中秸秆来源的土壤有机碳含量没有显著性差异；棕壤高肥力水平土壤中秸秆来源碳分别为 36.2%（60 d）、26.7%（180 d）和 23.9%（360 d）；黑土的高肥力水平土壤中秸秆来源碳分别为 37.0%（60 d）、27.2%（180 d）和 25.3%（360 d）。各处理秸秆碳含量与秸秆添加量成正比，其

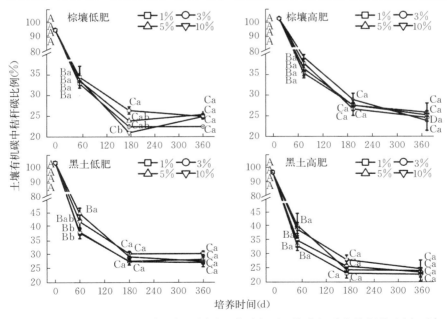

图 3-10　不同肥力水平土壤添加不同量玉米秸秆后土壤有机碳中秸秆碳比例（%）

注：不同大写字母表示相同秸秆投入量相同肥力水平不同时间秸秆来源土壤有机碳含量差异显著（$P<0.05$）；不同小写字母表示相同时间相同肥力水平不同秸秆投入量秸秆来源土壤有机碳含量差异显著（$P<0.05$）。

中低肥力水平棕壤随秸秆添加量的增加，秸秆碳含量分别为 0.99 g/kg、2.79 g/kg、5.04 g/kg 和 9.73 g/kg；高肥棕壤为 0.89 g/kg、2.52 g/kg、3.86 g/kg 和 8.08 g/kg。添加等量秸秆的棕壤中秸秆碳含量，在培养 360 d 后，低肥力比高肥力水平土壤高了 10.95％（1％秸秆添加量）、10.59％（3％秸秆添加量）、30.42％（5％秸秆添加量）和 20.45％（10％秸秆添加量）。在培养期末，对于低肥力水平棕壤，各处理单位量秸秆与秸秆碳固定的关系为 5％>1％>10％>3％；对于高肥力水平棕壤，各处理单位量秸秆与秸秆碳固定的关系为 1％>3％>10％>5％。这说明低肥力水平对秸秆碳的固定高于高肥力水平棕壤，且添加量越多，高、低肥力棕壤间的差异越明显。

五、土壤有机碳的收支平衡

秸秆还田被认为是维持并稳步提升农田土壤有机碳的一个重要而且有效的途径。我们利用 ^{13}C 同位素示踪法，计算出土壤原有机碳的分解量以及添加的秸秆的残留量，进而探究秸秆添加培养 360 d 的过程中土壤原有机碳及秸秆碳的动态变化过程。1％、3％、5％、10％秸秆碳投入水平在不同肥力处理下土壤秸秆碳残留量和土壤原有机碳的分解量在培养期内的动态变化如图 3-11 至图 3-14 所示。从图中可以看出，在 1％，3％、5％、

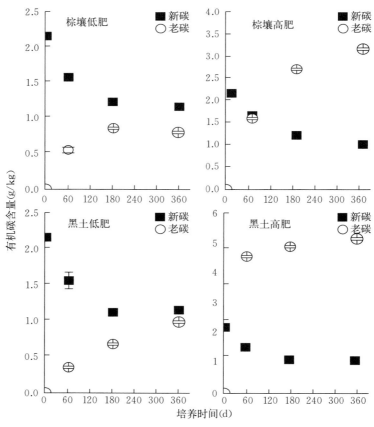

图 3-11　1％秸秆添加量下土壤有机碳分解与秸秆碳残留的动态变化

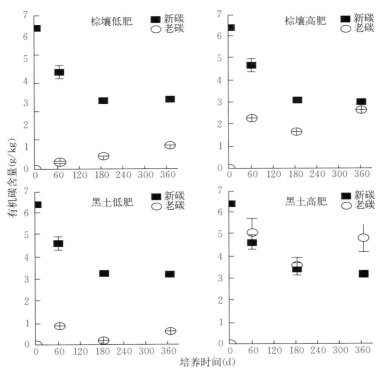

图 3-12 3%秸秆添加量下土壤有机碳分解与秸秆碳残留的动态变化

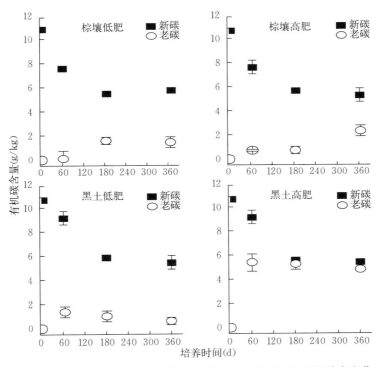

图 3-13 5%秸秆添加量下土壤有机碳分解与秸秆碳残留的动态变化

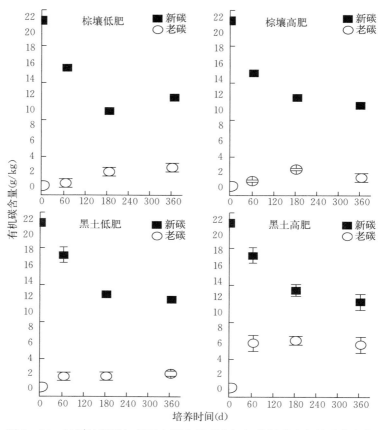

图 3-14 10％秸秆添加量下土壤有机碳分解与秸秆碳残留的动态变化

10％秸秆碳投入下，棕壤和黑土的低肥力水平土壤在培养 360 d 的整个过程，秸秆碳的残留量都大于土壤原有机碳的分解。由此可见，玉米秸秆投入到低肥力水平土壤后，秸秆碳表现出盈余状态，可以增加土壤有机碳的含量。然而，1％秸秆投入到高肥力水平土壤中，棕壤在 60 d 时交汇，黑土土壤原有机碳全过程都大于秸秆碳的残留量。以上结果表明秸秆碳投入到高肥力水平土壤中，会促进原有机碳的分解，使土壤总有机碳含量表现出亏缺状态。而在投入 5％和 10％秸秆的条件下，尽管土壤原有机碳的分解量仍然在增加，但是秸秆碳投入量的绝对量较大，全过程未出现新老有机碳交汇点，因此土壤中的碳是盈余的。综上所述，土壤有机碳在不同肥力水平下的建议秸秆投入量也应根据具体的肥力水平而确定。

本研究利用 [13]C 同位素示踪计算了玉米秸秆添加引发的土壤激发效应，造成的有机碳损失，并计算了土壤总有机碳的平衡。土壤有机碳的最终平衡是根据原有机碳的分解和添加的玉米秸秆有机物料中新有机碳的固定之间的差值得出的结果（图 3-15）。不添加秸秆的情况下，土壤有机碳一直存在自发呼吸作用，作物生长消耗土壤中有机碳，导致了土壤有机碳的持续损失（数据未列出）。从图 3-15 可以看出，在不同肥力土壤添加 1％秸秆后，均产生了激发效应，但在高肥力土壤添加的秸秆碳中的碳总体上不足以抵消因为激发效应而导致的土壤原有机碳的损失，因此整体来说，土壤有机碳是减少的。在 3% 的秸秆添加量下，土壤有机碳虽然也存在正的激发效应，但是由于投入的秸秆量足够大，留在土壤中的有机碳整体还是增加的。其中低肥力水平的黑土和棕壤来源于秸秆碳的平均值为 3.23 g/kg，老有机碳的分解量为 1.37 g/kg。5% 和 10% 玉米秸秆添加到不同肥力水平土壤中，秸秆碳的固定均足够补充老有机碳的分解量。在 10% 的秸秆添加下，秸秆碳的固定在棕壤低肥力水平下最高；而在黑土高肥力水平下，秸秆碳的形成量最低。不同秸秆投入水平下，原有机碳的分解量平均值分别为 1.53 g/kg（棕壤低肥力水平）、2.57 g/kg（棕壤高肥力水平）、1.53 g/kg（黑土低肥力水平）、2.74 g/kg（黑土高肥力水平）。土壤有机碳最终除了土壤中原有的有机碳以外，还包括秸秆碳腐殖化形成的新的有机碳，以及未分解完全的秸秆部分。

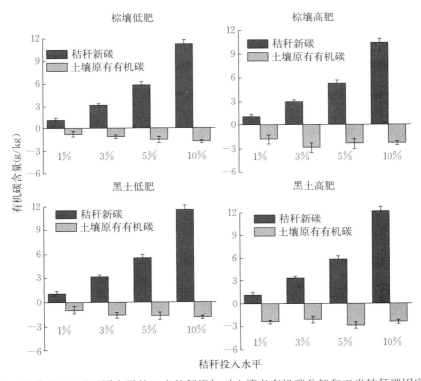

图 3-15　培养 360 d 后不同水平的玉米秸秆添加对土壤老有机碳分解和玉米秸秆碳固定的影响

六、秸秆碳在土壤中的周转速率

从表 3-8 可以看出，秸秆碳的周转速率与玉米秸秆添加量显著相关（$P < 0.05$）。秸秆碳在土壤中的年周转速率在两种肥力水平土壤中，添加 10% 玉米秸秆时范围是 0.45~5.07，5% 玉米秸秆添加量时为 0.26~2.99，3% 玉米秸秆添加量时为 0.16~1.97，1% 秸秆添加量时仅为 0.06~0.77。对于棕壤或者黑土来说，相同添加量秸秆碳在相同培养时间内高肥力水平土壤中的周转速率比低肥力水平土壤慢。另外，秸秆碳在土壤中的周转速率随着试验培养进程而降低。

表 3-8　不同肥力水平土壤添加秸秆后残茬碳的周转速率变化特征

土壤类型	肥力水平	秸秆添加量	年周转速率		
			60 d	180 d	360 d
棕壤	低肥力	1%	0.77 (0.07) Ad	0.21 (0.01) Bd	0.10 (0.00) Cd
		3%	1.97 (1.20) Ac	0.50 (0.01) Bc	0.27 (0.01) Cc
		5%	2.99 (0.09) Ab	0.88 (0.01) Bb	0.46 (0.01) Cb
		10%	5.07 (0.28) Aa	1.40 (0.04) Ba	0.81 (0.02) Ca
	高肥力	1%	0.51 (0.05) Ad	0.13 (0.01) Bd	0.06 (0.00) Cd
		3%	1.40 (0.03) Ac	0.34 (0.03) Bc	0.16 (0.01) Bc
		5%	1.96 (0.14) Ab	0.52 (0.01) Bb	0.26 (0.02) Cb
		10%	3.34 (0.10) Aa	1.00 (0.04) Ba	0.45 (0.03) Ca
黑土	低肥力	1%	0.54 (0.03) Ad	0.14 (0.01) Bd	0.07 (0.00) Cd
		3%	1.56 (0.03) Ac	0.36 (0.04) Bc	0.19 (0.00) Cc
		5%	2.85 (0.11) Ab	0.67 (0.03) Bb	0.30 (0.02) Cb
		10%	4.53 (0.17) Aa	1.21 (0.02) Ba	0.59 (0.02) Ca
	高肥力	1%	0.45 (0.03) Ad	0.11 (0.01) Bd	0.06 (0.01) Cd
		3%	1.32 (0.06) Ac	0.36 (0.02) Bc	0.16 (0.01) Cc
		5%	2.47 (0.24) Ab	0.53 (0.03) Bb	0.27 (0.01) Cb
		10%	4.04 (0.27) Aa	1.13 (0.05) Ba	0.52 (0.05) Ca

　　注：不同大写字母表示不同时间相同秸秆投入量相同肥力水平残茬碳周转速率差异显著（$P < 0.05$）；不同小写字母表示相同时间相同肥力水平不同秸秆添加量残茬碳周转速率差异显著（$P < 0.05$）。

　　图 3-16 反映了不同肥力水平土壤原有机碳的平均驻留时间。由图可知，随着培养时间的延长，土壤原有机碳的平均驻留时间明显增加。另外，秸秆添加量的增加显著降低了黑土和棕壤原有机碳库的平均驻留时间。说明随着秸秆投入量的增加，促进了土壤原有机碳的周转，但是随着培养时间的延长，原有机碳慢慢恢复稳定状态。沈阳棕壤与哈尔滨黑土在同等肥力水平下相比较，沈阳棕壤的平均驻留时间更短，说明沈阳棕壤原有机碳的周转快于黑土，在外源碳投入的情况下，对土壤原有机碳的影响和干扰能力在棕壤上更强。此外，无论棕壤还是黑土，高肥力水平土壤原有机碳库的平均驻留时间均显著大于相同秸秆添加量下的低肥力水平土壤（$P < 0.05$），表明高有机碳土壤的原有机碳的周转率低于低有机碳含量的土壤。从长时间看高肥力水平土壤更有助于土壤有机碳的固存。

　　不同秸秆添加量土壤原有机碳的平均驻留时间范围如下：0.7~8.2 d（10%玉米秸秆添加），1.2~13.8 d（5%玉米秸秆添加），1.8~22.3 d（3%玉米秸秆添加），4.6~65.1 d（1%玉米秸秆添加）。土壤原有机碳的平均驻留时间从长到短的顺序依次为黑土高肥力水平土壤＞棕壤高肥力水平土壤＞黑土低肥力水平土壤＞棕壤低肥力水平土壤。

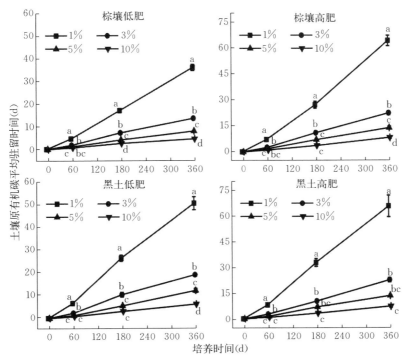

图 3-16　不同肥力水平土壤添加秸秆后土壤原有机碳平均驻留时间的动态变化

注：不同小写字母表示相同时间相同肥力水平不同秸秆添加量土壤原有机碳平均驻留时间差异显著（$P<0.05$）。

七、土壤肥力、秸秆添加量、培养时间之间的交互作用

从表 3-9 中可以看出，肥力水平、秸秆添加量随时间变化对土壤总有机碳具有显著交互作用。向土壤中添加秸秆田间培养一年的过程中，秸秆贡献率的变化程度受肥力水平、秸秆添加量和培养时间的共同影响（$P<0.001$）。总的来看，秸秆添加量增加使秸秆碳在土壤碳库中占的比重随之增大。秸秆贡献率随时间变化呈下降趋势，随秸秆添加量的增加，下降程度减小。除 1% 秸秆添加量处理外，低肥力水平土壤对秸秆的固定能力更强，高肥力水平土壤对老有机碳的固定能力更强。另外，在向不同肥力水平土壤中添加秸秆培养一年的过程中，各处理秸秆碳含量受肥力水平、秸秆添加量和培养时间的共同影响（$P<0.001$）。土壤老有机碳的周转与固定受秸秆添加量、培养时间以及肥力水平的共同影响（$P<0.001$）。提高秸秆的添加量会增加棕壤中老碳的分解量，但对老碳的固定能力与秸秆添加量不成正比。与低肥力水平相比，高肥力水平土壤的老有机碳抗分解的能力更强，分解程度更小。

表 3-9　各指标多重比较 ANOVA 分析结果

影响因子	自由度	总有机碳	秸秆碳	老有机碳	秸秆贡献率	老有机碳贡献率
肥力水平（F）	3	***	***	***	***	***
秸秆添加量（S）	4	***	***	***	***	***

（续）

影响因子	自由度	总有机碳	秸秆碳	老有机碳	秸秆贡献率	老有机碳贡献率
培养时间（T）	3	***	***	***	***	***
$F \times S$	12	***	***	***	***	***
$F \times T$	9	*	***	***	***	***
$T \times S$	12	***	***	***	***	***
$F \times S \times T$	36	*	***	***	***	***

八、讨论和结论

1. 秸秆碳的固定和土壤原有机碳的分解

20 世纪以来，国内外学者对于向土壤中加入有机物之后碳氮转化的动态都做了很多深入而细致的研究。秸秆加入土壤后，微生物可以利用秸秆中的小分子物质作为碳源和氮源进行快速繁殖，导致秸秆和土壤有机质中易矿化组分快速分解，随着分解过程的持续进行、易矿化组分的逐渐消耗，留在土壤中的秸秆多数为难以被微生物利用的纤维素、半纤维素、木质素类物质。在不同培养时期，秸秆添加量对棕壤中秸秆碳含量、老有机碳含量的影响也存在显著差异。王旭东等（2009）研究发现随着玉米秸秆腐解的进行，腐解产物中的苯-醇溶性、水溶性组分下降，半纤维素和纤维素含量先上升后下降，而木质素增加。

较高水平投入量的玉米秸秆添加到高肥力水平土壤中可以显著增加土壤有机碳的含量，导致大量的外源碳储存在土壤中（Kong et al.，2005）。然而，以往的研究表明，在土壤中投入大量外源碳后，土壤有机碳的含量不会继续增加，或仅有少量增加（Stewart et al.，2009）。综上所述，这可能意味着玉米秸秆与土壤养分有效性之间的权衡可以控制有机物料在土壤中的固定。总的来说，土壤有机碳对外源碳的固定速率随玉米秸秆添加量的增加而增加。在相同的玉米秸秆添加水平下，黑土高肥力水平土壤的有机碳固定速率低于低肥力水平土壤，而对棕壤来说，低肥力水平土壤有更高的土壤有机碳固定速率。这说明土壤有机碳的固定速率随初始有机碳水平的增加而降低，也证明了土壤有机碳距离饱和点的距离在缩短。在整个培养过程中，低肥力水平棕壤添加 10% 玉米秸秆后，土壤有机碳含量、秸秆贡献率、秸秆碳含量在最后培养阶段呈现上升趋势，可能原因是在相同培养时间内，低肥力水平棕壤添加 10% 玉米秸秆后，在前期分解中积累的活性有机碳及微生物碳含量相对较高，在培养第 180 天至第 360 天时期，试验地处于冻融期，一方面减缓了秸秆碳的分解损失，一方面也能促进已分解的活性有机碳向稳定的碳库转移，从而增加对秸秆碳的固定。其余各处理随时间变化呈下降趋势，高低肥力水平棕壤均呈现 60 d 内下降最快、180 d 后趋于平缓，但 5% 和 10% 秸秆添加到黑土后，土壤有机碳的含量在培养结束时与前一时期相比具有差异性的下降趋势。说明在高有机碳含量的黑土中，随着秸秆添加量的水平升高，秸秆分解所需要的时间有增加的趋势。造成这一现象的原因可能是长期施用有机肥导致高肥力水平黑土中微生物种类或团聚体组成与低肥力水平有所不同。另外，相关研究表明我国部分水稻土土壤有机碳含量已达到固碳能力的上限，当前环境条件下土壤有机碳含量达到最大值，土壤有机碳的固定速率随着外源有机物料的投入而下降

（Zhang et al.，2012）。棕壤和黑土由于其土壤性质（如不同的初始有机碳、不同的土壤黏粒含量）和种植制度（玉米连作和大豆-玉米轮作）的不同，土壤有机碳固定速率的变化也不一致。本研究发现，超过50%的秸秆碳在整个培养时间的最初60 d被消化利用。这可能表明玉米秸秆的活性组分（如糖、纤维素、半纤维素）在前期（60 d内）容易快速分解（Joyce et al.，2013）。另外，在本试验中，使用的玉米秸秆长度小于5 mm，在大多数田间条件下，玉米秸秆长度一般都大于5 mm，所以在360 d的培养期秸秆有机碳分解较快。

　　Lugato等（2006）比较了长期定位试验中秸秆还田和不还田处理下，不同肥力水平土壤对有机碳储量的影响，发现作物根茬还田时土壤有机碳储量在不同肥力水平之间没有表现出显著差异，与用Century模型模拟的结果不同。增加秸秆投入量也就意味着进入土壤中的活性物质增加，导致微生物群落结构和数量的迅速增加，进一步影响团聚体的形成和分解速率，增加老有机碳分解量。目前有许多关于外源碳对老有机碳分解的影响研究，但说法不一。李淑香等（2013）发现黑碳添加量为1%时抑制了土壤原有机碳的分解，而添加量为2%、3%、4%和5%时却促进了土壤原有机碳的分解。这与本试验中老有机碳含量变化规律相似。尽管如此，在田间条件和室内培养条件下，人们都发现了微生物量随着肥力水平的提高而提高，而微生物量的升高是促进分解还是促进固持，也要取决于不同的微生物群落。Neff等（2002）对长期施用肥料的土壤用^{14}C、^{13}C以及化合物成分分析的方法进行了研究，发现高肥力水平土壤中的活性有机碳的分解速率增加，随后将高分子化合物固定到土壤碳的相对惰性组分中，但从长期变化来说，施肥没有显著改变土壤有机碳。这可以从一定程度上解释我们的试验结果，即低肥力水平土壤处理有机碳分解速率前期相比高肥力水平慢，然后逐渐加快，不添加秸秆的处理也证实了这一结果，高肥力水平土壤在初期，作物生长极大地促进了老有机碳的分解，到培养180 d后，高肥力水平反而抑制了土壤老有机碳的分解。Zimmerman等（2011）发现在培养90 d后黑碳对土壤原有机碳的影响由促进作用转变成抑制作用。

2. 土壤总有机碳的固定机制

　　土壤有机质水平是系统有机物投入与支出动态平衡的体现，与系统投入密切相关。通常在相对稳定的生态系统中，土壤有机质会维持在一个比较稳定的水平，即有机物的输入量等于其输出量；而当该系统中某因子发生变化而引起有机物输入量高于或低于其输出量时，土壤有机质含量会相应地增加或降低，直至达到新的稳定水平。本研究结果表明，玉米秸秆还田后土壤有机碳平衡的变化与秸秆还田量和土壤初始有机碳含量有关。土壤有机碳的含量是碳投入（增益）与碳输出（分解）之间的差值。在低水平玉米秸秆添加量下（1%），高肥力水平土壤有机碳损失大于秸秆带来的新碳。因此，秸秆碳的投入并没有增加土壤有机碳的含量，反而因为激发效应促进土壤老有机碳的分解而引起土壤总有机碳含量的下降。

　　添加到土壤中的玉米秸秆可以促进土壤微生物数量及其活性物质的增加，导致原有机质分解相对较快。我们发现高水平的玉米秸秆添加量，特别是在高肥力水平土壤中，可以提高土壤有机碳的稳定性。这可能与许多因素的相互作用有关，其中包括玉米秸秆残茬作为驱动因子、所有微生物区系和动物群落的丰富性和活跃度、土壤中变化较小的微气候以及与土壤养分的密切关联（Malhi et al.，2011）。新、老碳贡献率的相对变化能反映不同肥力土壤中新、老碳的周转情况。在本试验中，秸秆碳贡献率随秸秆添加量成反比，其中1%秸秆添加量处理在低肥力水平土壤中的贡献率相对较多，而3%、5%及10%秸秆添加在高肥力水平土壤中，秸秆碳的贡献率随秸秆投入量增加而下降。说明在秸秆添加量较高时，高肥力土壤以对老碳的固定为主，低肥力水平土壤则以对秸秆碳的固定为主。一方面由于长期施用有机肥显著增加土壤的团聚化作用和团聚体的稳定性，使高肥力水平土壤对老有机碳固定作用增强，进一步减弱了微生物对老碳的利用，有研究认为微生物会放弃难分解的有机碳而转向利用容易分解的外源有机碳（汪景宽 等，2006）。也可能由于低肥力水平土壤中可利用营养物质较低，为了满足微生物对秸秆碳的利用，需要分解更多的老有机碳以补充碳源，从而满足微生物的生命需要。

通过360 d的田间原位培养试验，我们发现土壤中的δ^{13}C随着初始有机碳含量的增加而加速消耗。这可能是由于不同的土壤类型和施肥水平影响玉米秸秆在土壤中的转化和固定（王旭东 等，2009）。玉米秸秆还田促进了土壤老有机碳的分解，活性碳的添加可以很大程度上影响土壤老有机碳的矿化。在我们的研究中，土壤老有机碳的损失被限制在一定范围内（C，1.53～2.74 g/kg）。然而，Khan 等（2007）指出，即使在小麦-玉米轮作的种植系统中添加大量的作物秸秆（C，每年12.7 Mg/hm²），施肥处理依然造成了土壤有机碳含量的下降。这进一步证明了确保足够的作物残茬投入对维持或增加土壤有机碳水平的重要性。

高倍添加量的玉米秸秆还田到土壤中，秸秆碳的周转速率最高。如此高的周转速率可能是由原位田间培养试验开始60 d内土壤微生物活动所驱动的（Blagodatskaya et al.，2011）。在本试验的研究结果中，秸秆碳在棕壤中的周转速率要快于黑土，意味着秸秆碳在棕壤中的平均驻留时间较短。这可能与土壤性质、养分水平和环境等多种因素有关，这些因素进一步影响微生物活性，影响养分的固定和矿化。黑土位于东北的哈尔滨市，相对于沈阳棕壤具有较低的年平均温度和年平均降水量。气候条件限制了植被的生产力，从而决定了有机碳的输入量；另外，年平均气温和降水量的变化影响微生物活性，进而影响土壤有机碳的分解和转化，这在一定程度上决定了有多少碳会转移到大气中。玉米秸秆的平均驻留时间在添加不同量秸秆到不同肥力水平土壤中，均随着培养时间的增加而增加，这可能是由于残留在土壤中的秸秆碳的质量发生了变化。

综上，本节可得出以下结论：①秸秆添加量的增加促进了土壤有机碳库的周转，秸秆还田显著增加了土壤中有机碳含量，降低了老有机碳含量和碳库的稳定性。②秸秆添加显著提高低肥力水平土壤有机碳库。棕壤与黑土相比初始有机碳含量较低，高倍的秸秆添加水平可以增加棕壤高肥力水平土壤有机碳的固定速率。在1%秸秆添加量处理下，与低肥力水平土壤相比，高肥力土壤中老有机碳的分解量大于新增加的有机碳量。而在5%和10%玉米秸秆添加量处理下，土壤中的秸秆碳无论在何种肥力水平下都足以补充老有机碳的分解。③通过对各处理单位量秸秆对秸秆碳含量、老有机碳含量影响的比较发现：低肥力水平土壤对秸秆碳的固定能力大于高肥力水平土壤，高肥力水平土壤的老有机碳抗分解能力更强。这与试验中新、老碳贡献率的规律一致。总之，秸秆碳对土壤有机碳的贡献与初始有机碳含量有关。肥力水平、土壤类型和玉米秸秆添加量是促进外源碳转移和固定的三个因素，说明良好的管理措施促进了土壤有机碳的转化和稳定，提高了东北地区的土壤质量。

第四节　田间原位条件下玉米秸秆碳在不同肥力土壤中的固定

一、材料与方法

1. 供试土壤

本试验于沈阳农业大学后山棕壤长期定位试验站开展（试验站介绍见本章第一节）。供试土壤采自 0～20 cm 的耕层农田棕壤。本研究以土壤有机碳含量为基础，确定各立地土壤肥力水平，选取长期定位试验站中的两个典型施肥处理：①没有任何肥料添加的土壤，作为低肥力土壤（LF）；②每年施用粪肥（猪粪堆肥，相当于含 N 270 kg/hm²），氮肥（N，135 kg/hm²）和磷肥（P₂O₅，67.5 kg/hm²）处理的土壤，作为高肥力土壤（HF）。粪肥中含有的有机质含量为 150 g/kg 左右，全氮为 10 g/kg。化肥以尿素和磷酸二铵为基础肥料，分别作为氮、磷化肥。在播种前，于 2016 年 4 月采集土壤样品，小心地除去肉眼可见的石块、作物根系和地上植物残渣，并用 2 mm 筛对土壤进行筛分。基本土壤特征见表 3 - 10。

表 3 - 10　供试土壤的基本性质

土壤肥力	土壤有机碳 (g/kg)	总氮 (g/kg)	^{13}C (atom%)	碳氮比	pH (H₂O)	微生物生物量碳 (mg/kg)	黏粒 (%)
高肥力	17.6±0.4 a	2.2±0.0 a	1.09±0.0 a	8.0±0.1 b	6.2±0.1 a	433.6±8.4 a	31.0
低肥力	11.2±0.1 b	1.1±0.1 b	1.09±0.0 a	10.2±0.6 a	6.0±0.1 a	267.9±7.3 b	28.9

注：不同的小写字母表示在两种不同肥力水平土壤上的差异显著（$P<0.05$）。

2. 供试有机物料

本研究所用的有机物料为 ^{13}C 标记的玉米秸秆，该材料在沈阳农业大学棕壤长期定位试验站获取，2014 年试验团队进行了 ^{13}C^{15}N 双脉冲标记试验，获得了 ^{13}C^{15}N 标记的玉米植株材料。标记过程简述如下：将一个封闭的透明室放置在地表上，覆盖 20 株植物，通过 HCl 和 Na₂CO₃（99 atom% ^{13}C）的反应生成高浓度的 ^{13}CO₂ 环境。将空气泵和充满 NaOH 的吸收瓶附着在室中，以除去大气 CO₂ 并促进玉米植株的 ^{13}CO₂ 同化，标记试验要在阳光明媚的日子进行，并在整个生长周期的 10 个不连续的日子重复。^{15}N 标记是以（^{15}NH₄）₂SO₄（98 atom% ^{15}N）为原料，配制成 0.2 mol/L 溶液，在玉米孕穗前期两次注入玉米根际土壤。^{13}C^{15}N 标记的玉米在成熟期收获（An et al.，2015）。收获后，玉米残体在 60 ℃下烘干至恒重，然后分离每株植物的根、茎和叶。玉米植株被切成小块，碾碎并通过 40 目筛。玉米残体的基本特性见表 3 - 11。

表 3 - 11　不同玉米残体类型的基本性质

残体类型	总碳 (g/kg)	总氮 (g/kg)	^{13}C (atom%)	碳氮比	木质素 (g/kg)
根	435.6	15.1	1.55	28.8	139.1
茎	456.0	14.5	1.89	31.4	75.3
叶	428.2	13.5	1.82	31.7	44.0

3. 试验设计

田间微区试验包括两种土壤肥力水平（LF 和 HF）和加入不同玉米部位残体的组合，包括加入根残体（LF＋R）、加入茎残体（LF＋S）和加入叶残体（LF＋L）的低肥力土壤；加入根残体（HF＋R）、加入茎残体（HF＋S）和加入叶残体（HF＋L）的高肥力土壤。未添加玉米残体的低肥力和高肥力土壤作为对照。每一个处理采用随机区组设计方式，三次重复。2016 年 4 月底，将聚氯乙烯（PVC）盒（0.4 m×0.3 m×0.8 m）埋入垂直深度 80 cm 的试验田中。将表层土（0～20 cm）从每个 PVC 容器中移除，然后通过 2 cm 的筛子进行筛分。所有可见的粗糙碎片包括树根和石头都被移除。将 ^{13}C 标记的玉米残体（根、茎、叶，每箱 120 g，干土重量的 0.5%）（干植物残体/干土）均匀地混入相应处理表土中，并于 2016 年 4 月 28 日返回 PVC 容器。将 ^{13}C^{15}N 标记的玉米残体混合到土壤中后，在所有高肥力处理的表土（0～20 cm）中施入基础化肥和有机肥料。4 月下旬播种玉米种子，并保留 1 株健康植株直至成熟。第二年，没有玉米残茬施用到土壤中，其他的田间管理措施与第一年相同。

在试验布置后的第 60 天（2016 年 6 月 30 日；夏季/生长季节）、第 90 天（2016 年 7 月 30 日；早秋）、第 180 天（2016 年 10 月 20 日；秋季/收获）和第 540 天（2017 年 10 月 18 日，秋后）从每个容器中采集 0～20 cm 深度的土壤样品（使用土钻，内径 4.0 cm），从每个箱子中分别获得三个样品并混匀。将土壤样品在室温下风干，去除玉米叶、茎、根和砾石，将土壤研磨并通过 100 目筛，以测定土壤有机碳含量和 atom% ^{13}C 值。

4. 测定方法

土壤样品的有机碳含量及 δ^{13}C 值的测定参考本章第一节的方法。

5. 计算方法

δ^{13}C 值（‰）是根据 Pee‐Dee Belemnite（PDB）标准（Werner and Brand，2001）表示的。

$$\delta^{13}\text{C}=\left(\frac{\left(\frac{^{13}\text{C}}{^{12}\text{C}}\right)_{\text{sample}}}{\left(\frac{^{13}\text{C}}{^{12}\text{C}}\right)_{\text{PDB}}}-1\right)\times 1\,000$$

其中，PDB 的 ^{13}C/^{12}C 比率等于 0.011 180 2（Werner and Brand，2001）。

根据 De Troyer 等（2011）计算的土壤中玉米残渣碳的百分比（f）：

$$f=(\delta^{13}\text{C}_{\text{sample}}-\delta^{13}\text{C}_{\text{soil}})/(\delta^{13}\text{C}_{\text{residue}}-\delta^{13}\text{C}_{\text{soil}})$$

其中，δ^{13}C$_{\text{sample}}$ 和 δ^{13}C$_{\text{soil}}$ 分别是有玉米残体和无玉米残体土壤样品的 δ^{13}C 值，δ^{13}C$_{\text{residue}}$ 是添加玉米渣的 δ^{13}C 值。

土壤中残留碳含量（^{13}C$_{\text{residue}}$，g/kg）的计算如下（Blaud et al.，2012）：

$$^{13}\text{C}_{\text{residue}}=\text{C}_{\text{total}}\times f$$

其中，C$_{\text{total}}$ 表示残体改良处理中土壤样品的总有机碳含量。

玉米残体碳的残留率计算如下（Li et al.，2019）：

residual rate of C$_{\text{residue}}$（%）＝C$_{\text{residue}}$ in SOC/application levels of C$_{\text{residue}}$×100

6. 数据处理与分析

本研究采用 SPSS 19.0 软件进行统计分析。对试验结果进行方差分析（ANOVA），评价不同土壤肥力水平和不同土壤类型对残留碳含量和残留率的影响。不同处理间的差异显著性水平采用 Duncan 法进行多重比较，差异显著性水平为 $P<0.001$、$P<0.01$ 及 $P<0.05$。使用 Origin Pro（8.0）和 Microsoft Excel 2013 作图。

二、土壤有机碳含量和土壤残体碳含量

玉米残体加入土壤后，土壤有机碳含量和土壤残体碳含量均有所增加（图 3-17），且分别受土壤肥力水平、植物残体类型和培养时间的显著影响（$P<0.01$，表 3-12）。在高肥力和低肥力土壤中，土壤有机碳和 ^{13}C-SOC 含量呈显著正相关关系（图 3-18）。在培养期间，所有处理的土壤有机碳和残体碳含量值逐渐下降（图 3-17），高肥力土壤中的土壤有机碳和残体碳含量（土壤有机碳含量的平均值为 16.2 g/kg，残体碳含量的平均值为 0.8 g/kg）高于低肥力土壤中的土壤有机碳和残体碳的含量（土壤有机碳的含量平均值为 12.1 g/kg，残体碳的含量平均值为 0.7 g/kg）。

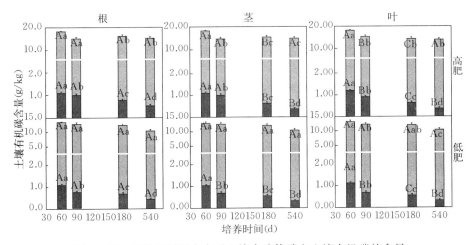

图 3-17　两种不同肥力水平土壤中残体碳和土壤有机碳的含量

注：阴影部分代表残体来源碳，透明部分代表土壤来源碳。不同小写字母表示相同肥力水平土壤和相同残体类型不同采样时间之间存在显著性差异（P<0.05）；不同大写字母代表相同采样时间和相同肥力水平土壤不同残体类型添加之间存在显著性差异（P<0.05）。

表 3-12　肥力水平、残体类型和培养时间的方差分析

因子	自由度	土壤有机碳		残体来源碳		残体来源碳/土壤有机碳		残留率	
		F	P	F	P	F	P	F	P
肥力水平（F）	1	1 753.5	<0.01	127.4	<0.01	45.6	<0.01	130.6	<0.01
残体类型（R）	2	19.3	<0.01	10.8	<0.01	10.3	<0.01	44.9	<0.01
培养时间（T）	3	170.8	<0.01	652.6	<0.01	495.6	<0.01	667.1	<0.01
F×R	2	7.8	<0.01	0.1	0.87	3.2	<0.05	0.032	0.97
F×T	3	19.2	<0.01	11.8	<0.01	32.2	<0.01	12.02	<0.01
R×T	6	4.7	<0.01	6.1	<0.01	4.2	<0.01	5.0	<0.01
F×R×T	6	1.2	0.32	0.9	0.50	0.8	0.61	0.87	0.52

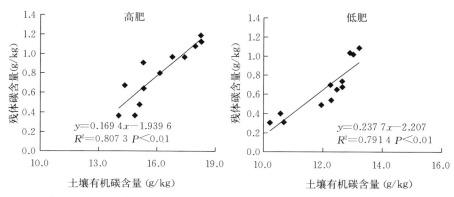

图 3-18　两种不同肥力水平土壤中残留碳与土壤有机碳含量的关系

在第一个采样日（第 60 天），在高肥力和低肥力土壤中，植物残体类型对土壤有机碳含量和残体碳含量无显著影响（$P>0.05$，图 3-17）。而在第 90 天，添加叶处理（分别在高肥力和低肥力土壤中为 14.4 g/kg 和 11.6 g/kg）的土壤有机碳含量最低（$P<0.05$），根处理分别在高肥力和低肥力土壤中为 16.5 g/kg 和 11.9 g/kg，茎处理分别在高肥力和低肥力土壤中为 15.8 g/kg 和 12.0 g/kg；同时，在高肥力土壤中，叶处理的残体碳含量（0.9 g/kg）低于根处理的残体碳含量（1.0 g/kg）和茎处理残体碳含量（1.0 g/kg）。在第二次取样时（第 90 天），低肥力土壤根处理的残体碳含量最高（根为 0.73 g/kg；茎为 0.67 g/kg；叶为 0.70 g/kg）。在第 180 天，高肥力土壤中的土壤有机碳含量值依次为根处理＞茎处理＞叶处理，分别为 16.1 g/kg、15.3 g/kg 和 14.4 g/kg。高肥力和低肥力两种土壤中残体碳含量的变化趋势是相似的。此外，根处理在 540 d 时的残体碳含量（高肥力和低肥力土壤中分别为 0.5 g/kg 和 0.4 g/kg）均高于（$P<0.05$）茎处理（高肥力和低肥力土壤中分别为 0.4 g/kg、0.3 g/kg）和叶处理（高肥力和低肥力土壤中分别为 0.4 g/kg 和 0.3 g/kg）。田间微区培养 540 d 后，根处理在高肥力土壤环境下土壤有机碳含量（15.1 g/kg）最高，在低肥力土壤中添加不同残体类型的土壤有机碳含量差异不显著（$P>0.05$）。

方差分析结果表明，除土壤的肥力水平与残体类型的交互作用对残体碳含量无显著影响外，其余两个因子的交互作用对土壤有机碳和残体碳含量均显著（$P<0.01$）。此外，肥力水平、残体类型和培养时间这三个因素（$P>0.05$）之间没有相互作用（表 3-12）。

三、外源新碳对土壤有机碳的贡献率

所有处理随着培养时间的延长，外源新碳对土壤有机碳的贡献率均呈下降趋势（图 3-19），并且它们分别受到肥力水平、残体类型和培养时间的显著影响（$P<0.01$）（表 3-12）。此外，在第 60 天，残体碳在低肥力土壤中的贡献率平均值为 8.0%，高于在高肥力土壤中的贡献率（平均 6.23%）（$P<0.05$），第 540 天情况与第 60 天相同，即残体碳分别在高肥力和低肥力土壤中的贡献率平均值为 2.74% 和 3.24%（图 3-19）。

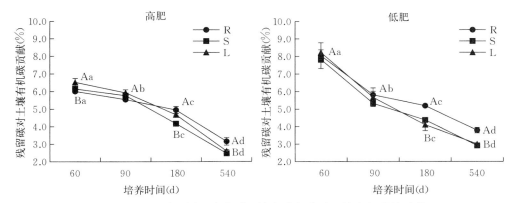

图 3 - 19　两种不同肥力水平土壤中残留碳对土壤有机碳的贡献

注：R 为根，S 为茎，L 为叶。不同小写字母表示相同肥力水平土壤不同采样时间之间存在显著性差异（$P<$ 0.05）；不同大写字母代表相同采样时间和相同肥力水平土壤不同残体类型添加之间存在显著性差异（$P<0.05$）。图中多个相同且重叠的字母只显示一个。

在培养过程中，不同残体类型对残体碳的贡献率也会产生一定影响。在第 60 天，在高肥力和低肥力土壤中，叶处理中来自植物残体碳的占比最高。此外，在第 90 天，高肥力土壤中根处理残体来源碳的贡献率高于茎和叶处理的残体来源碳的贡献率，低肥力土壤的外源残体碳的贡献不受残体类型的影响（图 3 - 19）。培养 180 d 后，高肥力和低肥力两种土壤中，根处理的外源新碳贡献高于茎和叶处理（$P<0.05$）。

四、残体来源碳在土壤中的残留率

随着培养时间的延长，所有土壤处理的残体来源碳的残留率持续下降（$P<0.05$），在试验的第 60 天，三种不同残体添加的残体碳的残留率没有显著差异，在高肥力和低肥力土壤中的平均残留率分别为 56.6% 和 52.4%（图 3 - 20）。在第 60 天至第 90 天期间，残体

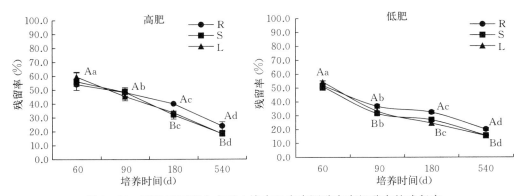

图 3 - 20　两种不同肥力水平土壤中玉米来源碳在有机碳中的残留率

注：R 为根，S 为茎，L 为叶。不同小写字母表示相同肥力水平土壤不同采样时间之间存在显著性差异（$P<$ 0.05）；不同大写字母代表相同采样时间和相同肥力水平土壤不同残体类型添加之间存在显著性差异（$P<$ 0.05）。图中多个相同且重叠的字母只显示一个。

碳在高肥力土壤中的残留率缓慢下降；在低肥力土壤中的残留率急剧下降，根处理的残体碳残留率为 36.8%，高于（$P<0.05$）茎处理（31.6%）和叶处理（33.3%）（图 3 - 20）。此外，在第 180 天和第 540 天，根来源残体碳的残留率高于茎和叶来源残体碳的残留率（$P<0.05$，图 3 - 20）。田间微区培养 540 d 后，根、茎和叶中的残体来源碳的残留率在低肥力土壤中的比例分别为 20.1%、15.6% 和 15.4%，在高肥力土壤中分别为 20.4%、18.3% 和 18.2%。

五、讨论和结论

1. 土壤肥力水平对土壤外源新碳含量的影响

玉米残体的添加可以增加土壤有机碳的含量，而土壤中残体来源碳的含量随着时间的推移而减少，这主要是由于残体的矿化引起的（Pei et al.，2015；Xu et al.，2019）。由于土壤本身养分条件的差异，肥力水平是影响玉米残体分解和积累的主要因素之一。在田间微区培养期间，高肥力土壤中残体碳含量和残留率均高于低肥力土壤。此外，本研究的一个重要发现是土壤肥力和培养时间的交互作用对玉米残体碳在土壤中的分解和积累有显著影响。这些结果表明，在不同肥力水平的土壤中，外源新碳有一定的固碳作用，这也可能与土壤初始有机碳含量密切相关。这与谢柠桧（2016）的研究结果相反，即低肥力土壤具有更强的固定外源新碳的能力。针对这个结果可以作如下解释。

土壤碳氮比（C/N）是影响土壤外源新碳转化的主要因素之一，碳氮平衡供应可以降低土壤微生物对有机碳的需求（Wang et al.，2019）。这与微生物的碳利用效率有关，碳氮比增加导致微生物的碳利用效率降低，意味着呼吸增加导致的碳损失相对较大，而碳氮比降低导致微生物的碳利用效率更高，表明微生物的生长效率更高（Six et al.，2006）。高肥力土壤中碳氮比较低，这可以释放更多的有效碳和氮用于微生物的生长。这一机制可以解释高肥力土壤为什么能够固定更多的残体碳到土壤中（Jin et al.，2018；Wang et al.，2019）。与高肥力土壤相比，低肥力土壤可能缺乏土壤微生物所需的氮和（或）磷养分，这表现在其较高的碳氮比（表 3 - 13），微生物活性较低，外源新碳添加后，被土壤分解和固定需要的时间更长（Wang et al.，2019）。这些都表明了玉米残体的添加在高肥力土壤中的碳残留量会高于低肥力土壤。

表 3 - 13　两种不同肥力水平土壤中添加^{13}C标记的玉米残体后的碳氮比

培养时间 (d)	高肥力			低肥力		
	根	茎	叶	根	茎	叶
60	8.3±0.4 Aa	8.0±0.2 Ab	8.3±0.1 Ab	11.5±0.4 Aa	10.3±0.2 Ba	10.8±0.4 Ba
90	8.5±0.7 Aa	8.3±0.4 Ab	8.7±0.6 Ab	11.3±0.5 Aa	10.9±0.3 Aa	11.4±0.4 Aa
180	9.4±0.5 Aa	9.6±0.3 Aa	9.0±0.2 Aa	11.2±0.3 Aa	11.2±0.6 Aa	10.9±0.7 Aa
540	8.7±0.9 Aa	8.8±0.8 Aab	7.9±0.7 Ab	8.4±0.4 Ab	8.4±0.2 Ab	8.0±0.1 Ab

注：不同小写字母表示相同肥力水平土壤不同采样时间之间的差异显著（$P<0.05$）；不同大写字母代表相同采样时间和相同肥力水平土壤不同残体类型添加之间存在显著性差异（$P<0.05$）。

不同玉米部位残体碳的分解也会与不同土壤肥力水平的微生物活性相关。Xu 等（2019）发现初始有机碳含量较高的土壤中残体碳的总矿化度明显较低，换言之，高肥力土壤积累了新的外源碳，这一结果与我们的发现一致。但残体碳对低肥力土壤有机碳的贡献高于高肥力土壤，说明低肥力土壤对外源碳的需求较高，这可能是由于高肥力土壤本身土壤有机碳含量高，其可以为微生物生长和代谢提供可用的物质和能量（Majumder and Kuzyakov，2010）。因此，残体来源碳对土壤有机碳的贡献率与土壤初始土壤有机碳含量有关。残体碳含量与土壤初始土壤有机碳含量值呈显著正相关关系，因此，土壤初始有机碳含量是影响土壤残体碳含量变化的主要因素之一。在进一步的研究中，可以进行玉米残体碳向土壤团聚体中的转化与固定研究。

2. 不同类型玉米残体在土壤中的分解和转化

在本研究中，不同类型的玉米残体添加后对土壤有机碳含量、残体碳含量及残体碳在土壤有机碳中所占比例均有显著影响。玉米残体添加后，残体碳对土壤有机碳的贡献在土壤中呈现出两个不同的阶段。

第一阶段的特征是根、茎和叶添加后的分解速率大致相同，表明在两种不同肥力水平的土壤中，根、茎和叶添加后对土壤有机碳的贡献不显著，这一结果与 Xu 等（2019）的研究结果相反，他的研究发现在早期培养阶段，残体碳会因为添加的残体类型的不同而不同。造成这种差异的原因可能是他的研究是在恒温恒湿的实验室内培养箱中进行的，而本试验是在田间进行，是受自然气候影响的。先前的研究报告表明，玉米残体的活性组分（如糖、淀粉、氨基酸和蛋白质）在生长早期（两个月前）容易快速分解，慢速组分（如半纤维素和纤维素）随后分解，而难分解组分（如木质素和多酚）更难分解（Juarez，2013；Pei et al.，2015）。叶很容易分解，因为它的主要成分是可溶性物质，如纤维素、半纤维素和糖（Abiven et al.，2005）。在第一次取样时，我们观察到根、茎和叶的分解速率相似，可能的原因是第一次取样日期是在试验的第 60 天，错过了叶片的快速分解期。

在第二阶段，由于根中含有更多的角蛋白和木质素，在两种肥力水平下添加根处理中，残体碳对土壤有机碳和残体碳的残留率的贡献更高（Joyce，2013）。随着培养时间的延长，茎叶的可溶性成分分解释放，然而，一些难分解成分仍留在土壤中。根由于木质素含量高，其不易分解，经过 540 d 的田间微区培养后，根处理的残体碳残留率高于茎和叶处理。综上所述，本研究表明，在一个长期（540 d）的田间培养试验中，根来源碳对土壤的贡献率应该比茎和叶的贡献更高。值得注意的是，长期施肥措施导致的土壤肥力水平的不同可能会导致玉米残体的快速分解。

综上，本节可得出以下结论：①玉米残茬的添加促进了土壤有机碳库的周转，且显著增加了土壤中有机碳含量，高肥力土壤对外源新碳的吸附能力更强，外源新碳对低肥力土壤的有机碳的贡献率更大。高肥力土壤中残体碳的残留率在第 60 天高于低肥力土壤（平均 56.6% 和 52.37%），残体碳在低肥力土壤中的贡献率平均值为 8.0%，高于在高肥力土壤中的贡献率（平均 6.23%），第 540 天情况与第 60 天相同，即残体碳分别在高肥力和低肥力土壤中平均为 2.74% 和 3.24%。②540 d 后，根处理残体碳含量最高，对土壤有机碳提升贡献最大。根处理（高肥力和低肥力土壤分别为 0.5 g/kg 和 0.4 g/kg）的外源残体碳含量高于茎处理（高肥力和低肥力土壤分别为 0.4 g/kg 和 0.3 g/kg）和叶处理

（高肥力和低肥力土壤分别为 0.4 g/kg 和 0.3 g/kg）。同时，根处理的残留率及其对土壤有机碳的贡献最高，根、茎和叶来源碳在低肥力土壤中的残留率分别为 20.1％、15.6％和 15.4％，在高肥力土壤中的残留率分别为 20.4％、18.3％和 18.2％。总之，不同玉米残体类型和土壤肥力水平对残体碳在土壤中的分解和固定有一定的影响，在土壤有机碳初始含量较高的高肥力土壤中，土壤对外源新碳的吸附能力更强，长期来看，地下部位残体来源碳（根）对土壤有机碳的贡献应大于地上部位残体来源碳（叶＋茎）。

第四章

玉米秸秆碳在土壤团聚体中的分配与周转

团聚体是土壤学中描述土壤结构的一个很重要的概念，是土壤结构的基本单元，其大小、排布和特性控制着养分物质循环和微生物活动（Lal，2000），在土壤有机碳的积累和稳定中起着至关重要的作用。团聚体可以通过自身的物理保护作用将有机碳包被起来，从而免受微生物的分解，增加土壤有机碳的稳定性；反之，土壤有机碳也是团聚体形成过程中重要的胶结物质，能够促进团聚体的形成，增加团聚体的团聚能力。因此，提高土壤团聚体的稳定性及团聚体结合碳的含量对培肥地力、增加土壤抗蚀性及缓解全球气候变化具有重要意义。土壤团聚体作为一种特殊的有机-无机复合物，其组成及稳定过程十分复杂，并且不同粒级团聚体对有机碳的保蓄能力也存在一定的差异。土壤团聚体组成及其有机碳均受土壤本身理化特性的调控，还受人为活动等因素的影响。作物秸秆在输入土壤后不仅可以作为土壤有机碳的重要来源，而且在其腐解过程中对团聚体的形成还会产生一定的促进作用；同时，秸秆碳自身也会随时间的迁移而分配到不同级别的团聚体中。然而，秸秆碳在团聚体中的分配与周转过程如何受土壤类型、施肥、作物秸秆部位及秸秆添加量等因素的影响仍不明确。因此，本章主要通过碳稳定同位素示踪与团聚体分级等手段，旨在明确玉米秸秆还田后外源有机碳在不同团聚体中的去向与分配过程及其影响因素，试图从团聚体的角度剖析秸秆还田后的土壤有机碳更新与提升机制。

第一节　玉米秸秆碳在不同施肥棕壤团聚体中的分配

一、材料与方法

1. 供试土壤

本试验在沈阳农业大学棕壤试验站进行（试验站介绍见第三章第一节）。于 2011 年春季施肥前采集试验站长年不施肥处理和长年施有机肥（有机肥与氮磷化肥配施：年施有机肥折合 N 67.5 kg/hm²，化肥 N 135 kg/hm² 和 P₂O₅ 67.5 kg/hm²）处理两个小区中表层土壤（0～30 cm），同时采集不施肥处理小区的底层土壤（120～150 cm），5 个样点混匀，四分法取样。采集的土壤挑除植物根系等杂质，将土壤风干到含水量达土壤塑限（其含水量在 23%～26%），大土块则需要沿着其脆弱的地方用手轻轻掰开，使它能通过 2 mm 筛子，然后放于室温条件下慢慢自然风干。由于底层土壤有机碳含量低，黏粒含量偏高，其性质接近发育母质的性质，故在本研究中简称为母质土壤。施用的有机肥为发酵腐熟的猪粪，它的全氮含量为 10 g/kg，有机质含量为 150 g/kg 左右；施用的化肥为商品氮肥（尿

59

素，含 N 46%）和磷肥（磷酸二铵，含 P_2O_5 45%）。试验所需土壤样品主要理化性状（2011 年）详见表 4-1。

表 4-1　试验土壤主要理化性状（2011 年）

土壤	有机碳（g/kg）	δ^{13}C 值（‰）	全氮（g/kg）	碳氮比	pH（H_2O）	黏粒（%）
不施肥土壤	9.00	−18.44	1.2	7.5	6.44	29.3
母质土壤	5.19	−19.17	0.7	7.4	6.25	36.6
施有机肥土壤	11.9	−18.76	1.3	9.2	6.39	28.7

2. 供试有机物料

供试的有机物料为碳稳定同位素（^{13}C）标记的玉米秸秆，其全氮含量为 9.96 g/kg，全碳含量为 401 g/kg，δ^{13}C 值为 137.97‰，低温烘干，粉碎后通过 1 mm 筛子。

3. 试验设计

本试验共设置六个处理：①不施肥土壤不添加玉米秸秆（CK）、②不施肥土壤添加 5%玉米秸秆（CK+CS）、③母质土壤不添加玉米秸秆（MS）、④母质土壤添加 5%玉米秸秆（MS+CS）、⑤施肥土壤不添加玉米秸秆（OM）、⑥施肥土壤添加 5%玉米秸秆（OM+CS）。其中 5%为烘干土的质量百分数，每个试验处理均设置 3 次重复。将玉米秸秆与风干土壤充分混匀后，装入 70 μm×140 μm 孔隙的砂滤管中，浸泡于原土壤浸提液中，使其达到田间持水量的 80%为止，然后将处理好的砂滤管埋入原土壤（砂滤管上端距土表 5 cm 处）进行田间原位培养。于 2011 年 5 月 6 日开始实施田间培养，分别于培养 60 d、180 d、360 d、720 d 时将土壤样品取出，带回实验室进行室内分析实验。

4. 测定方法

团聚体分级采用湿筛法测定（Chivenge et al.，2011）。湿筛法在土壤团聚体分析仪（型号 SAA 08052，中国上海）上进行。具体操作方法如下：在常温条件下，称取风干土壤样品 100 g，放在 2 mm 筛子上，为了防止在筛分过程中团聚体突然爆破，所以首先用蒸馏水浸湿大约 5 min，这样能够去除土壤团聚体内闭塞的空气，然后再以 30 次/min 运行速度在蒸馏水中振荡 30 min，振幅设定为 3 cm，用蒸馏水把各筛子上的团聚体分别洗至玻璃杯中，依次获得＞2 000 μm、250～2 000 μm、53～250 μm 的水稳性团聚体，＜53 μm 水稳性团聚体则需要沉降 48 h，将上层清液弃去以后，把团聚体转入玻璃杯中才能获得。将装有不同大小级别水稳性团聚体的玻璃杯，置于 60 ℃条件下烘干，称重，计算出各级别水稳性团聚体的百分组成，同时将烘干的团聚体磨碎，保证其能通过 100 目的筛子，留其备用。通常情况下，我们将 250 μm 作为团聚体级别大小的分界线，级别大小在 250 μm 以上的是大团聚体，级别大小在 250 μm 以下的是微团聚体。

土壤团聚体样品的有机碳含量及 δ^{13}C 值的测定见第三章第一节。土壤 pH 采用电位法（1∶5 土水比）测定（仪器型号：雷磁 PHS-3B 精密 pH 计）。土壤黏粒含量：采用比重计法（即鲍式比重计法）测定。

5. 计算方法

土壤团聚体的平均重量直径（mean weight diameter，MWD）作为土壤团聚体质量状况综合评价的一个重要指标，利用模型（1）来进行计算（李霄云 等，2011）。

$$MWD = \sum_{i=1}^{4} \frac{r_{i-1} + r_i}{2} \times m_i \qquad (1)$$

式中，i 表示 4 个不同级别（$>2\,000\ \mu m$，$250 \sim 2\,000\ \mu m$，$53 \sim 250\ \mu m$，$<53\ \mu m$）；r_{i-1}、r_i 分别代表第 $i-1$ 与第 i 个级别筛子的孔径（μm）；令 $r_0 = r_1$，$r_4 = r_3$，m_i 是第 i 个级别水稳性团聚体质量百分含量（%）。

土壤各级别团聚体中秸秆源碳的含量利用模型（2）与模型（3）的组合模型（4）来估算（Blaud et al.，2012）。

$$C_{AS} = C_{SOM} + C_{straw} \qquad (2)$$

$$\delta^{13}C_{AS} \times C_{AS} = \delta^{13}C_{SOM} \times C_{SOM} + \delta^{13}C_{straw} \times C_{straw} \qquad (3)$$

$$C_{straw} = C_{AS} \times \left(\frac{\delta^{13}C_{AS} - \delta^{13}C_{CS}}{\delta^{13}C_{straw} - \delta^{13}C_{CS}} \right) \qquad (4)$$

C_{AS} 表示处理土壤有机碳总量，C_{SOM} 表示来自土壤部分有机碳含量，C_{straw} 表示来自玉米秸秆部分有机碳含量，$\delta^{13}C_{AS}$ 表示处理土壤碳同位素值，$\delta^{13}C_{straw}$ 表示玉米秸秆碳同位素值，$\delta^{13}C_{SOM}$ 表示土壤原始碳同位素值。这里，未添加玉米秸秆土壤样品中 $\delta^{13}C_{CS}$ 值用于近似估测添加玉米秸秆样品中 $\delta^{13}C_{SOM}$ 值。

为了反映出某一定时期内土壤中有机碳的周转变化情况，则采用平均驻留时间（mean residence time，MRT，年）来表示，利用模型（5）来进行计算（Dorodnikov et al.，2011）。

$$MRT = -\frac{T}{\ln\,(1 - P/100)} \qquad (5)$$

式中，P 表示土壤中新有机碳的百分比例（%），T 表示玉米秸秆分解过程的时间段。

6. 数据处理与分析

均采用 Microsoft Excel 2007 和 SPSS 19.0 进行数据整理与方差分析，运用 Duncan 氏新复极差法进行平均数的多重比较。

二、玉米秸秆添加对棕壤各级水稳性团聚体分布的影响

1. 玉米秸秆添加对棕壤水稳性团聚体组成的影响

将不施肥土处理（CK 和 CK+CS）、母质土处理（MS 和 MS+CS）与施有机肥土处理（OM 和 OM+CS）不同培养时期的土壤进行湿筛，得到棕壤水稳性团聚体组成变化的情况，结果如表 4-2（不施肥土）、表 4-3（母质土）、表 4-4（施有机肥土）所示。可以发现，棕壤经过田间培养以后，各级别水稳性团聚体含量明显发生变化。

从表 4-2 可以看出，未添加玉米秸秆的不施肥土（CK）第 60 天、第 180 天、第 360 天时 $250 \sim 2\,000\ \mu m$ 水稳性团聚体含量均显著高于与其他级别（$P < 0.05$），成为优势级别，$>2\,000\ \mu m$ 水稳性团聚体含量最低。随着培养时间的不断延长，$250 \sim 2\,000\ \mu m$ 水稳性团聚体含量逐渐降低，而 $53 \sim 250\ \mu m$ 和 $<53\ \mu m$ 水稳性团聚体含量均有所上升，且差异显著（$P < 0.05$），这表明不施肥土在田间培养的情况下，$250 \sim 2\,000\ \mu m$ 水稳性大团聚体有向 $53 \sim 250\ \mu m$ 和 $<53\ \mu m$ 水稳性微团聚体方向扩散的趋势。与未添加玉米秸秆的不

施肥土（CK）相比，添加玉米秸秆的不施肥土（CK+CS）水稳性团聚体的组成发生了显著变化，表现为>2 000 μm 水稳性团聚体含量显著增加（$P<0.05$），第 60 天、第 180 天、第 360 天时 250~2 000 μm、53~250 μm、<53 μm 水稳性团聚体含量总体上显著降低（$P<0.05$），这表明添加玉米秸秆能够促使较低级别土壤团聚体胶结形成较高级别团聚体。然而，对于 250~2 000 μm 水稳性团聚体而言，第 720 天时 CK+CS 处理显著高于CK 处理，原因在于长时间的培养，较高级别团聚体发生破碎。

表 4-2　不施肥土不同培养时期水稳性团聚体的组成

培养时间（d）	处理	不同级别团聚体百分含量（%）			
		>2 000 μm	250~2 000 μm	53~250 μm	<53 μm
60	CK	0.27 aA	88.04 dB	7.47 cB	4.23 bB
	CK+CS	49.69 bB	45.99 bA	3.32 aA	1.00 aA
180	CK	0.35 aA	77.24 cB	18.67 bB	3.73 aB
	CK+CS	42.45 bB	48.84 cA	6.39 aA	2.32 aA
360	CK	0.60 aA	50.71 bA	43.02 bB	5.67 aA
	CK+CS	32.25 bB	58.23 cB	6.48 aA	3.04 aA
720	CK	0.00 aA	39.45 cA	53.74 dB	6.81 bB
	CK+CS	15.26 bB	57.16 cB	21.93 bA	5.64 aA

注：CK 代表不施肥土，CS 代表添加秸秆。表中小写字母表示同时期同处理不同级别间差异显著；大写字母表示同时期同级别不同处理间差异显著（$P<0.05$）。

从表 4-3 中可以看出，未添加玉米秸秆的母质土（MS）第 180 天、第 360 天时250~2 000 μm 水稳性团聚体含量均显著高于与其他级别（$P<0.05$），成为优势级别，>2 000 μm 水稳性团聚体含量也最低。这里也可以看出，与不施肥土相比，母质土中250~2 000 μm 水稳性团聚体成为优势级别要远远晚于不施肥土，原因在于母质土本底有机胶结物质、起黏结作用的微生物数量和活性均低于不施肥土。随着培养时间的不断延长，母质土中 250~2 000 μm、53~250 μm、53 μm 水稳性团聚体含量变化情况与不施肥土相同，这表明母质土在田间培养的情况下，250~2 000 μm 水稳性大团聚体也有向 53~250 μm 和<53 μm 水稳性微团聚体方向扩散的趋势。与未添加玉米秸秆的母质土（MS）相比，添加玉米秸秆的母质土（MS+CS）水稳性团聚体的组成也发生了显著变化，表现为与 CK+CS 处理的变化趋势相同。

表 4-3　母质土不同培养时期水稳性团聚体的组成

培养时间（d）	处理	不同级别团聚体百分含量（%）			
		>2 000 μm	250~2 000 μm	53~250 μm	<53 μm
60	MS	0.03 aA	14.47 bA	76.4 cB	9.11 bA
	MS+CS	19.39 bB	50.68 cB	15.64 aA	14.3 aB
180	MS	0.13 aA	67.64 dB	24.31 cB	7.92 bB
	MS+CS	49.38 bB	39.76 bA	7.58 aA	3.29 aA

（续）

培养时间 （d）	处理	不同级别团聚体百分含量（%）			
		>2 000 μm	250~2 000 μm	53~250 μm	<53 μm
360	MS	0.00 aA	51.84 dB	37.29 cB	10.87 bB
	MS+CS	36.27 dB	48.27 cA	11.13 bA	4.33 aA
720	MS	0.00 aA	29.79 cA	61.4 dB	8.81 bB
	MS+CS	7.79 aB	55.16 cB	30.33 bA	6.72 aA

注：MS代表母质土，CS代表添加秸秆。表中小写字母表示同时期同处理不同级别间差异显著；大写字母表示同时期同级别不同处理间差异显著（$P<0.05$）。

　　从表4-4中可以看出，未添加玉米秸秆的施有机肥土（OM）团聚体组成随时间变化规律类似于不施肥土，依旧是第60天、第180天、第360天时250~2 000 μm水稳性团聚体含量均显著高于与其他级别（$P<0.05$），成为优势级别，>2 000 μm水稳性团聚体含量最低。随着培养时间的不断延长，250~2 000 μm水稳性团聚体含量整体呈降低趋势，而53~250 μm和<53 μm水稳性团聚体含量整体呈上升趋势，且差异显著（$P<0.05$），这表明施有机肥土在田间培养的情况下，250~2 000 μm水稳性大团聚体同样表现为向53~250 μm和<53 μm水稳性微团聚体方向扩散的趋势。与未添加玉米秸秆的施有机肥土（OM）相比，添加玉米秸秆的施有机肥土（OM+CS）水稳性团聚体的组成同样发生了显著变化，表现为与CK+CS处理的变化趋势基本一致。

表4-4　施有机肥土不同培养时期水稳性团聚体的组成

培养时间 （d）	处理	不同级别团聚体百分含量（%）			
		>2 000 μm	250~2 000 μm	53~250 μm	<53 μm
60	OM	0.18 aA	78.75 dB	18.01 cB	3.06 bB
	OM+CS	43.75 cB	48.71 cA	6.12 bA	1.42 aA
180	OM	0.15 aA	80.24 dB	16.77 cB	2.83 bB
	OM+CS	26.65 cB	62.37 dA	9.15 bA	1.83 aA
360	OM	0.22 aA	61.77 dA	32.76 cB	5.25 bB
	OM+CS	16.41 cB	71.24 dB	9.94 bA	2.40 aA
720	OM	0.00 aA	25.48 cA	63.90 dB	10.62 bB
	OM+CS	14.25 bB	52.27 dB	27.04 cA	6.44 aA

注：OM代表施有机肥土，CS代表添加秸秆。表中小写字母表示同时期同处理不同级别间差异显著；大写字母表示同时期同级别不同处理间差异显著（$P<0.05$）。

　　总体看来，在土壤中添加玉米秸秆，显著地促进了水稳性大团聚体形成。尽管随着培养时间的延长，大团聚体含量总是有所下降，但添加秸秆处理仍然保持了大团聚体的存在，且依旧显著高于未添加秸秆处理（$P<0.05$）。土壤团聚体的形成过程十分复杂，多级团聚理论指出，在土壤团聚体形成过程中，既存在大团聚体破碎的现象，又存在小团聚体聚合的过程，二者总是处于动态变化之中（杨如萍 等，2010）。已有相关研究表明，有机物料进入土壤以后，在微生物作用下分解产生的有机酸类、腐解过程中重新合成的腐殖

物质及自身富含的多糖、木质素等，这些物质在土壤中具有一定的胶结能力。也正是这些具有胶结能力的物质在土壤团聚体的形成过程中起到了关键的链接作用，可以把土壤矿物颗粒胶结在一起，进而胶结形成了土壤团聚体。然而，随着培养时间的不断延长，添加玉米秸秆处理的棕壤＞2 000 μm水稳性团聚体含量呈现出降低的趋势，这是由有机物质的可变性决定的，Tisdall和Oades（1982）研究表明在团聚体形成的初期阶段，类葡萄糖起主要的胶结作用，随着有机物料发生腐殖化形成胡敏酸、富里酸等腐殖类物质后，腐殖质类物质便作为主要的有机胶结物质发挥重要的胶结作用。

2. 玉米秸秆添加对棕壤水稳性团聚体动态变化的影响

Six等（2004）研究指出＞250 μm团聚体是土壤中最良好的结构体，其数量与土壤肥力状况呈正相关关系，＞250 μm团聚体含量的多少可以反映出土壤结构的优劣和土壤团聚体数量的变化。为了进一步研究棕壤结构体中水稳性大团聚体（＞250 μm）和水稳性微团聚体（＜250 μm）的动态变化情况，本文采用＞250 μm团聚体与＜250 μm团聚体含量的比值q作为指标来对各个处理不同时刻的土壤样品进行对比分析，某一时刻q值的大小能够反映出大团聚体与微团聚体的相对地位，q值的变化量能够反映出大团聚体与微团聚体之间的相互转化情况。未添加玉米秸秆的CK、MS、OM和添加玉米秸秆的CK＋CS、MS＋CS、OM＋CS的q值随培养时间变化曲线如图4-1所示。

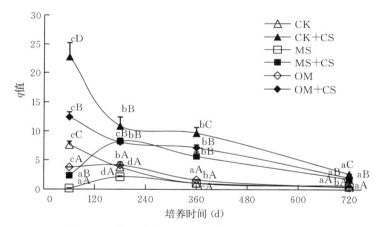

图4-1 大团聚体与微团聚体含量之比变化情况

注：CK代表不施肥土，MS代表母质土，OM代表施有机肥土，CS代表添加秸秆。图中小写字母表示同处理不同时期间差异显著；大写字母表示同时期不同处理间差异显著（$P<0.05$）。

从图4-1中可以看出，无论是不施肥土还是母质土与施有机肥土，添加玉米秸秆处理的q值均显著高于未添加玉米秸秆处理（$P<0.05$），表明棕壤添加玉米秸秆以后水稳性大团聚体的地位显著上升，成为优势级别。Six等（2004）也指出植物凋落物有利于大团聚体的形成（Six et al.，2004）。在培养60~720 d期间，CK和CK＋CS的q值始终均呈现出降低趋势，各时期之间差异显著（$P<0.05$），表明随培养时间的延长，CK和CK＋CS水稳性大团聚体相对含量在减少，微团聚体相对含量在增加，部分大团聚体不能维持完整，进而破碎形成微团聚体。MS和MS＋CS的q值均在培养180 d之后才呈现出

降低趋势，说明在这之前 MS 和 MS＋CS 水稳性大团聚体的地位始终处于上升地位，这是微团聚体凝聚形成大团聚体的阶段。OM＋CS 的 q 值变化曲线并没有处于最高位置，而是处于一个相对适中的位置，在 CK＋CS 与 MS＋CS 之间，OM 与 CK 的 q 值变化曲线几乎一致，但整体上变化不明显，这一现象可能受到了施入有机肥中的某些微生物活动的影响。

总体来看，在培养期内，与未添加玉米秸秆处理相比，添加玉米秸秆处理的 q 值曲线变化斜率相对较大，表明大团聚体与微团聚体之间的动态转化具有较快的速度，这可能是因为容易腐解的有机物质被微生物分解而导致数量上发生了变化或质量上产生了变性，进而改变了对土壤颗粒的胶结能力，致使土壤团聚体组成发生改变。已有相关研究表明冻融交替作用也能够强烈地影响土壤的理化性状，对土壤团聚体的形成也有一定影响（Sahin et al.，2008）。王恩姮等（2010）研究表明季节性冻融显著增加＜250 μm 水稳性团聚体的含量。本研究各处理土壤样品经过 720 d 的培养，恰好经历了两个完整的冻融交替过程。

3. 玉米秸秆添加对棕壤水稳性团聚体平均重量直径（MWD）的影响

土壤中营养成分的保持与迁移、土壤孔隙的组成、土壤生物学特性等也均因团聚体级别大小的不同而有所差异（陈恩凤 等，1994），通常使用平均重量直径（MWD）作为土壤团聚体质量状况综合评价的一个重要指标，其值越大体现土壤的团聚程度越高，抵抗侵蚀的能力就越强（李霄云 等，2011）。通过模型（1）计算，得出 CK、CK＋CS、MS、MS＋CS、OM、OM＋CS 在不同培养时期棕壤水稳性团聚体的平均重量直径值，计算结果图 4-2 所示。

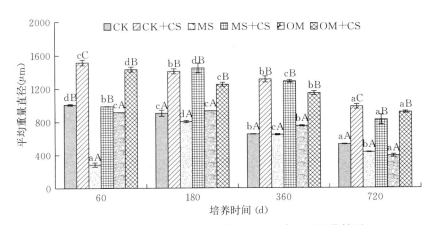

图 4-2 各处理水稳性团聚体平均重量直径的变化情况

注：CK 代表不施肥土，MS 代表母质土，OM 代表施有机肥土，CS 代表添加秸秆。图中小写字母表示同处理不同时期间差异显著；大写字母表示同时期不同处理间差异显著（$P<0.05$）。

从图 4-2 中可以看出，在培养第 60 天、第 180 天、第 360 天、第 720 天，CK＋CS 的平均重量直径分别为 1 516.7 μm、1 409.3 μm、1 311.6 μm、984.5 μm，均显著高于 CK（$P<0.05$）；MS＋CS 的平均重量直径分别为 989.2 μm、1 448.1 μm、1 287.5 μm、825.8 μm，均显著高于 MS（$P<0.05$）；OM＋CS 的平均重量直径分别为 1 433.1 μm、

1 249.5 μm、1 146.1 μm、917.4 μm，说明添加玉米秸秆以后棕壤的团聚程度显著提高，使得其一定程度上抗侵蚀能力要远远高于未添加玉米秸秆的棕壤。无论是不施肥土还是母质土或施有机肥土，各个处理平均重量直径值随培养时间的变化情况与其相应 q 值变化情况基本一致。在培养 60～720 d 期间，CK 和 CK＋CS 的 MWD 值随着培养时间的延长均始终表现出明显下降的趋势（$P<0.05$），平均重量直径大小依次为 60 d＞180 d＞360 d＞720 d，说明 CK 和 CK＋CS 的水稳性团聚体的团聚程度均在降低。MS 和 MS＋CS 的平均重量直径值均表现为在培养 180 d 以前呈现上升趋势，培养 180 d 以后才呈现降低趋势（$P<0.05$），说明 MS 和 MS＋CS 水稳性团聚体的团聚程度先提高后再降低。OM 和 OM＋CS 的平均重量直径值随培养时间的变化趋势与 CK 和 CK＋CS 的变化基本一致，但是整体看来，OM＋CS 的平均重量直径值并不是最高的，仍然是处于一个中间的位置，在 CK＋CS 与 MS＋CS 之间。

三、棕壤水稳性团聚体 $\delta^{13}C$ 值的动态变化

由于 CK、MS 和 OM 中＞2 000 μm 团聚体很少，其有机碳含量及 $\delta^{13}C$ 值不足以进行测定，故这里对这一级别团聚体不予以分析与讨论。

CK 的天然 $\delta^{13}C$ 值范围为 -20.12‰～-16.33‰，MS 的天然 $\delta^{13}C$ 值范围为 -23.47‰～-21.75‰，OM 的天然 $\delta^{13}C$ 值范围为 -18.92‰～-17.91‰，说明与母质土相比，棕壤表层土各级别团聚体天然 $\delta^{13}C$ 值较高，原因在于每年表层土壤中都残留有大量的玉米植物根系，已有相关研究表明 C_4 途径植物的天然稳定同位素 $\delta^{13}C$ 值范围处于 -19‰～-9‰，其中玉米（C_4 植物）光合作用产物的 $\delta^{13}C$ 值大概在 -13‰左右（于贵瑞 等，2005；薛菁芳 等，2006）。培养 60～720 d 期间，CK、MS 和 OM 各级别水稳性团聚体的 $\delta^{13}C$ 值变化不大，CK＋CS、MS＋CS 和 OM＋CS 各级别水稳性团聚体的 $\delta^{13}C$ 值发生了很大变化，这表明进入土壤团聚体中的新有机碳（秸秆源碳）周转较快，而土壤中原来存在的有机碳周转稍慢。王金达 等（2005）通过室内短期培养试验，利用稳定同位素 ^{13}C 标记示踪法研究小麦秸秆在黑土中发生分解时，发现黑土添加有机物料以后，有机碳的含量显著增加，新进入土壤中的有机碳比土壤中原来存在的有机碳转化要快许多。

添加玉米秸秆的棕壤不施肥土，培养期间 250～2 000 μm 团聚体 $\delta^{13}C$ 值呈现出下降的趋势，53～250 μm 与＜53 μm 团聚体 $\delta^{13}C$ 值整体呈现出上升的趋势，其中培养 720 d 时＜53 μm 团聚体 $\delta^{13}C$ 值略有降低。这大概是因为随着培养时间的不断延长，玉米秸秆在大级别团聚体中的腐解剩余量渐渐变少，含有丰富 ^{13}C 的有机物质不断被分解，从而使 250～2 000 μm 团聚体 $\delta^{13}C$ 值降低，而含有 ^{13}C 的有机物不断聚集于小级别团聚体中，使得 53～250 μm 与＜53 μm 团聚体有机碳 $\delta^{13}C$ 值上升。Angers 等（1997）研究了自然条件下标记 ^{13}C 的小麦秸秆在土壤中腐解时碳在土壤结构中的去向，结果也表明在腐解开始阶段 ^{13}C 在大团聚体中积累，但是随后阶段聚集在大团聚体中 ^{13}C 逐渐减少，固定于微团聚体中 ^{13}C 增加，大团聚体内有机碳被再次转移到微团聚体中。添加玉米秸秆的棕壤母质土（MS＋CS）仅从培养 180 d 才开始出现此现象，在时间上晚于不施肥土大概 120 d 左右，这与大小级别团聚体比值、平均重量直径在时间上的变化呈现出类似的规律。添加玉米秸

秆的棕壤施有机肥土（OM+CS）在 180 d 前，$53\sim250\,\mu m$ 与 $<53\,\mu m$ 团聚体 $\delta^{13}C$ 值也表现出类似于 MS+CS 降低的现象，从 20‰左右降到 10‰左右。当玉米秸秆进入土壤以后，在土壤微生物的作用下不断被分解，被释放出来的 C、N 等营养成分又成为微生物食物的主要来源，这在一定程度上为土壤团聚体内外微生物提供了大量的能量，刺激了其活性，加剧了新有机碳的矿化。微团聚体在凝聚形成大团聚体的阶段中，微团聚体 $\delta^{13}C$ 值在降低，这也进一步证明了有机碳与土壤团聚体的形成和稳定存在紧密而不可分割的联系。

四、玉米秸秆添加对棕壤水稳性团聚体结合碳含量的影响

1. 玉米秸秆添加对棕壤各级水稳性团聚体有机碳总量的影响

棕壤不施肥土处理（CK 和 CK+CS）、母质土处理（MS 和 MS+CS）和施有机肥土处理（OM 和 OM+CS）各级水稳性团聚体有机碳总量的变化情况如表 4-5（不施肥土）、表 4-6（母质土）、表 4-7（施有机肥土）所示。

从表 4-5 中可以看出，未添加玉米秸秆的不施肥土（CK）有机碳主要集中分布在 $250\sim2\,000\,\mu m$ 与 $<53\,\mu m$ 级别团聚体中（$P<0.05$）。$53\sim250\,\mu m$ 团聚体有机碳总量最低，培养 60 d 时显著低于 $250\sim2\,000\,\mu m$ 级别，而与 $<53\,\mu m$ 级别差异不显著（$P<0.05$）；培养 180 d、360 d 时均显著低于 $<53\,\mu m$ 级别（$P<0.05$）；培养 720 d 时仍显著低于 $250\sim2\,000\,\mu m$ 级别，与 $<53\,\mu m$ 级别差异不显著（$P<0.05$）。添加玉米秸秆的不施肥土（CK+CS）各级别团聚体有机碳含量均显著高于未添加玉米秸秆的不施肥土（CK）（$P<0.05$）。CK+CS 不同级别团聚体有机碳总量存在显著差异（$P<0.05$），且团聚体级别越大，其有机碳含量越高。随着培养时间的延长，由于 CK+CS 大团聚体中新鲜的有机碳不稳定，更容易被微生物所分解，$>2\,000\,\mu m$ 与 $250\sim2\,000\,\mu m$ 团聚体有机碳总量均在减少，而 $53\sim250\,\mu m$ 与 $<53\,\mu m$ 团聚体有机碳总量整体呈现出增加的趋势。这可能是因为不同级别团聚体中有机碳的物理保护作用不同，致使碳的分解矿化速率不同，也可能是大级别团聚体破碎使得其中有机碳发生了物理性迁移的结果。

表 4-5　不施肥土不同时期团聚体有机碳总量

培养时间 (d)	处理	有机碳含量（g/kg）			
		$>2\,000\,\mu m$	$250\sim2\,000\,\mu m$	$53\sim250\,\mu m$	$<53\,\mu m$
60	CK	—	9.82 bA	8.37 aA	8.51 aA
	CK+CS	18.45 cB	16.18 bB	10.63 aB	10.50 aB
180	CK	—	8.52 aA	8.20 aA	9.10 bA
	CK+CS	15.76 bB	14.94 bB	11.45 aB	10.60 aB
360	CK	—	10.88 cA	8.19 aA	8.89 bA
	CK+CS	14.76 bB	13.81 bB	11.84 bB	10.69 aB
720	CK	—	12.13 bA	7.97 aA	8.45 aA
	CK+CS	13.72 cB	13.10 cB	10.73 bB	9.86 aB

注：CK 代表不施肥土，CS 代表添加秸秆。表中小写字母表示同处理不同级别间差异显著；大写字母表示同级别不同处理间差异显著（$P<0.05$）。

从表 4-6 中可以看出，未添加玉米秸秆的母质土（MS）有机碳也主要集中分布在 250~2 000 μm 与<53 μm 级别团聚体中（$P<0.05$）。53~250 μm 团聚体有机碳含量最低，培养 60 d 时显著低于 250~2 000 μm 级别，与<53 μm 级别差异不显著（$P<0.05$）；培养 180 d、720 d 时均显著低于 250~2 000 μm 与<53 μm 级别（$P<0.05$）；培养 360 d 时，与 250~2 000 μm 与<53 μm 级别差异均不显著（$P<0.05$）。添加玉米秸秆的母质土（MS+CS）各级别团聚体有机碳含量也均显著高于未添加玉米秸秆的母质土（MS）（$P<0.05$）。MS+CS 不同级别团聚体有机碳含量存在显著差异（$P<0.05$），且整体上团聚体级别越大，其有机碳含量越高。然而，MS+CS 各个级别团聚体有机碳含量随培养时间的变化趋势不完全相同于 CK+CS，表现为 53~250 μm 和<53 μm 这两个级别团聚体有机碳含量也均呈现减少的趋势，比较 MS 和 CK 两个处理发现 MS 本身 53~250 μm 和<53 μm 这两个级别团聚体有机碳含量呈减少趋势，这是由于母质土不同于表层土壤本身性质所决定的。

表 4-6　母质土不同时期团聚体有机碳总量

培养时间 (d)	处理	有机碳含量（g/kg）			
		>2 000 μm	250~2 000 μm	53~250 μm	<53 μm
60	MS	—	6.03 bA	4.15 aA	4.21 aA
	MS+CS	18.90 dB	15.72 cB	8.14 bB	6.62 aB
180	MS	—	4.19 bA	3.90 aA	4.18 bA
	MS+CS	12.64 cB	10.70 bB	6.26 aB	6.12 aB
360	MS	—	4.60 aA	4.10 aA	4.06 aA
	MS+CS	11.01 dB	9.75 cB	6.93 bB	6.25 aB
720	MS	—	4.36 cA	3.66 aA	3.96 bA
	MS+CS	8.91 bB	9.73 bB	6.48 aB	6.06 aB

注：MS 代表母质土，CS 代表添加秸秆。表中小写字母表示同处理不同级别间差异显著；大写字母表示同级别不同处理间差异显著（$P<0.05$）。

从表 4-7 中可以看出，未添加玉米秸秆的施有机肥土（OM）有机碳总体上主要集中分布在 250~2 000 μm 与 53~250 μm 级别团聚体中（$P<0.05$）。<53 μm 团聚体有机碳含量培养 60 d、180 d、360 d、720 d 时显著低于 250~2 000 μm 级别（$P<0.05$）。添加玉米秸秆的施有机肥土（OM+CS）各级别团聚体有机碳含量也均显著高于未添加玉米秸秆的施有机肥土（OM）（$P<0.05$）。OM+CS 不同级别团聚体有机碳含量存在显著差异（$P<0.05$），依然是团聚体级别越大，其有机碳含量越高。然而，OM+CS 各个级别团聚体有机碳含量随培养时间的变化趋势表现为大团聚体有机碳整体呈减少的趋势，微团聚体中变化不大，这可能是因为培养的砂率管受有机肥小区中环境的影响所致。

表4-7　施有机肥土不同时期团聚体有机碳总量

培养时间 (d)	处理	有机碳含量 (g/kg)			
		>2 000 μm	250~2 000 μm	53~250 μm	<53 μm
60	OM	—	11.68 bA	8.82 aA	9.21 aA
	OM+CS	21.42 cB	18.94 bB	11.95 aB	11.66 aB
180	OM	—	11.02 bA	8.53 aA	8.78 aA
	OM+CS	18.70 cB	16.24 bB	9.74 aB	10.06 aB
360	OM	—	12.28 cA	9.64 bA	8.15 aA
	OM+CS	18.71 dB	16.03 cB	11.38 bB	11.12 aB
720	OM	—	13.88 cA	9.22 bA	7.80 aA
	OM+CS	17.31 bB	16.99 bB	10.54 aB	10.25 aB

注：OM代表施有机肥土，CS代表添加秸秆。表中小写字母表示同处理不同级别间差异显著；大写字母表示同级别不同处理间差异显著（$P<0.05$）。

2. 玉米秸秆源有机碳在棕壤各级水稳性团聚体中的分布情况

土壤团聚体的形成和稳定与有机碳之间存在着千丝万缕的联系。准确了解有机碳在土壤团聚体中的分配及再分配，尤其是新有机碳的分配及再分配，不仅有利于调控管理土壤有机碳库，而且对定向培育土壤地力也具有极其显著的意义。

玉米秸秆的添加能够对土壤原有机碳的矿化分解产生"激发作用"，从而将会改变原来存在于土壤中的有机碳的分解与矿化，因而采用传统的试验处理差减空白对照的计算方法不能准确获得土壤固定的秸秆源有机碳（简称"新有机碳"）含量。因此，本文采用第四章第一节公式（4）来估算棕壤各级别团聚体固定的新有机碳含量（>2 000 μm级别除外，因为CK、MS处理中这一级别团聚体有机碳未进行测定），结果如表4-8所示。

表4-8　团聚体中新有机碳的分布

培养时间 (d)	处理	有机碳含量 (g/kg)		
		250~2 000 μm	53~250 μm	<53 μm
60	CK+CS	6.28 b	2.17 a	2.00 a
180		5.51 b	3.44 a	2.65 a
360		4.06 c	3.57 b	3.00 a
720		4.12 c	3.33 b	2.26 a
60	MS+CS	12.04 c	4.44 b	2.55 a
180		6.87 c	2.58 b	2.07 a
360		5.90 c	3.10 b	2.28 a
720		4.66 b	3.06 a	2.41 a
60	OM+CS	7.99 b	3.11 a	2.71 a
180		5.05 b	1.78 a	1.86 a
360		4.22 b	2.82 a	2.68 a
720		5.92 b	2.92 a	2.35 a

注：CK代表不施肥土，MS代表母质土，OM代表施有机肥土，CS代表添加秸秆。表中小写字母表示不同级别间的差异显著（$P<0.05$）。

从表 4-8 中可以看出，各处理中新有机碳主要被固定于 $250\sim2\,000\,\mu m$ 团聚体中，其含量显著高于 $53\sim250\,\mu m$ 与 $<53\,\mu m$ 级别团聚体（$P<0.05$），$<53\,\mu m$ 团聚体中固定的最少。随着培养时间的延长，$250\sim2\,000\,\mu m$ 团聚体新有机碳含量整体逐渐降低，然而，不施肥土（CK+CS）$53\sim250\,\mu m$ 与 $<53\,\mu m$ 团聚体固定的新有机碳含量均表现出升高趋势，母质土（MS+CS）$53\sim250\,\mu m$ 与 $<53\,\mu m$ 团聚体固定的新有机碳含量变化均不明显，施有机肥土（OM+CS）$53\sim250\,\mu m$ 与 $<53\,\mu m$ 团聚体固定的新有机碳含量整体表现为先降低后有所升高。由此，可以判断出玉米秸秆进入土壤以后通过物理、化学、生物等分解作用使得秸秆源有机碳首先进入大级别团聚体中，而后才进入小级别团聚体中。可以看出在培养 60 d 时，棕壤母质土中固定的新有机碳总含量高于表层土中固定的新有机碳，说明培养初期玉米秸秆在母质土中腐解缓慢，残留剩余较多。

五、棕壤全土有机碳与团聚体结合碳的相关分析

为了进一步明确土壤总有机碳与团聚体有机碳之间的联系，本文对测定的 $250\sim2\,000\,\mu m$、$53\sim250\,\mu m$、$<53\,\mu m$ 水稳性团聚体有机碳含量与土壤总有机碳含量进行了回归分析（$n=24$），结果如图 4-3 所示。从图 4-3 中可以看出，回归方程依次为 $y=0.879\,9x+1.780\,6$（$R^2=0.969\,4^*$）、$y=0.359\,8x+5.326\,8$（$R^2=0.507\,6^*$）、$y=0.274\,9x+6.235\,6$（$R^2=0.615\,2^*$），各级别团聚体有机碳含量与土壤总有机碳含量符合 $Y=AX+B$ 的线性关系，且均呈现出显著的正相关关系（$P<0.05$），说明土壤总有机碳的累积能够显著促进各级别团聚体有机碳的增加。回归系数 A 的大小顺序依次是：$A_{250\sim2\,000\,\mu m}$（0.879\,9）$>A_{53\sim250\,\mu m}$（0.359\,8）$>A_{<53\,\mu m}$（0.274\,9），这说明与微团聚体相比，大团聚体有机碳的增加受到土壤总

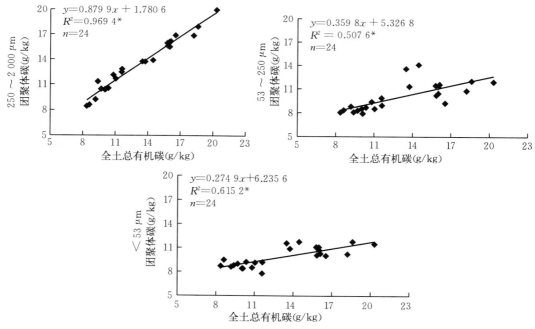

图 4-3　全土有机碳与团聚体有机碳的关系

有机碳的影响更大。从判定系数 R^2 值的大小可以看出，$250\sim2\,000\,\mu m$ 团聚体有机碳与总有机碳的直线回归优度要好于 $53\sim250\,\mu m$ 和 $<53\,\mu m$ 团聚体，说明土壤总有机碳的累积将会首先提高较大级别团聚体中有机碳的含量。

六、水稳性团聚体中有机碳的平均驻留时间

土壤团聚体对有机碳的保护机制因级别大小不同而有差异，表现在有机碳的平均驻留时间（MRT）上有所差异，明确有机碳平均驻留时间的长短有利于进一步理解土壤生态系统中碳的更新与循环，分析结果如图 4-4 所示。从图 4-4 中明显看出，在 CK+CS、MS+CS 和 OM+CS 这三个处理上均表现为平均驻留时间随着团聚体级别的降低而升高，随着培养时间的延长而升高，这说明有机碳在小级别团聚体中存留要长于大级别团聚体，与大级别团聚体相比，小级别团聚体对有机碳的固定保护能力更强。然而从整体上看来，在这三个处理中，MS+CS 的各级别团聚体的平均驻留时间均普遍低于 CK+CS 与 OM+CS 处理，CK+CS 与 OM+CS 处理平均驻留时间几乎持平，差异不明显，这也恰恰说明了初始碳较低的母质土对有机碳的固定保护能力较差。

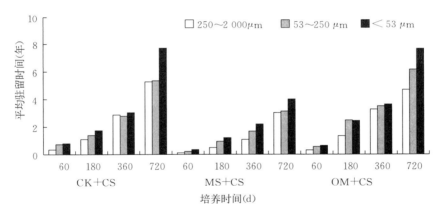

图 4-4　各时期团聚体有机碳平均驻留时间的变化情况

注：CK 代表不施肥土，MS 代表母质土，OM 代表施有机肥土，CS 代表添加秸秆。

综上，本节可得出以下结论：①玉米秸秆添加到棕壤以后，不仅显著促进了棕壤 $>2\,000\,\mu m$ 水稳性团聚体的形成，而且显著提高了团聚体的平均重量直径，土壤结构明显得到改善。各级别水稳性团聚体结合有机碳也均显著提高，且团聚体级别越大，固定的新有机碳越多。②棕壤各级别团聚体总是处于不断的动态变化之中，在没有玉米秸秆再次加入的条件下，棕壤的团聚能力随培养时间的延长逐渐减弱，水稳性大团聚体更容易破碎，转变成微团聚体，平均重量直径呈现出下降趋势。各级别团聚体结合有机碳也明显发生了变化，大团聚体结合总碳、新碳含量均呈现下降趋势，微团聚体结合总碳、新碳含量均呈现上升趋势。③未添加玉米秸秆棕壤 $\delta^{13}C$ 值变化幅度不大，而添加玉米秸秆棕壤 $\delta^{13}C$ 值变化幅度较大，说明土壤原来存在的有机碳周转较慢，土壤中新有机碳周转较快。④棕壤团聚体结合碳的平均驻留时间随着团聚体级别减小而升高，说明新有机碳存在于微团聚体中平均周转周期较长、周转速率较慢、稳定性更高。

第二节　玉米秸秆碳在不同施肥黑土团聚体中的分配

一、材料与方法

1. 供试土壤

本试验供试土壤来自中国吉林公主岭黑土长期定位施肥田间试验站（124°48′E，43°30′N）。该试验站年均降雨量为 550 mm，年均温为 4.5 ℃，土壤为黑土（Luvic Phaeozem，FAO）。长期定位施肥试验始于 1980 年，包括 24 种施肥处理，处理为随机区组设计。每一个施肥处理为长 20 m×宽 5 m。本试验选取了其中 3 种施肥处理：①CK，对照处理；②NPK，化肥施肥处理；③NPKM，有机肥化肥配施。氮肥为尿素（N，每年 150 kg/hm²），磷肥为重过磷酸钙（P_2O_5，每年 75 kg/hm²），钾肥为硫酸钾（K_2O，每年 75 kg/hm²）。有机肥有牛粪，其化学性质为总有机碳为 145 g/kg、全氮为 4.3 g/kg、P_2O_5 为 2.5 g/kg、K_2O 为 1.4 g/kg，并且各个小区的化肥施用量相同，有机肥的年施用量为 3 000 kg/hm²。表 4-9 为土壤的基本性质。试验样地在每年收获后通过铧式犁耕翻 10 cm 进行传统耕作。农作物为玉米（Zea mays L.）。试验样地在进行长期定位试验之前精耕细作了至少 50 年，在试验开始初期，试验样地在未施肥的条件下种植了 3 年玉米。在试验开始时，土壤有机碳和全氮在各个小区之间差异不显著，初始土壤的有机碳含量为 20.19 g/kg。

表 4-9　供试土壤的基本理化性质

施肥处理	有机碳（g/kg）	全氮（g/kg）	$\delta^{13}C$ 值（‰）	碳氮比	pH（H_2O）	全磷（g/kg）	有效磷（mg/kg）	全钾（g/kg）	有效钾（mg/kg）	田间持水量（%）
CK	18.24	1.62	−18.58	11.26	7.82	0.42	16.58	27.76	382.20	26.81
NPK	19.06	1.84	−18.96	10.36	7.62	0.57	20.23	25.04	409.60	37.65
NPKM	26.24	2.62	−19.69	10.02	7.58	0.95	191.36	28.80	649.40	33.78

注：CK、NPK 和 NPKM 代表不施肥、单施化肥和有机肥化肥配施处理。

在 2015 年 4 月播种之前，分别在不施肥、施化肥、有机肥化肥配施处理中采集了 0～20 cm 的土壤（表 4-9）。每个施肥处理采用随机采样的方式，用土钻在每个小区采集了多个土壤样品。土壤样品在潮湿状态下分成小块，风干后过 2 mm 筛用于后续培养。

2. 试验设计

培养试验包括添加¹³C 及¹⁵N 标记秸秆处理和不添加秸秆对照处理，每种处理都有 3 个重复。¹³C 标记秸秆（全碳：426 g/kg；全氮：15.4 g/kg；$\delta^{13}C_{秸秆}$：578.22‰）采用脉冲标记的方法进行了 6 次标记，具体的操作步骤参考（An et al.，2015），并在玉米成熟时采集了叶及茎。标记¹⁵N 从玉米进入拔节期开始，将丰度为 98% 的（¹⁵NH₄）₂SO₄ 溶液（0.2 mol/L）分 2 次注入根部。在 105 ℃条件下将收获后的玉米秸秆杀青 30 min，然后在 60 ℃下烘 8 h 并过 0.425 mm 筛。100 g 风干土首先湿润到土壤含水量为 7%，在（25±1）℃温度条件下预培养 7 d 以激活微生物活性，然后混入 1 g 的¹³C 及¹⁵N 标记的玉米秸秆，并在 250 mL 的塑料瓶中培养并保持土壤含水量为田间持水量的 60%。用封口膜封口并扎眼保证空气流通并减少水分损失。在培养过程中隔几天通过重量测定保证含水量。在培养过程中分别在第 45 天、第 90 天、第 135 天、第 180 天及第 360 天进行破坏性取样，每个处理有共 30 个样品。

3. 测定方法

土壤团聚体分级根据 Elliott（1986）的方法用土壤团聚体分级仪器分级（Model SAA 8052，上海）。本试验分大团聚体和微团聚体两个粒级。具体步骤为：50 g 土壤放在一套筛子上，并在去离子水中浸 5 min（20 ℃±1 ℃），套筛以每分钟 30 次、每次上下浮动 3 cm 的速度振动 30 min，在团聚体分级过程中将漂浮的未分解的秸秆清除。分级后的大团聚体和微团聚体均烘干称重。一部分土壤研磨过筛用来测量土壤有机碳、全氮含量和 δ^{13}C 值、δ^{15}N 值。

团聚体中全碳及 δ^{13}C 值通过元素分析-同位素比例质谱联用仪（EA-IRMS）测定（详见第三章第一节）。土壤样品通过熏蒸的方法检测土壤中没有无机碳，所以测定的全碳和土壤有机碳相等，δ^{13}C 值的计算是通过和 PDB 相比的相对值（Coplen，2011b）：

$$\delta^{13}\text{C} = \left[\frac{\left(\frac{^{13}\text{C}}{^{12}\text{C}}\right)_{\text{sample}}}{\left(\frac{^{13}\text{C}}{^{12}\text{C}}\right)_{\text{PDB}}} - 1 \right] \times 1\,000$$

其中相对于 PDB 的 $^{13}\text{C}/^{12}\text{C}$ 的比值是 0.011 180 2（Werner and Brand，2001）。

来自秸秆碳的比例（f_c）根据（Troyer et al.，2011）的公式计算：

$$f_c = (\delta^{13}\text{C}_{\text{sample}} - \delta^{13}\text{C}_{\text{soil}}) / (\delta^{13}\text{C}_{\text{straw}} - \delta^{13}\text{C}_{\text{soil}})$$

其中 $\delta^{13}\text{C}_{\text{sample}}$ 和 $\delta^{13}\text{C}_{\text{soil}}$ 分别是加标记秸秆和不加标记秸秆土壤的 δ^{13}C。

秸秆碳的含量根据以下公式计算（Blaud et al.，2012；Robinson，2001）：

$$^{13}\text{C}_{\text{straw}} = C_{\text{total}} \times f_c$$

其中 C_{total} 代表各级团聚体中的有机碳含量。

秸秆碳的残留比例为固存到土壤团聚体中的碳和加入的秸秆的碳的比值。

4. 数据处理与分析

本研究统计软件为 SPSS 20.0。对试验结果进行方差分析，不同处理间的差异显著性水平采用 Duncan 法进行多重比较，显著水平为 $P < 0.05$。秸秆碳在不同的施肥条件下随时间在团聚体中的分配通过非线性回归进行拟合（$y = ax^2 + bx + c$）。差异显著性水平为 $P < 0.001$、$P < 0.01$ 及 $P < 0.05$。

二、土壤团聚体的重量和团聚体结合态碳的变化

添加外源秸秆碳显著影响团聚体的重量分配，在整个培养过程中，所有施肥处理的大团聚体的重量变化呈现出先升高后降低的趋势，而微团聚体呈现出先降低后升高的趋势（图 4-5）。在培养开始时（第 0 天），对于所有施肥处理，有超过 58% 的团聚体以大团聚体形式存在，各处理微团聚体的重量百分比为不施肥处理（43.33%）＞单施化肥处理（35.00%）＞有机肥化肥配施处理（23.19%）。在培养结束时，各个处理的大团聚体的重量比例均显著增加（$P < 0.05$），相反，微团聚体的重量比例有所下降。在培养 45 d 以后，

有机肥化肥配施处理微团聚体重量比例的下降幅度要低于不施肥和单施化肥处理（有机肥化肥配施：51.93%±1.4%；不施肥：77.92%±1.73%；单施化肥：88.38%±0.35%）。在整个培养过程中，有机肥配施化肥处理的微团聚体重量要显著（$P<0.05$）高于不施肥及单施化肥处理。

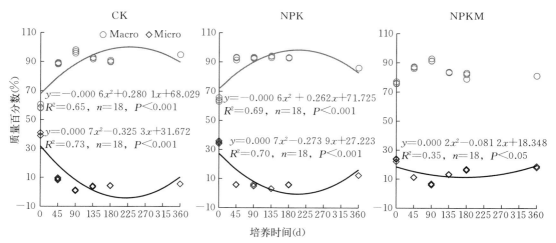

图 4-5　在不同施肥条件土壤团聚体重量变化

注：Macro 代表的是大团聚体，Micro 代表的是微团聚体；CK、NPK 和 NPKM 代表的是不施肥、单施化肥、有机肥化肥配施。

　　在整个培养过程中，有机肥配施化肥处理（NPKM）的团聚体的有机碳含量均高于不施肥和单施化肥处理，对于所有施肥处理，从培养开始到培养结束所有团聚体的有机碳含量没有显著变化（图 4-6）。大团聚体的有机碳含量呈现先增加后降低的趋势，而微团聚体呈现相反趋势，这种趋势对于不施肥和单施化肥处理更加显著。

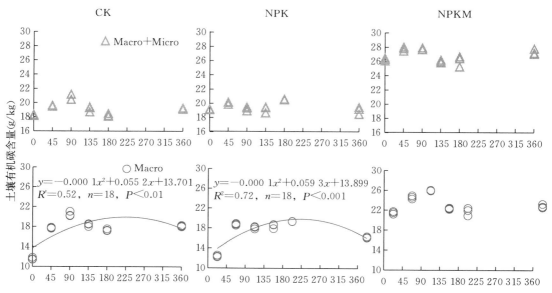

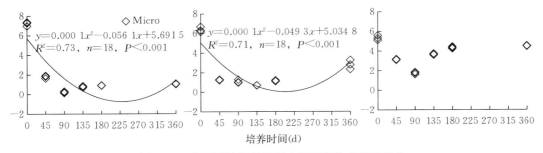

图 4-6　在不同施肥条件下土壤团聚体有机碳变化

注：Macro 代表的是大团聚体，Micro 代表的是微团聚体；CK、NPK 和 NPKM 代表的是不施肥、单施化肥，有机肥化肥配施。

三、秸秆碳在不同团聚体中随时间的转化规律

在大团聚体中，不施肥、单施化肥和有机肥化肥配施处理分别在第 90 天（C，1.86 g/kg）、第 135 天（C，1.29 g/kg）和第 180 天（C，1.23 g/kg）达到最大值，而对于微团聚体，不施肥、单施化肥和有机肥化肥配施处理分别在第 135 天（C，1.28 g/kg）、第 45 天（C，1.84 g/kg）和第 135 天（C，1.58 g/kg）达到最大值（图 4-7）。在整个培

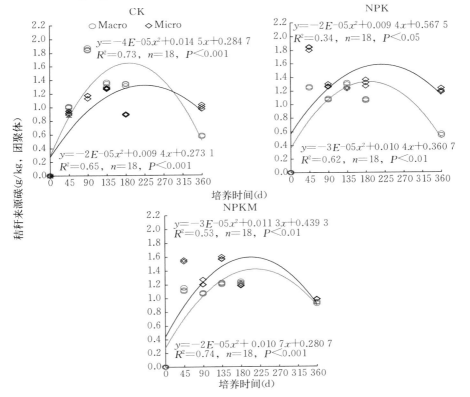

图 4-7　在不同施肥条件下秸秆来源碳的变化

注：Macro 代表的是大团聚体，Micro 代表的是微团聚体；CK、NPK 和 NPKM 代表的是不施肥、单施化肥和有机肥化肥配施。

养过程中，和不施肥相比，单施化肥和有机肥化肥配施处理有更多的秸秆碳固定到微团聚体中。在培养结束时，在大团聚体中秸秆碳的含量表现为有机肥化肥配施＞不施肥＞单施化肥，在微团聚体中表现为单施化肥＞有机肥化肥配施＞不施肥。

四、在不同施肥处理土壤中秸秆碳残留率的变化

在整个培养过程中三种施肥处理在各个采样时间的秸秆的残留率为 14.18％～42.53％，并且在整个培养过程中，有 70％以上的秸秆都残留在大团聚体中（表 4-10，图 4-8）。在整个培养过程中，有机肥化肥配施处理比单施化肥和不施肥处理固存了更多的秸秆碳到微团聚体中。在培养第 45 天，三种施肥处理有 22.93％～30.99％的秸秆固存到所有团聚体中，顺序是单施化肥＞有机肥化肥配施＞不施肥（表 4-10）；单施化肥处理固存了更多的秸秆碳到大团聚体中，但是在微团聚体中，和对照（1.91％）及单施化肥（2.50％）相比，有机肥配施化肥处理固存了更多的秸秆碳（4.02％）（$P<0.05$）。在培养 360 d 后，和单施化肥和不施肥相比，有机肥化肥配施处理分别在大团聚体中（17.66％）及微团聚体中（4.18％）固存了更多的秸秆碳。

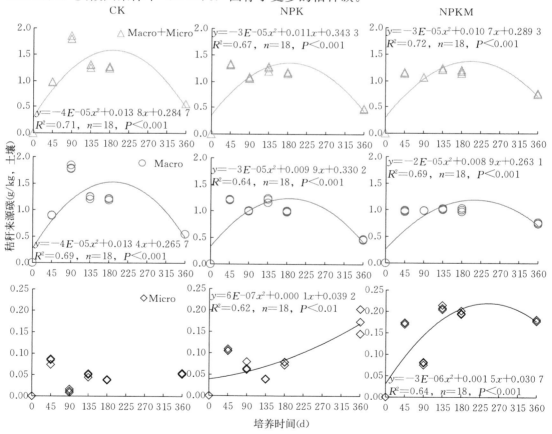

图 4-8　在不同施肥条件下秸秆来源碳的变化

注：Macro 代表的是大团聚体，Micro 代表的是微团聚体；CK、NPK 和 NPKM 代表的是不施肥、单施化肥和有机肥化肥配施。

表4-10 秸秆碳在不同团聚体中的残留率（%）

施肥处理	团聚体	第45天	第90天	第135天	第180天	第360天
CK	大+微	22.93±0.28 Cb	42.53±0.54 Ac	30.16±0.77 Aa	29.12±0.44 Aa	14.18±0.03 Cd
	大团聚体	21.02±0.14 Cc	42.25±0.60 Aa	29.01±0.67 Ab	28.22±0.42 Ab	12.93±0.01 Bd
	微团聚体	1.91±0.16 Ca	0.29±0.09 Bd	1.14±0.10 Bb	0.90±0.02 Cc	1.25±0.04 Bb
NPK	大+微	30.99±0.32 Aa	25.11±0.34 Bc	29.23±1.06 Ab	25.09±0.31 Bc	15.12±0.66 Bd
	大团聚体	28.49±0.26 Aa	23.51±0.19 Bb	28.30±1.08 Aa	23.29±0.31 Bb	11.05±0.23 Cc
	微团聚体	2.50±0.06 Bb	1.60±0.24 Ac	0.92±0.02 Cd	1.80±0.10 Bc	4.07±0.67 Aa
NPKM	大+微	26.96±0.35 Bb	24.99±0.06 Bc	28.66±0.40 Aa	28.02±0.80 Aa	21.83±0.30 Ad
	大团聚体	22.94±0.38 Bc	23.15±0.04 Bc	23.77±0.29 Bb	23.42±0.78 Ba	17.66±0.32 Ad
	微团聚体	4.02±0.05 Ab	1.84±0.08 Ac	4.89±0.12 Aa	4.60±0.10 Ad	4.18±0.05 Ab

注：CK、NPK和NPKM代表不施肥、单施化肥和有机肥化肥配施处理。不同的大写字母表示在相同大小的团聚体和相同的培养时间内不同施肥处理之间的差异显著（$P<0.05$）；不同的小写字母表示在相同施肥处理和相同大小的团聚体中不同培养时间之间的差异显著（$P<0.05$）。

五、讨论和结论

1. 单施化肥和不施肥处理团聚体对秸秆的添加更加敏感

添加秸秆强烈影响土壤中不同粒级团聚体随时间分配的比例并因不同施肥处理而异（Pei et al.，2015；Li et al.，2019）。对于所有施肥处理来说，添加秸秆后团聚体的重量变化表现出两个不同的阶段：第一阶段是在秸秆施用后大团聚体的快速形成时期，表现为大团聚体显著增加和微团聚体的迅速减少。Condron等（2010）同样发现添加新鲜的植物秸秆能够增加土壤有机碳含量并通过促进微生物来源的结合剂的形成刺激微团聚体形成大团聚体。此外，由真菌菌丝体形成的菌丝网络通过细胞外多糖的产物将土壤颗粒黏合在一起主要形成大团聚体（Tisdall et al.，1997）。添加活性碳增加了快速增长类真菌活性和生长（Chigineva et al.，2009）。因此，在培养初期大团聚体增加可能与添加玉米秸秆后真菌活性增强及其菌丝网络有关。第二阶段，所有处理大团聚体的比例下降，同时微团聚体比例有小幅度的增加。可能的原因是在培养后期大团聚体开始分解并释放微团聚体，部分原因是胶结剂（如土壤有机碳）的减少。这些趋势在不施肥及单施化肥处理中更明显，和有机肥化肥配施处理相比，不施肥和单施化肥有更低的有机碳含量。这些研究结果表明，添加玉米秸秆可以显著改变土壤团聚体结构，并且会因施肥处理不同而不同。

此外，本研究发现三种土壤中大团聚体比例达到最大值的时间不同，表明在不同的施肥条件下土壤团聚体对添加秸秆的响应不同。化肥与有机肥配施处理在整个培养过程中微团聚体的质量比例比单施化肥处理和对照高。和大团聚体相比，微团聚体表现出更好的稳定性，并且能更好地防止微生物分解土壤有机质。表明化肥和有机肥配施处理有更强的固碳潜力，更有利于有机碳的稳定。

在整个培养过程中，添加玉米秸秆对不同施肥处理的土壤有机碳含量影响显著，在整个培养过程中，对于所有团聚体三种处理的有机碳含量并没有显著的差异，然而大团聚体和微团聚体从培养初期到末期，有机碳的含量随着不同的施肥处理有所变化。对于不施肥和单施化肥处理，有机碳在大团聚体中增加，而在微团聚体中从培养开始到结束降低，而这种变化对于有机肥化肥配施处理并不明显。有相对较低有机碳含量的不施肥和单施化肥处理对于秸秆的添加更加敏感。另外，在整个培养过程中，有机肥化肥配施的土壤在微团聚体中的有机碳含量高于单施化肥和不施肥处理，微团聚体结合态碳通过物理保护有利于土壤有机碳的长期稳定和固存（Six et al.，2004；Denef et al.，2007），前人的研究表明，微团聚体结合态碳与大团聚体结合态碳相比表现出较慢的周转率（Balesdent et al.，2000）。Buyanovsky 等（1994）研究表明，微团聚体结合态碳的平均残留时间是在大团聚体中的平均停留时间的 2～8 倍。本研究表明，添加玉米秸秆不仅影响土壤团聚体的结构，而且还影响团聚体结合态碳的含量。

2. 有机肥化肥配施处理团聚体固定秸秆碳较多

在该研究中，^{13}C 标记秸秆在黑土不同团聚体中的动态变化受不同施肥处理的影响很大。玉米秸秆在大团聚体中的分布分别在不施肥（第 90 天）、单施化肥（第 135 天）、有机肥化肥配施处理（第 180 天）达到峰值。这表明不同施肥处理土壤对外源碳的响应不同，这可能与初始土壤有机碳含量密切相关。Majumder 和 Kuzyakov（2010）指出外源碳在团聚体中的富集与土壤有机碳含量有关。Sun 等（2017）研究表明，和表层土壤相比，充足的外源碳可以更快速地赋存在有机质含量低的母质土壤中，这是由于母质碳螯合能力高。因此，本研究中不施肥处理更早地达到最大值，即在培养 90 d 时不施肥处理赋存秸秆碳的量是最高的，这与不施肥土壤的原始碳含量不高有关系。在这种情况下，新加入的外源碳可以用作黏合剂来刺激微团聚体组分以形成大团聚体。同样，Majumder 和 Kuzyakov（2010）发现，在培养一种沙质始成土的早期阶段（100 d 培养试验的第 16 天），和微团聚体相比，更多的植物秸秆^{14}C 赋存在大团聚体中。因此，本研究的结果说明，和有机质含量高的有机肥化肥配施相比，低有机碳含量可以促进更多的秸秆向大团聚体中转化。

此外，随着培养的进行，尤其对于不施肥和单施化肥处理大团聚体玉米秸秆碳减少表明，位于大团聚体中的玉米秸秆碳相对容易分解并矿化释放到大气中或分解释放微团聚体。然而有机肥化肥配施处理秸秆碳在大团聚体中表现得更加稳定。Angers 等（1997）指出，微团聚体在大团聚体内形成，然后在大团聚体分解后从大团聚体向微团聚体分解碳而释放出来。该研究表明长期施肥影响新加入秸秆在土壤中的分布，进而影响加入的新碳的转化和稳定。

本研究发现，长期施肥可以影响玉米秸秆在团聚体中的残留率。具体而言，长期不施肥土壤不利于外源碳的固存，表现为培养结束时外源碳在不施肥处理团聚体中的残留降低。相反，与不施肥（14.18%）和单施化肥（15.12%）相比，在培养结束时有机肥化肥配施（21.83%）处理残留了更多的秸秆碳到所有团聚体中。说明长期施用化肥和有机肥更有利于固定秸秆碳。此外，在培养结束时施用有机肥的土壤在所有团聚体中都残留了最多的秸秆碳。微团聚体中的有机碳稳定性比大团聚体更强，所以更多的外源碳进入微团聚体中有利于有机碳的长期赋存（Six et al.，2000；Majumder and Kuzyakov，2010）。同时，和不施肥及单施化肥相比，有机肥化肥配施处理在培养结束时残留了更多的秸秆碳在大团聚体中，表明长期施用有机肥的土壤有利于外源碳赋存到大团聚体中。

　　值得一提的是，和本研究相比，在其他研究中（Huang et al.，2004；Majumder and Kuzyakov，2010；Li et al.，2019）加入植物秸秆后，植物秸秆的损失很多，这可能是由于激发效应。Majumder 和 Kuzyakov（2010）研究表明，在不同施肥处理的 100 d 培养试验中，50%～70%的植物碳通过土壤呼吸损失。遗憾的是，在当前的研究中没有测量土壤呼吸量，因此无法评估玉米秸秆碳准确的损失量。尽管如此，对于所有施肥处理土壤中玉米秸秆残留最高值到培养结束损失了 6.8%～28%，这个结果表明，在可用碳源限制的情况下，微生物会优先分解土壤中新加入的碳源，这种情况在土壤有机碳最低的不施肥处理中更显著。另外，在整个培养过程中有机肥化肥配施处理的玉米秸秆残留率的峰值（28.66%）小于不施肥（42.53%）和单施化肥（30.99%），表明在土壤有机碳含量较高的土壤中，加入秸秆初期土壤矿化会更明显。植物秸秆由约 25%的可溶性和易分解的化合物组成（Swift et al.，1979）。微生物分解可溶性和易分解的化合物的速率在培养早期最快，尤其是在刚添加植物残渣后的第一个月（Marschner et al.，2011）。不同施肥处理影响微生物群落和活性（Chu et al.，2007；Jangid et al.，2008），这对植物秸秆碳随时间的分解具有重要意义。未来需要进一步研究添加外源玉米秸秆碳在不同团聚体中的微生物活性和群落变化及其矿化速率。该研究表明对于中国东北土壤有机肥和秸秆的添加对于退化土壤的复垦具有重要意义。

　　综上，本节可得出以下结论：①有机肥化肥配施处理土壤可以固定更多的秸秆碳到团聚体中。在培养 360 d 后，有机肥配施化肥处理固存了更多的秸秆碳到各级团聚体中，在整个培养过程中，随着培养的进行，团聚体的重量变化在大团聚体中表现为先增加后降低的趋势，在微团体中呈现相反趋势，这种变化趋势在不施肥处理及单施化肥处理中更显著，说明不同施肥处理对外源碳的添加响应不同，有机肥的施入促进了外源碳在团聚体中的赋存，更有利于黑土土壤碳的固存。②有机肥化肥配施处理土壤比单独施用化肥具有更好的固存玉米秸秆氮的能力。此外，大团聚体固存玉米秸秆氮比微团聚体强。经过 360 d 的培养，和微团聚体相比，大团聚体赋存了更多的秸秆氮，有机肥化肥配施处理也残留了最多的秸秆氮，说明有机肥的施入促进了秸秆氮的残留，更有利于氮在土壤中的固存。

第三节　玉米不同部位秸秆碳在棕壤团聚体中的分配

一、材料与方法

1. 供试材料
供试土壤和有机物料见第三章第二节。

2. 试验设计
试验设计见第三章第二节。

3. 测定方法
采用湿筛法（Chivenge et al.，2011）进行团聚体分级。团聚体样品的有机碳含量及 $\delta^{13}C$ 值的测定参考第三章第一节的方法。

4. 数据处理与分析
数据处理与分析方法见第三章第二节。

二、各级团聚体组成变化

未添加玉米根、茎、叶的低肥土壤在整个培养时期＞2 mm 团聚体所占比例为 0.58%～1.92%，0.25～2 mm 为 35.9%～44.4%，0.053～0.25 mm 为 25.38%～54.71%，＜0.053 mm 为 5.80%～18.48%（数据未列出）。添加玉米根、茎、叶增加了土壤大团聚体（＞0.25 mm）所占比例，而微团聚体（＜0.25 mm）比例却有所减少。低肥土壤添加玉米根、茎、叶后以 0.25～2 mm 团聚体为主，所占比例为 60%～70%；随着培养时间的延长，＞2 mm 团聚体百分含量逐渐增多；培养到一年时，大约增加了 10 倍；培养 180 d 与 360 d 时相比，添加茎的＞2 mm 团聚体百分含量接近相等。添加茎、叶的大团聚体中 0.25～2 mm 团聚体百分含量在两个月前增加，之后开始缓慢减少；添加根、茎、叶的土壤微团聚体随时间变化一直减少，其中＜0.053 mm 微团聚体培养到一年时所占比例很少，仅为 1.98%±0.71%。

未添加根、茎、叶的高肥土壤在整个培养时期＞2 mm 团聚体为 0.86%～5.38%，0.25～2 mm 为 56.37%～66.96%，0.053～0.25 mm 为 19.36%～25.19%，＜0.053 mm 为 3.99%～17.28%（数据未列出）。添加根、茎、叶的高肥土壤团聚体百分含量与低肥土壤趋势一致，主要以 0.25～2 mm 团聚体为主，且＞2 mm 团聚体百分含量随培养时间延长也逐渐增多，0.25～2 mm 团聚体百分含量在培养两个月之前一直在增多，两个月后开始减少；培养到一年时，添加根、叶的团聚体百分含量降低较多，且团聚体的百分含量显著受植物秸秆因素的影响（$P<0.001$）（表 4-11）。微团聚体百分含量在逐渐减少，尤其是＜0.053 mm 减少最多，培养一年时百分含量为 2.08%±0.4%。两种肥力水平，添加根、茎的大团聚体中＞2 mm 的团聚体在高肥土壤中的百分含量比在低肥土壤中高。各级团聚体的百分含量受时间、肥力水平、植物秸秆和团聚体的级别的显著影响（$P<0.001$），添加玉米根、茎、叶的高肥土壤微团聚体（＜0.25 mm）的百分含量比低肥土壤低。

表 4-11　植物秸秆、土壤肥力水平和培养时间对棕壤各级团聚体有机碳含量影响的方差分析

因素	自由度	团聚体百分含量	TOC	$^{13}C-TOC$
时间（T）	5	***	***	***
肥力水平（F）	1	***	***	***
植物秸秆（M）	2	***	**	**
团聚体级别（C）	3	***	***	***
$T\times F$	5	***	***	***
$T\times M$	10	***	**	**
$T\times C$	15	***	***	***
$F\times M$	2	***	**	**
$F\times C$	3	**	***	***
$M\times C$	6	***	**	***
$T\times F\times M$	10	**	*	**

（续）

因素	自由度	团聚体百分含量	TOC	$^{13}C-TOC$
$T\times F\times C$	15	***	**	***
$T\times M\times C$	51	***	**	***
$F\times M\times C$	6	***	**	**
$T\times F\times M\times C$	60	**	*	*

注：*、**和***分别为显著水平 $P<0.05$、$P<0.01$ 和 $P<0.001$。TOC 代表各级团聚体总有机碳含量；$^{13}C-TOC$ 代表来源于根、茎和叶的各级团聚体有机碳含量。

三、各级团聚体有机碳含量的变化

未添加玉米根、茎、叶的土壤，其中低肥土壤在整个培养时期 >2 mm 的团聚体的有机碳含量为 0.08~0.24 g/kg，0.25~2 mm 团聚体为 6.38~4.47 g/kg，0.053~0.25 mm 为 2.96~5.22 g/kg，<0.053 mm 为 1.94~0.47 g/kg；高肥土壤在培养 1~360 d 时 >2 mm 的团聚体的有机碳含量为 0.19~0.92 g/kg，0.25~2 mm 团聚体为 10.91~9.96 g/kg，0.053~0.25 mm 为 2.90~2.79 g/kg，<0.053 mm 为 2.08~0.38 g/kg（数据未列出）。图 4-9 为不同培养时期不同肥力添加玉米根、茎、叶后各级团聚体总有机碳含量的变化。从图中可以看出，与未添加玉米根、茎、叶相比，添加玉米根、茎、叶明显增加了大团聚体（>0.25 mm）的有机碳含量，而微团聚体（<0.25 mm）有机碳含量有所减少（在高肥土壤中 0.053~0.25 mm 团聚体的有机碳含量有所增多），且添加与未添加玉米根、茎、叶的土壤中 0.25~2 mm 团聚体均为优势粒级。两种肥力水平土壤在 >2 mm 团聚体中，低肥土壤培养 180 d 之前，有机碳含量一直在增加，180 d 之后时有机碳含量呈现减少的趋势；而高肥土壤整个培养时期有机碳含量一直在增加。0.25~2 mm 和 <0.053 mm 团聚体的有机碳含量逐渐减少，而 0.053~0.25 mm 团聚体有机碳含量在培养 180 d 之前一直减少，180 d 之后有机碳含量逐渐增多（添加根的两种肥力土壤的团聚体有机碳含量没有升高）。

团聚体有机碳含量受肥力水平和植物秸秆因素影响差异显著（$P<0.001$），两种肥力水平土壤在 >2 mm 团聚体中，添加茎处理的有机碳含量比添加根、叶增加得多；在 0.25~2 mm 团聚体中，低肥土壤有机碳含量添加根和茎的在培养 180 d 之后下降加快，培养结束时与第 1 天相比添加根的团聚体的有机碳含量减少了 1.0 g/kg，添加茎的减少了 1.72 g/kg，而添加叶的到第 360 天时减少了 1.09 g/kg；高肥土壤团聚体有机碳含量添加根和茎的在培养 56 d 之后开始下降较快，培养结束时添加根的有机碳含量减少了 1.40 g/kg，添加茎的减少了 2.84 g/kg，而添加叶的整个培养时期一直减少，培养结束时减少了 3.20 g/kg。在 0.053~0.25 mm 团聚体中两种肥力水平土壤添加叶的团聚体有机碳含量比添加根和茎的高；添加茎、叶的处理中呈现先减少后增加的趋势（除了添加根的处理）。<0.053 mm 团聚体有机碳含量一直呈现减少的趋势，培养结束时，两种肥力水平添加玉米根、茎、叶的团聚体有机碳含量接近相等，均为 0.20 g/kg。

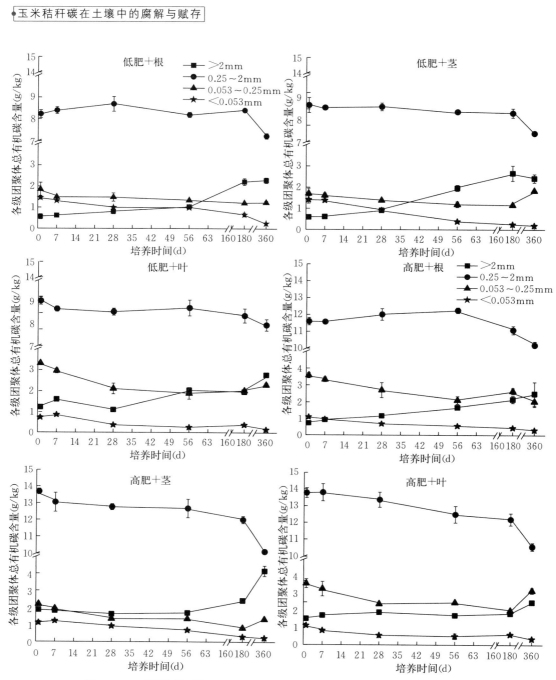

图 4-9　不同培养时期不同肥力土壤各级水稳性团聚体总有机碳含量变化

四、各级团聚体中秸秆碳含量的变化

从图 4-10 可以看出，添加玉米根、茎、叶后，各级团聚体有机碳绝对含量都在增加。由表 4-11 看出，团聚体秸秆碳含量受肥力水平影响差异显著，高肥土壤团聚体秸秆碳含量高于低肥土壤。两种肥力水平土壤>2 mm 团聚体秸秆碳含量随着培养时间变化不

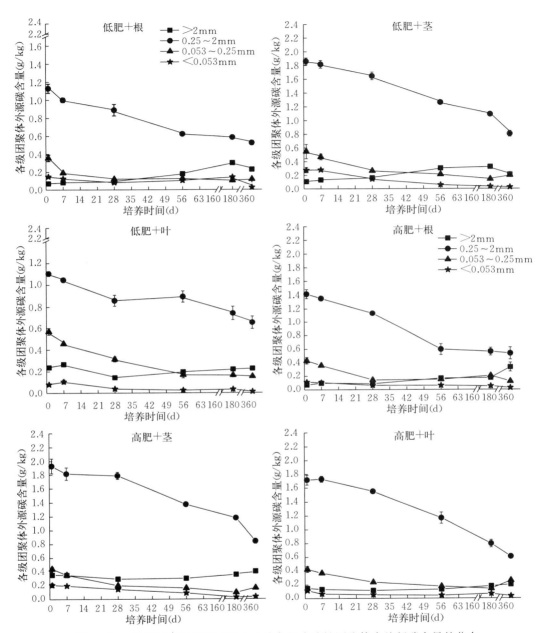

图 4-10　不同培养时期不同肥力土壤各级水稳性团聚体中秸秆碳含量的分布

断增加，培养 180 d 时开始变化平缓并有缓慢减少的趋势（除了添加根的高肥土壤）；0.25~2 mm 和<0.053 mm 团聚体秸秆碳含量随着时间变化逐渐减少；0.053~0.25 mm 团聚体秸秆碳含量呈现出先减少随后变化平缓并有所增加的趋势（除了添加根的低肥土壤）。团聚体秸秆碳含量受四个因素（植物秸秆、时间、肥力水平和团聚体级别）的相互影响（表 4-11），且这四个因素分别对团聚体秸秆碳含量影响差异显著（$P < 0.001$）。团

聚体秸秆碳含量首先富集在 0.25～2 mm 团聚体中，占了团聚体总碳的 58%～70%，随着培养时间的延长，大团聚体中 0.25～2 mm 团聚体有机碳分解较快，有机碳含量下降较大，从培养第 1 天到培养一年时减少了 40%～50%；>2 mm 团聚体秸秆碳含量随时间延长逐渐增加，培养 180 d 后变得缓慢并且呈现出减少的趋势（除了添加根的高肥土壤）；0.053～0.25 mm 团聚体秸秆碳含量整体呈现出先减少随后变缓并开始逐渐增加的趋势（除了添加根的低肥土壤）；<0.053 mm 团聚体秸秆碳含量随时间延长逐渐减少。团聚体秸秆碳含量受肥力水平和植物秸秆因素的影响（$P<0.001$），两种肥力水平土壤，大团聚体中（>0.25 mm）来源于茎的土壤团聚体秸秆碳含量高于来源根、叶的；而 0.25～2 mm 团聚体来源于茎的秸秆碳含量不同肥力差异不大，培养一年后均为 0.81 g/kg。

低肥土壤中，来源玉米根、茎、叶的 >2 mm 团聚体秸秆碳含量培养一年时均为 0.21 g/kg±0.2 g/kg。0.25～2 mm 团聚体秸秆碳含量，来源于茎的比来源于根、叶的多；培养一年后（360 d），来源于根、叶的团聚体秸秆碳含量均为 0.58 g/kg±0.4 g/kg，来源于茎的为 0.81 g/kg。0.053～0.25 mm 团聚体秸秆碳含量随时间延长呈现出先减少，180 d 时开始变化平缓并有增加的趋势；培养一年后，来源于根、叶的团聚体秸秆碳含量为 0.13 g/kg±0.2 g/kg，来源于茎的团聚体秸秆碳含量为 0.20 g/kg。<0.053 mm 团聚体秸秆碳含量随时间延长逐渐减少；培养一年后三种处理团聚体秸秆碳含量均为 0.02 g/kg。

高肥土壤 >2 mm 团聚体中，来源于茎的秸秆碳含量高于来源于根、叶的；随培养时间的增加团聚体秸秆碳含量逐渐增加。0.25～2 mm 团聚体中，来源于茎、叶的秸秆碳含量随时间延长逐渐降低；培养到一年时来源于茎的秸秆碳含量为 0.84 g/kg，来源于叶的为 0.61 g/kg；而来源于根的团聚体秸秆碳含量在培养到两个月时变化平缓，两个月之后为 0.56 g/kg±0.04 g/kg。0.053～0.25 mm 团聚体中，来源于根的团聚体秸秆碳含量随时间延长逐渐减少，而来源于茎、叶的随时间逐渐减少随后开始变平缓并有增加的趋势；培养一年后，来源于叶的团聚体秸秆碳含量为 0.26 g/kg；来源于根、茎的平均值为 0.14 g/kg±0.02 g/kg。<0.053 mm 团聚体秸秆碳含量随时间延长逐渐减少，培养一年后三种处理团聚体秸秆碳含量均为 0.03 g/kg。

五、讨论和结论

1. 玉米不同秸秆碳对土壤团聚体组成的影响

添加玉米根、茎、叶后，团聚体有机碳含量主要富集在大团聚体，增加了大团聚体的含量，减少了微团聚体的含量，说明施用玉米根、茎、叶能使微团聚体团聚成大团聚体，且各级团聚体的含量随粒径的增大而增加。施用有机肥显著提高红壤水稻土中 >2 mm 团聚体质量比（陈晓芬 等，2013）。低肥与高肥土壤相比，高肥土壤增加了大团聚体有机碳含量，本试验高肥土壤常年施用的是猪粪肥。施有机肥能使大团聚体比例增加（关松 等，2010），有机碳含量越高，微生物的活性越高，而且玉米根、茎、叶含有多糖、木质素等物质，容易被微生物分解产生有机酸，从而合成土壤腐殖物质，将土壤颗粒胶结成微团聚体，微团聚体经过长时间的团聚形成大团聚体（关松 等，2010）。叶中含有更多可溶性的物质，易被微生物利用分解，添加叶的处理在初期形成大团聚体之后开始破碎，培养一年时与添加根、茎的相比大团聚体的百分含量也最低。根中含有更多的角质和木质素很难被微生物利用，需要经过长时间的分解转化，而茎中含有更多的纤维素和半纤维素（Clemente et al.，2013），经过一年的培养，添加茎处理的土壤在大团聚体0.25～2 mm 团聚体所占百分含量较多，尤其是在高肥土壤中。仇建飞等（2009）研究结果表明培养一年后，>2 mm 的团聚体随着时间的变化百分含量在逐渐减少。而顾鑫（2013）研究结果表明>2 mm 的团聚体随时间变化在逐渐破碎，是因为该试验在田间进行原位培养，空气、温度和湿度等都会影响团聚体的形成和破碎。本试验经过一年的培养，大团聚体中>2 mm 的团聚体百分含量逐渐增多，没有看到减少的趋势，无论高肥还是低肥土壤（除了添加茎的低肥土壤在培养180～360 d 百分含量几乎没有什么变化），可能是因为添加的外源物质质量较少且在室内进行。微团聚体的百分含量随时间延长急剧减少，尤其是<0.053 mm 团聚体，说明秸秆的添加促进了微团聚体向大团聚体的转化。土壤团聚体的形成过程十分复杂，多级团聚理论指出，在土壤团聚体形成过程中，既存在大团聚体的破碎又存在小团聚体的聚合，二者总是处于动态变化之中（杨如萍 等，2010）。

2. 玉米不同秸秆碳添加对土壤水稳性团聚体有机碳含量的影响

有报道指出，大团聚体中的有机碳和不稳定的有机碳比微团聚体多（Elliott et al.，1986）。Jastrow 等（1996）也利用[13]C 标记法证明了大团聚体比微团聚体含有更多的有机碳。添加玉米根、茎、叶明显增加了团聚体有机碳含量的变化，呈现出有机碳含量首先被富集在0.25～2 mm 团聚体，虽然这一级别有机碳含量在逐渐减少，但是>2 mm 团聚体内有机碳含量逐渐在增多；0.053～0.25 mm 团聚体有机碳含量呈现出先减少后增加的趋势，<0.053 mm 团聚体的有机碳含量逐渐减少，且有机碳含量最低。易亚男等（2013）研究结果表明，在水稻土中>2 mm 团聚体为优势粒级且有机碳含量最高，<0.053 mm 团聚体有机碳含量最低，且团聚体有机碳含量随着粒级减小而降低。由于本试验培养之前过了2 mm 筛，所以0.25～2 mm 团聚体为优势粒级，有机碳含量最高，主要被富集在这一级别。在大团聚体中（>0.25 mm），随着级别增大团聚体有机碳含量逐渐增加，微团聚体中（<0.025 mm），随着级别增大团聚体有机碳含量呈现出先减少后增加的趋势，这与崔俊涛等（2005）研究结果一致。在红壤水稻土中，随粒径减小团聚体有机碳含量呈现先减少随后增加再减少的趋势（雷敏 等，2012）。这与本研究团聚体中有机碳变化趋势并不一致，但是本试验结果在微团聚体中呈现出了先减少后增加的趋势，可能是因为本试验培养时间较短仅为一年，且添加的外源物质量较少，所以没有看到后期又减少的趋势。黑土添加玉米秸秆后，大团聚体中>2 mm 团聚体有机碳含量呈现出先增加后减少趋势，且有机碳主要分布在<0.053 mm 团聚体中（关松 等，2010）。Lee 等（2009）在水稻土的研究结果表明<0.053 mm 团聚体中的有机碳占全土有机碳的75%，与黑土黏土矿物类型有关。本试验低肥土壤添加根和茎处理中，>2 mm 大团聚体有机碳含量培养到180 d 时开始呈现稳定并有所减少的趋势，但是其他处理在大团聚体中并没有出现这一趋势，且本试验有机碳主要分布在0.25～2 mm 团聚体，可能与本试验培养条件以及所用的土壤类型有关。添加玉米根、茎、叶后，团聚体有机碳含量主要在大团聚体富集，可能是因为这些级别中富集了更多有助于团聚体形成的物质组分，且不同级别团聚体中有机碳的物理保护作用不同，致使碳的分解矿化速率不同（顾鑫，2013）。红壤水稻土中，>2 mm 和 0.25~1 mm 团聚体有机碳的贡献率最大（陈晓芬 等，2013）。两种肥力水平土壤，添加叶的处理比添加根、茎的处理 0.053~0.25 mm 团聚体中的有机碳含量富集较多，叶中有机碳可能在微团聚体中优先固定。大团聚体（>0.25 mm），添加茎、叶处理有机碳含量比添加根的处理多，根中含有更多难分解的物质，影响其降解过程，可能最终以有机碳的形式富集在大团聚体中较少（Wang et al.，2015）。

3. 玉米不同秸秆碳在土壤各级水稳性团聚体中的分布情况

分析结果表明，时间、肥力、植物秸秆和团聚体级别对团聚体秸秆碳含量影响差异显著。研究发现土壤大团聚体比微团聚体含有更多新形成的有机物（Six et al.，2000）。也有研究发现秸秆碳在不同团聚体中的动态并不一致（Angers et al.，1997），新的外源物质首先进入大团聚体，之后再向微团聚体中转移然后再转移到大团聚体中去。土壤类型的差异也会影响秸秆碳在不同团聚体中的富集（Hagedorn et al.，2003；Verchot et al.，2011）。Jastow 等（1996）利用^{13}C 方法也证明了大团聚体比微团聚体富集更多的秸秆碳。添加秸秆处理显著提高 0.25~2 mm 团聚体秸秆碳含量（徐虎 等，2015）。秸秆碳含量在大团聚体中富集较多，随时间延长>2 mm 团聚体秸秆碳含量一直在增加，培养 180 d 时开始变得平缓并有所减少（除了添加根的高肥土壤），说明玉米根、茎、叶进到土壤中后，通过物理化学和生物分解等作用后使得秸秆碳首先进入大团聚体，随后大团聚体开始破碎，秸秆碳又开始向微团聚体转移（Angers et al.，1997）。而添加根的高肥土壤>2 mm 团聚体秸秆碳含量培养到后期（180~360 d）时，还没有表现出下降的趋势，可能是因为根中的组分分解缓慢，且加入的外源物质质量较低，在这一级别培养结束时没有看到减少的趋势。叶的组分更容易分解，并且比根、茎更容易与微生物接触（Clemente et al.，2013）。根中可溶性组分很少，培养后期可溶性组分开始分解，剩下的是难分解的组分（Wang et al.，2015），所以来源于根的团聚体秸秆碳含量变化较缓。低肥土壤中，来源于茎的 0.25~2 mm 团聚体秸秆碳含量在整个培养时期比来源于根、叶的高，由于各部位组分差异的不同（把余玲，2013），茎的组分可能比根、叶的组分更优先且更多地固定在了大团聚体内（0.25~2 mm）。微团聚体中的秸秆碳含量随时间增加逐渐减少，随后又有增加的趋势，说明微团聚体开始向大团聚体团聚，但是一段时间后还会再继续破碎，这与裴久渤（2015）的研究结果类似，大团聚体中秸秆碳的贡献比始终最大，且几个因素之间的相互作用差异显著（$P<0.01$）。

综上，本节可得出以下结论：①添加玉米根、叶后大团聚体（>0.25 mm）百分含量逐渐增多，添加茎的大团聚体呈现先增多后减少的趋势。添加根、茎、叶后土壤微团聚体（<0.25 mm）均随时间逐渐减少，培养 180~360 d 时变化平缓。②大团聚体（>0.25 mm）有机碳含量逐渐上升，后期开始缓慢减少，微团聚体中 0.053~0.25 mm 有机碳含量随时间延长逐渐减少后期开始增多，<0.053 mm 团聚体有机碳含量一直减少，其中添加茎的有机碳含量在大团聚体中积累较多。③团聚体中残体碳含量首先富集在 0.25~2 mm 团聚体，随时间延长逐渐向各级别团聚体转移，其中>2 mm 团聚体残体碳含量逐渐增多，后期开始减少；而 0.053~0.25 mm 团聚体中在后期才开始表现出来积累的趋势，<0.053 mm 团聚体残体碳含量一直在减少。

第四节　秸秆添加量对外源碳在黑土和棕壤团聚体中分配的影响

一、材料与方法

1. 供试材料

供试土壤和有机物料见第三章第三节。

2. 试验设计

试验设计见第三章第三节。

3. 测定方法

将过了 2 mm 筛的土壤通过湿筛法（Elliott，1986）分为三部分：>250 μm 的大团聚体、53~250 μm 的微团聚体部分，以及容易分散的 <53 μm 的黏粒粉粒结合部分。采用团聚体分析仪（SAA08052 型号，上海）进行分离。团聚体分离器可以在充分破碎大团聚体的同时最小化地减少对释放出来的微团聚体的破坏。具体操作步骤如下：在室温下，分别称取 20 g 风干土样置于筛桶内孔径为 250 μm 筛子上，并用蒸馏水提前浸湿约 20 min，以除去土壤团聚体内闭塞的空气，保证土壤筛分前的均一性。然后将浸湿后的土样的筛子上面放 50 个直径为 4 mm 的玻璃珠，向筛桶内加水，使筛子中的水面淹没置于其中的土样。设定 30 次/min 运行速度然后上下振动此装置约 25 min，振幅设定为 3 cm，确保有持续而又恒定的水流流经此装置，将所有释放出来的微团聚体立即冲刷到底部孔径为 53 μm 的筛子上，防止被玻璃珠进一步破坏。此时，留在 250 μm 筛子上面的为大团聚体组分。留在 53 μm 的筛子上的组分为微团聚体，用蒸馏水将筛子上的团聚体分别洗至培养皿中。桶内剩余部分通过加 0.2 mol/L $CaCl_2$ 絮凝，沉降 48 h 后，将上清液用虹吸管除去后，沉淀部分洗至培养皿得到 <53 μm 的黏粉粒组分。所有组分 60 ℃ 烘干至恒重并称重。研磨至能通过 0.15 mm（100 目）筛子，供上机测定有机碳含量及 $\delta^{13}C$ 值使用。

4. 数据处理与分析

数据处理与分析方法见第三章第三节。

二、团聚体的组成比例

本研究中的两种土壤各等级团聚体所占比例一方面受土壤肥力水平影响，另一方面也受到秸秆添加量的影响而有所不同。由表 4-12 可以看出，经过 360 d 田间原位培养后，不同秸秆投入水平下土壤各等级团聚体所占比例发生变化，不同肥力水平土壤对团聚体的分配影响不同。从差异性分析结果可知，在培养 360 d 后，5% 与 10% 秸秆添加量，低肥力棕壤中大团聚体（>250 μm）占比显著高于高肥力棕壤，微团聚体组分（53~250 μm）占比降低，且处理间差异显著（$P<0.05$）。高肥力棕壤中不同秸秆添加量下黏粉粒（<53 μm）组分无显著变化，平均占比 7.57%。与不添加秸秆处理相比，棕壤高肥力水平土壤大团聚体组分占比随秸秆添加量增加而增加，微团聚体比例则随之降低，且差异显著。这说明秸秆添加对棕壤不同粒级团聚体作用不同，秸秆添加量的增加使土壤团聚化作用增强，有助于将微团聚体组分团聚形成大团聚体，从而改变团聚体的质量分布。这种团

聚作用主要与秸秆中糖类、氨基酸等物质再分解过程中含量的变化有关。

表 4 - 12　培养 360 d 后不同肥力土壤团聚体百分含量（%）

土壤类型	秸秆添加量	不同团聚体组分					
		大团聚体（>250 μm）		微团聚体（53～250 μm）		黏粉粒（<53 μm）	
		低肥力	高肥力	低肥力	高肥力	低肥力	高肥力
棕壤	0%	63.18±3.50 b*	44.65±8.84 b	29.52±1.56 a	43.69±6.04 a*	7.30±1.94 a	11.67±2.80 a*
	1%	64.14±2.16 b	70.33±1.63 a*	29.84±2.85 a	22.97±2.90 bc	6.02±0.69 a	6.69±1.28 a
	3%	58.32±5.11 b	65.37±4.53 a	34.57±2.22 a*	27.94±2.09 bc	7.11±2.89 a	6.69±2.44 a
	5%	82.52±3.87 a*	54.39±2.47 ab	13.94±3.28 b	37.78±11.24 b*	3.54±0.59 a	7.83±1.23 a
	10%	89.02±4.90 a*	72.22±5.91 a	6.05±0.78 c	18.72±0.06 c*	4.93±4.11 a	9.06±5.86 a*
黑土	0%	70.87±2.80 b	70.47±6.42 c	11.60±1.56 b	11.05±1.38 c	3.68±0.94 b	7.87±0.69 b*
	1%	79.70±1.99 a	81.65±2.43 a	11.25±2.24 b	11.00±2.74 c	3.48±0.83 b	7.73±1.28 b*
	3%	74.22±4.96 ab	81.45±4.22 a*	20.08±2.22 a	22.55±1.97 b	4.80±1.25 b	8.40±1.44 ab*
	5%	72.22±2.78 b	76.17±8.33 ab	19.62±3.11 a	25.35±3.86 a*	4.48±0.59 b	11.22±1.56 a*
	10%	78.63±3.17 a	73.47±4.19 b	19.42±1.87 a	25.37±4.11 a*	8.85±1.94 a	12.68±3.92 a*

注：小写字母表示相同肥力水平、不同秸秆添加量之间差异显著（$P<0.05$）；* 表示相同秸秆添加量、相同土壤类型不同肥力水平之间差异显著（$P<0.05$）。

　　整体来看，黑土不同处理下大团聚体所占比例为 70.5%～81.7%，其中，所有添加秸秆处理的土壤大团聚体质量占比均高于未添加秸秆。黑土低肥与高肥力土壤，1% 秸秆与不添加秸秆处理相比，微团聚体占比无显著性差异，但随着秸秆添加量的增加，3%、5%、10% 秸秆均显著提高了微团聚体的比例。另外，5%、10% 秸秆添加量下，黑土高肥力水平土壤微团聚体占比显著高于低肥力水平土壤，分别提高了 29.2% 和 30.6%。对于黏粉粒组分来说，除 10% 秸秆添加量外，黑土其余处理下该组分的百分含量无显著差异。说明大量的外源有机碳的投入促进了土壤大团聚体的形成，从而使黏粉粒结合态的有机碳多了一重团聚体的物理保护。但是过量的秸秆添加会破坏当前的平衡状态，使土壤的团聚体开始新的形成过程。黑土不同肥力水平对土壤大团聚体与微团聚体组分的分布影响不大，黑土高肥力土壤黏粉粒组分占比显著高于低肥力水平，可见土壤的肥力水平与黏粉粒结合比例关系密切。

三、土壤有机碳在不同团聚体中的含量

　　本研究利用湿筛法（Elliott，1986），将不同秸秆添加量、不同肥力水平的表层棕壤与黑土进行水稳性团聚体分级，得到不同水稳性团聚体组分的有机碳含量变化如图 4 - 11 所示。总的来说，土壤有机碳在大团聚体组分中含量最高，在黏粉粒组分中最低。各处理大团聚体组分和微团聚体组分的有机碳含量的范围分别是 8.2～22.6 g/kg 与 3.0～9.2 g/kg。与低肥力土壤相比，棕壤与黑土在高肥力水平土壤中大团聚体组分的有机碳含量显著增加，平均增加 38.8% 与 11.4%（$P<0.05$）。微团聚体组分在不同秸秆添加量下，棕壤的高肥力水平处理比低肥力水平处理高 25.2%。除 10% 秸秆添加量处理外，黑

土高肥力水平下微团聚体组分的有机碳含量在1％、3％、5％秸秆添加量之间整体没有显著性差异，各秸秆水平之间的平均值为6.6 g/kg。与未添加秸秆处理相比，10％秸秆添加量的处理显著提高了微团聚体组分中有机碳含量，分别为151％（棕壤低肥力水平）、121％（棕壤高肥力水平）、67％（黑土低肥力水平）和36％（黑土高肥力水平）。黏粉粒组分的有机碳含量在添加5％和10％秸秆的高肥力水平土壤中，变化不显著。

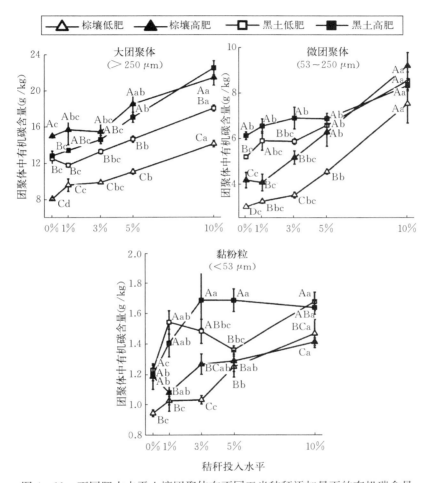

图4-11　不同肥力水平土壤团聚体在不同玉米秸秆添加量下的有机碳含量

注：不同小写字母表明不同投入水平的玉米秸秆在同一土壤类型的同一团聚体组分中有机碳含量差异显著（$P<0.05$）；不同大写字母表明不同肥力水平的土壤在同一团聚体组分中的有机碳含量差异显著（$P<0.05$）。

四、秸秆碳在土壤不同团聚体组分中的分配

秸秆碳在黏粉粒组分中的分配比例不到2.0％，在微团聚体组分中约占5％，在大团聚体组分中占13％～23％（图4-12）。高肥力水平棕壤，10％秸秆添加量在大团聚体组分中的分配比例比添加1％秸秆量高9.5％。随着秸秆添加量的增加，秸秆碳在高肥力水平土壤微团聚体组分中的分配比例要低于低肥力水平土壤。10％秸秆添加量处理下，秸秆

碳在高肥力水平黑土和棕壤中微团聚体组分中的分配比例分别比低肥力土壤低 25% 和 28%。土壤肥力水平对秸秆碳在黏粉粒组分中的分布影响不显著（$P>0.05$），但受秸秆添加量的影响显著（$P<0.05$）。

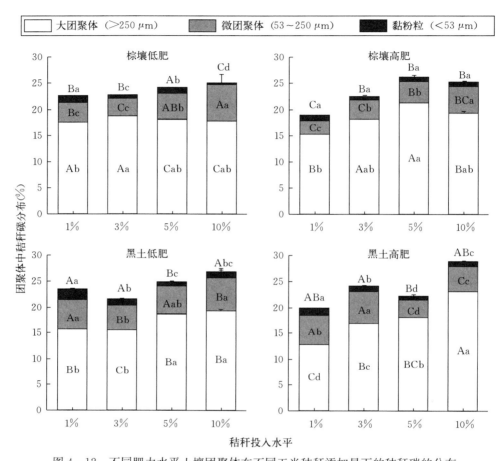

图 4-12　不同肥力水平土壤团聚体在不同玉米秸秆添加量下的秸秆碳的分布

注：不同小写字母表明不同输入水平的玉米秸秆在同一土壤类型的同一团聚体组分中秸秆碳分配比例的差异显著（$P<0.05$）；不同大写字母表明不同肥力水平的土壤在同一团聚体组分中秸秆碳分配比例的差异显著（$P<0.05$）。

五、秸秆碳和原土壤来源碳在团聚体组分中的相对贡献率

秸秆碳对不同粒级土壤团聚体有机碳的相对贡献率随秸秆投入水平的增加而增加（表 4-13）。在 10% 秸秆添加量的土壤中，秸秆碳和老碳对土壤大团聚体有机碳的相对贡献率相差不大。在高肥力棕壤中，秸秆碳在 1%、3%、5% 和 10% 添加量下在微团聚体有机碳中所占比例分别比低肥力土壤低 39.9%、29.6%、39.9% 和 40.7%（$P<0.05$）。秸秆添加量为 5% 和 10% 处理下，低肥力黑土中秸秆碳在微团聚体组分中所占比例高于高肥力黑土。另外，在低肥力土壤中，秸秆碳对黏粉粒组分有机碳含量的相对贡献率在 10% 秸秆添加量下达到峰值 32%。

表4-13 秸秆碳和老有机碳在不同肥力水平和不同秸秆添加量的土壤团聚体组分中的相对贡献率

不同组分	土壤类型	肥力水平	1%秸秆		3%秸秆		5%秸秆		10%秸秆	
			秸秆碳(%)	老有机碳(%)	秸秆碳(%)	老有机碳(%)	秸秆碳(%)	老有机碳(%)	秸秆碳(%)	老有机碳(%)
大团聚体 (>250 μm)	黑土	低肥力	6.26±0.06 Db	93.74±0.06 Aa	13.87±0.16 Cb	86.13±0.16 Ba	27.28±0.17 Bb	72.72±0.17 Cb	43.95±0.25 Ab	56.05±0.25 Db
		高肥力	7.14±0.34 Db	92.86±0.34 Aa	14.99±0.63 Cb	85.01±0.63 Ba	22.68±0.39 Bc	77.33±0.39 Ca	44.32±0.38 Ab	55.68±1.38 Db
	棕壤	低肥力	12.03±1.27 Da	87.97±1.27 Ab	25.06±0.75 Ca	74.94±0.75 Bb	34.82±3.05 Ba	65.18±3.05 Cc	53.71±0.04 Aa	46.29±0.04 Dc
		高肥力	5.80±0.48 Db	94.20±0.48 Aa	15.14±2.01 Cb	84.86±2.01 Ba	24.42±0.35 Bbc	75.58±0.35 Cab	38.62±1.57 Ac	61.38±1.57 Da
微团聚体 (53~250 μm)	黑土	低肥力	6.36±0.06 Da	93.64±0.06 Ab	16.35±0.48 Cc	83.65±0.48 Bb	26.39±0.11 Bb	73.61±1.11 Cb	45.79±0.74 Ab	54.21±0.74 Db
		高肥力	7.53±0.45 Da	92.47±0.45 Ab	17.41±0.17 Cb	82.59±0.17 Bc	24.48±0.74 Cab	75.52±0.74 Cab	36.81±0.60 Ac	63.19±0.60 Da
	棕壤	低肥力	7.55±0.88 Da	92.45±0.88 Ab	18.80±0.60 Ca	81.20±0.60 Bd	35.05±1.61 Ba	64.95±1.61 Cc	58.62±2.49 Aa	41.38±2.49 Dc
		高肥力	4.54±0.45 Db	95.46±0.45 Aa	13.24±0.28 Cd	86.76±0.28 Ba	21.08±1.16 Bc	78.92±1.16 Ca	34.75±1.41 Ac	65.25±1.41 Da
黏粉粒 (<53 μm)	黑土	低肥力	5.52±0.19 Ca	94.48±0.19 Ab	9.61±1.00 Ba	90.39±0.99 Bb	11.53±0.67 Bb	88.47±0.67 Ba	21.03±0.96 Ab	78.97±0.96 Ca
		高肥力	5.20±0.12 Ca	94.80±0.12 Ab	6.38±0.40 Cb	93.62±0.40 Aa	16.81±0.35 Ba	83.19±0.35 Bb	27.35±0.60 Aa	72.65±0.60 Cab
	棕壤	低肥力	5.50±0.57 Da	94.50±0.57 Ab	8.56±0.33 Ca	91.44±0.33 Bb	16.37±1.05 Ba	83.63±1.05 Ba	31.70±0.66 Aa	68.30±0.66 Db
		高肥力	3.20±0.16 Da	96.80±0.16 Aa	8.36±0.81 Ca	91.64±0.81 Ba	12.05±0.64 Bb	87.95±0.64 Ba	23.80±1.17 Ab	76.20±1.17 Da

注：不同大写字母表明不同秸秆添加量在同一土壤类型的同一团聚体组分内的秸秆碳和老有机碳的贡献率差异显著（$P<0.05$）；不同小写字母表明不同肥力水平的土壤在同一团聚体组分内的秸秆碳和老碳的贡献率差异显著（$P<0.05$）。

六、土壤总有机碳与团聚体组分有机碳的相关关系

土壤总有机碳含量的范围是 $11.4 \sim 27.9$ g/kg，低肥力棕壤不添加秸秆有机碳含量最低，而高肥力黑土添加10%量秸秆有机碳含量最高。土壤有机碳含量与大团聚体组分有机碳含量（$R^2 = 0.89$，$P < 0.01$）和微团聚体组分的有机碳含量（$R^2 = 0.89$，$P < 0.05$）呈显著的正相关关系（图4-13）。大团聚体组分的线性回归方程斜率为0.73，微团聚体的线性回归方程斜率为0.34。结果表明，随着土壤有机碳浓度的增加，大团聚体组分的增长速率高于微团聚体组分的增长速率。黏粉粒组分的有机碳含量与土壤有机碳含量呈对数关系（$R^2 = 0.58$，$P < 0.05$），表明随着土壤有机碳含量的增加，黏粉粒组分含碳量没有显著增加。总体上，随着土壤有机碳浓度的增加，大团聚体组分和微团聚体组分中的有机碳含量均有增加的趋势，而黏粉粒组分的有机碳含量则趋于稳定。土壤团聚体组分原有机碳与土壤总有机碳的关系与土壤团聚体组分有机碳与总有机碳关系相似。黏粉粒组分原有机碳在高有机碳含量下表现出稳定状态，与总有机碳含量为呈对数关系（$R^2 = 0.59$，$P < 0.05$）。

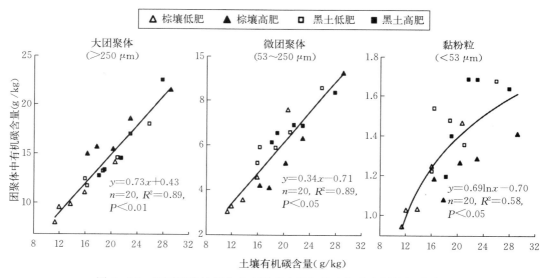

图4-13　不同团聚体组分中有机碳含量与总有机碳含量的相关关系

七、秸秆碳在土壤团聚体组分的固定速率

秸秆碳在土壤团聚体组分中的固定速率大小表现为大团聚体＞微团聚体＞黏粉粒。相同肥力水平土壤，秸秆碳在大团聚体组分中的固定速率在添加5%和10%秸秆量处理下，显著高于1%秸秆添加量下的秸秆碳的固定速率（表4-14）。低肥力水平棕壤在添加1%和3%秸秆量下，秸秆碳在大团聚体组分中的固定速率最高分别为0.84 kg/（m² · d）和1.75 kg/（m² · d）。高肥力水平黑土添加10%秸秆处理下，秸秆碳在大团聚体组分中的固定速率最高为7.3 kg/（m² · d）。总的来说，秸秆碳在土壤微团聚体中的固定速率随秸秆

投入水平的增加而增加（表4-14）。在5%和10%秸秆添加量的高肥力黑土中，秸秆碳在微团聚体中的固定速率分别比低肥力土壤低46%和35%。另外，在1%和3%秸秆添加量的低肥力棕壤中，秸秆碳在微团聚体中的固定速率分别为负值：—0.75 kg/(m² · d) 和—0.72 kg/(m² · d)，在3%、5%和10%秸秆添加到高肥力土壤中，秸秆碳在黏粉粒组分中的固定速率整体没有显著性差异。

表 4 - 14　团聚体有机碳在不同肥力水平土壤中的固定速率 [kg/(m² · d)]

不同组分	土壤类型	肥力水平	1%秸秆	3%秸秆	5%秸秆	10%秸秆
大团聚体 (>250 μm)	黑土	低肥力	0.36±0.15 Db	1.50±0.12 Ca	2.86±0.31 Bab	5.85±0.36 Aab
		高肥力	0.46±0.05 Cab	1.35±0.27 Cab	2.68±0.12 Bb	7.30±0.58 Aa
	棕壤	低肥力	0.84±0.10 Da	1.75±0.2 Ca	2.82±0.22 Bab	5.61±0.34 Aab
		高肥力	0.56±0.29 Bab	0.76±0.37 Bb	3.59±0.30 Aa	5.17±0.84 Ab
微团聚体 (53~250 μm)	黑土	低肥力	0.61±0.15 Da	1.58±0.18 Cab	2.82±0.16 Ba	6.02±0.07 Ab
		高肥力	0.58±0.11 Ca	2.27±0.26 Ba	1.51±0.19 Bb	3.94±0.33 Ac
	棕壤	低肥力	−0.75±0.11 Db	−0.72±0.12 Cc	3.28±0.27 Ba	8.18±0.67 Aa
		高肥力	0.51±0.23 Ca	1.09±0.31 Cbc	2.44±0.36 Bab	8.14±0.50 Aa
黏粉粒 (<53 μm)	黑土	低肥力	1.72±0.16 Ba	2.17±0.17 Ba	2.01±0.17 Bb	3.18±0.18 Aa
		高肥力	0.87±0.35 Bb	1.51±0.18 ABb	2.21±0.04 Aa	2.13±0.27 Ab
	棕壤	低肥力	−1.53±0.16 Cc	−0.30±0.08 Bd	2.15±0.23 Aa	2.68±0.18 Aab
		高肥力	0.74±0.16 Ab	0.56±0.05 Ac	0.57±0.19 Ab	0.90±0.07 Ac

注：不同大写字母表明不同秸秆碳添加量在同一土壤类型的同一团聚体组分中的秸秆碳固定速率差异显著（$P<0.05$）；不同的小写字母显示不同肥力水平的土壤在同一团聚体组分内的秸秆碳固定速率差异显著（$P<0.05$）。

八、讨论和结论

1. 秸秆碳在土壤团聚体中的分配与固定

有机物料包括秸秆的施用不仅对土壤碳的周转以及固持有非常重要的作用，也能够起到改良土壤结构的作用，土壤结构往往通过土壤团聚体的稳定性来表达。不管是在田间条件下还是在室内模拟培养条件下，都有研究证明外源有机物质的添加增加了土壤不同粒径的团聚体的比例，改良了土壤结构。Huang 等（2010）发现田间条件下施用有机肥以及有机肥无机肥配施，相比于不施肥以及只施化肥能够显著增加土壤>2 mm 大团聚体组分的比例。冷延慧等（2008）的研究结果显示，长期有机无机肥配施条件下，比不施肥显著增加了>2 mm 大团聚体含量和 0.05~0.25 mm 微团聚体含量，土壤结构得到了改良，土壤固碳潜力增加。Cosentino 等（2006）通过室内培养 3~5 mm 的团聚体，并设置干湿交替过程研究了外源添加有机物质以及土壤干湿过程交替对团聚体稳定性的影响，结果发现，干湿交替对团聚体影响不显著，而外源秸秆的添加则显著增加了团聚体的稳定性，真菌的生物量与团聚体稳定性的相关性要比整体的微生物总量高。De Gryze 等（2005）将土壤中>53 μm 的组分全部打碎，向土壤中添加了 5 个不同梯度的小麦秸秆，对三种不同质地的土壤培养了三周，结果表明，大的水稳性大团聚体（>2 000 μm）组分随着秸秆投入量的增加而线性增加，而三种不同质地土壤之间没有差别，并根据大团聚体形成模型计算出＞2 mm的大团聚体的周转时间为 40～60 d。本试验结果中，非保护有机碳组分的大团聚体比例随着秸秆投入量的增加而增加，但增加趋势是非线性的，低肥高肥土壤，1％和3％秸秆投入量之间没有显著性差异，而5％和10％秸秆投入条件下，大团聚体组分的比例显著增加，这可能是由于碳饱和条件的限制，不同碳投入水平，土壤处于不同的碳平衡状态，不同粒级团聚体有不同周转速率。有研究指出，运用^{13}C 自然丰度法得出的结果显示大团聚体主要是在新鲜有机秸秆周围形成的，因此，随着有机物质添加量的升高，大团聚体组分的有机碳含量也随之增加。相关研究表明，平均当量直径随着秸秆投入也得到明显的改善，其变化趋势与土壤大团聚体所占比例变化基本一致，这从侧面反映出秸秆投入在短期内是通过增加土壤大团聚体含量来改良土壤结构的。

秸秆碳的添加具有显著的稳温降温、保水保肥的作用，有利于土壤有机碳的储存，且在低有机碳含量的土壤中效果最佳。秸秆碳通过土壤的物理、化学和生物保护机制，固定和积累在团聚体组分中。在本研究中，秸秆碳主要固定在大团聚体和微团聚体组分中，这表明这些组分可以为秸秆碳的稳定和储存提供有利的环境。秸秆碳的加入促进了土壤有机碳在大团聚体和微团聚体中的积累，而较高的有机碳含量则进一步刺激了微生物的活性（Jin et al.，2018）。对不同秸秆投入水平，秸秆碳在土壤大团聚体组分中的分布显著大于微团聚体，这个结果表明，秸秆来源的碳优先在大团聚体中积累，土壤团聚体的形成遵循层次序列模型，换言之，土壤有机碳随着团聚体颗粒大小的增加而增加（Zhao et al.，2019）。Tisdall（1994）认为微团聚体由含碳量高的不稳定的黏结剂（真菌菌丝、根系、微生物和植物源的多糖）黏结而形成大团聚体，因此大团聚体中会含有比微团聚体更多的有机碳。Six 等（2000）认为，大团聚体是首先形成的，微团聚体形成于大团聚体内部的颗粒型有机碳周围，而且比大团聚体的固碳能力强，而大团聚体的周转是影响土壤固碳的重要过程。黏粉粒组分的有机碳含量显著低于大团聚体和微团聚体组分。活性分子与矿物表面的相互作用使外源碳被固定在相对稳定的组分中，是有机碳长期稳定的关键机制。团聚体内部有机碳的分解速率要小于游离态的碳的分解速率，因此土壤颗粒胶结形成团聚体对碳的保护被认为是土壤有机碳固定的重要机理（刘中良和宇万太，2011）。另外，黏粉粒由于自身比表面积有限，其与有机分子的化学结合能力受到限制，因此，会优先达到稳定状态。当土壤的黏粉粒组分有机碳含量接近或达到固定有机碳能力上限时，额外的碳的固定将发生在对农业管理措施变化敏感的其他组分中。梁爱珍等（2008）的研究结果表明，耕作黑土和自然植被相比，＞1 mm 的大团聚体大幅下降，大团聚体结合碳明显降低；免耕5年后，没有增加耕层（0～30 cm）土壤有机碳平均含量，只增加了表层（0～5 cm）的有机碳含量，而且不同土层＞1 mm 级团聚体结合碳变化显著，因此认为水稳性大团聚体对管理措施响应迅速，尤其是＞1 mm 的团聚体，可以作为土壤肥力和土壤质量受农田管理措施影响的指标。本研究中，相同的秸秆碳投入水平下高肥力棕壤与高肥力黑土相比，大团聚体组分有机碳含量高于其他组分且不同处理之间没有显著性差异，这主要是由于外源有机物质的投入导致了土壤有机碳含量较高。对微团聚体组分来说，10％的秸秆碳投入条件下，不同肥力水平土壤之间没有显著性差异。由此可见，肥力水平和土壤类型对土壤团聚体稳定性影响不显著。团聚体稳定性的增加与大量的外源碳投入息息相关，外源碳是促进团聚体组分形成和稳定的主要有机胶结剂。其次，玉米秸秆的投入提供了多种多样的化合物（如多糖和多价阳离子等），将土壤细颗粒组分包裹和重新排列成更稳定的团聚体结构，从而提高土壤团聚体的有机碳的固定。

2. 不同肥力水平土壤团聚体组分有机碳对秸秆添加的响应

土壤有机碳饱和亏缺值的定义为当前土壤有机碳的含量与碳饱和之前的差值（Wiesmeier et al.，2014）。当土壤固定有机碳含量达到最大值时，其饱和亏缺值为零。高肥力水平土壤与低肥力水平土壤相比具有较高的土壤有机碳含量，土壤饱和亏缺值较低。值得注意的是，高倍添加量的玉米秸秆投入到低饱和亏缺土壤中时，黏粉粒组分的有机碳含量趋于稳定。因此，我们有理由相信，土壤存在一个理论上的最大固碳量，而不是传统意义上的越多碳投入带来越高有机碳含量这一说法。总而言之，秸秆碳在土壤以及团聚体组分中的固定，可以保护其组分的再生和重组。

碳饱和度模型需要较大的土壤有机碳范围。一些研究中，利用了土壤饱和模型，但由于其土壤有机碳含量的范围较小，只能观察到饱和曲线的线性部分，降低了它们检测饱和响应的能力（Stewart et al.，2009）。因此本研究利用了不同肥力土壤添加不同梯度量标记的玉米秸秆。在较宽的土壤有机碳含量范围内，我们的研究可以更好地拟合黏粉粒组分的碳饱和模型。秸秆碳在不同团聚体组分中积累的差异性主要是由于不同饱和亏缺土壤的养分供应能力和玉米秸秆在其中分解速率存在差异（Bastida et al.，2013）。在高肥力水平的土壤中，秸秆碳可以优先提供用于微生物能量生产所需养分，进而在土壤大团聚体和微团聚组分中的浸提或矿化过程中逐渐分解或流失（De Troyer et al.，2011）。秸秆碳在黏粉粒组分有机碳中的贡献率在棕壤低肥力水平下显著高于高肥力水平，这可能是因为秸秆的添加刺激了低肥力水平土壤的微生物活性，在秸秆腐解过程中，为土壤微生物生存提供营养成分，这与前人的研究结果一致（Poirier et al.，2013；An et al.，2015）。大团聚体组分有机碳含量与土壤总有机碳含量呈显著的正线性关系。即使将高倍量秸秆添加到高肥力水平的土壤中，大团聚体和微团聚体组分依然没有与总有机碳表现出渐近的关系。显然，这两个组分的有机碳含量还没有达到稳定状态。团聚体组分粒径大、微生物可利用的有机碳含量高，导致大颗粒组分有机碳的不稳定性。土壤大团聚体和微团聚体组分对农业管理措施响应敏感，并进一步影响着土壤有机碳的稳定和分解（Stewart et al.，2012）。由于土壤总有机碳的非饱和状态，当碳的投入或者分解速率发生变化时，组分有机碳更能成为反映农业管理措施变化的指标。然而，在黏粉粒组分中有机碳含量的稳定状态加速了秸秆碳在高肥力水平土壤中的固定。黏粉粒组分有机碳含量与土壤总有机碳含量之间表现出渐近关系。矿物吸附表面的可利用性下降是黏粉粒组分达到饱和状态的主要原因（Kalbitz et al.，2005）。该组分的有机碳通过黏粉粒的矿物吸附作用，与铁铝氧化物结合或包被在微团聚体中（Six et al.，2002；Plante et al.，2006），以保护该组分有机碳不被分解。由于黏粉粒组分的有机碳保护能力有限，因此，继续增加外源秸秆碳的投入，秸秆碳在该组分中的固定速率也没有显著性增加。这从另一个角度验证了随着碳投入的增加，黏粉粒组分优先达到稳定状态，碳的固定从小粒径组分到大粒径是有等级次序的。即使土壤黏粉粒组分在低饱和亏缺土壤中达到稳定状态，但是环境变化或者管理措施的改变都有可能破坏当前的稳定状态，使黏粉粒组分的有机碳含量在平衡点上继续增加。本研究的结果证实了玉米秸秆添加和土壤的肥力水平对黑土有机碳固存的重要性，并认为良好的农业管理措施对于农业生态系统的持续性发展至关重要。

综上，本节可得出以下结论：①添加不同量的玉米秸秆可以显著提高土壤有机碳在团聚体中的分布和稳定性。添加玉米秸秆后，土壤有机碳在不同组分中的含量普遍高于不添加玉米秸秆的组分有机碳含量。②高倍量玉米秸秆添加，带来了更快的分解速率，使有机碳更多地固定在大团聚体和微团聚体中。高倍量秸秆添加到高肥土壤中，土壤微团聚体中黏粉粒组分趋近饱和状态，这可能导致团聚体组分更加稳定。③玉米秸秆的投入提高了土壤团聚体的稳定性，促进了团聚体组分中有机碳的积累。在高肥土壤中，黏粉粒组分趋于稳定状态。因此，今后的农业管理措施应选择适宜的玉米秸秆投入水平，提高土壤团聚体组分有机碳含量，保护土壤原有机碳的分解。今后的研究方向还可以着眼于玉米秸秆与不同肥力水平土壤的结合是否会在更长的时间内使团聚体其他组分达到稳定，甚至趋于饱和状态。

第五节　田间原位条件下玉米秸秆碳在不同肥力土壤团聚体中的固定

一、材料与方法

1. 供试材料
供试土壤和有机物料见第三章第四节。

2. 试验设计
试验设计见第三章第四节。

3. 测定方法
土壤团聚体的分级采用湿筛法进行。根据 Elliott（1986）的方法，使用三个筛孔尺寸分别为 2 mm、0.25 mm 和 0.053 mm 的叠层筛分离＞2 mm、0.25～2 mm、0.053～0.25 mm和＜0.053 mm 四个粒级的团聚体。在湿筛之前，将每个土壤样品（50 g）预润湿30 min，然后用土壤团聚体分析仪（Model SAA 8052，上海）以每分钟 30 次的速度上下移动筛 3 cm，持续 30 min。每次筛分结束后，去除水面漂浮的有机物。将分离出的四个组分轻轻地洗入预先称重的铝称量皿中，在 50 ℃下干燥 48 h。记录不同组分的重量，并将土样妥善保存以测定总碳含量和 $\delta^{13}C$ 值。

4. 数据处理与分析
数据处理与分析见第三章第四节。

二、不同粒级土壤团聚体的比例

玉米残茬的添加对土壤团聚体分布具有显著的影响。在整个培养过程中，两种肥力水平土壤的＞2 mm 粒径团聚体的质量比例呈现先增大后减小的趋势，而 0.25～2 mm 和 0.053～0.25 mm 粒径的团聚体的质量比则呈现相反的趋势，大团聚体占比最高，土壤黏粒含量最低。低肥土壤在整个培养期间，＞2 mm 团聚体所占比例在第 60 天时最低，添加玉米根、茎、叶的处理的比例分别为 7.34%、10.35% 和 7.04%；在第 150 天时达到最高值，分别为 33.63%、37.14% 和 39.14%；第 540 天时为 25.49%、23.3% 和 26.19%。只有在第 60 天时，添加茎处理＞2 mm 的团聚体比例显著高于根和叶处理（$P<0.05$），其他时期不同玉米部分残茬添加对＞2 mm 的团聚体质量比例没有显著影响。大团聚体在第 60 天时，团聚体质量比例最高，添加玉米根、茎、叶的处理的比例分别为 53.02%、51.46% 和 42.55%；从第 60 天到第 90 天，团聚体质量比例下降幅度最大，且第 90 天也是大团聚体比例最低的采样时期，添加根、茎和叶处理的比例分别为 38.12%、34.98 和 38.61%；第 150 天和第 540 天，大团聚体质量比无明显变化，外源添加物的不同对大团聚体比例无显著影响。小团聚体在第 60 天时，团聚体质量比例最高，添加根、茎和叶处理的比例分别为 22.83%、26.63% 和 28.5%，第 90 天和第 150 天时最低，第 540 天时小团聚体比例有所提升，添加根、茎和叶处理的比例分别为 13.60%、16.19% 和 17.23%。粉粒＋黏粒级别在第 90 天占比是最高的，添加根、茎和叶处理的比例分别为 9.08%、14.84% 和 12.04%，且茎和叶处理的粉粒＋黏粒级别占比显著高于根处理（$P<0.05$）；粉粒＋黏粒级别占比最低值出现在第 150 天，添加根、茎和叶处理的比例分别为 3.98%、5.12% 和 3.93。同时，在第 60 天时，添加叶处理的粉粒＋黏粒级别所占比例高于添加根和茎处理。

高肥力土壤的团聚体质量比例变化趋势和低肥力土壤基本相似，在整个培养期间，＞2 mm 团聚体所占比例在第 60 天时最低，添加玉米根、茎、叶的处理的比例分别为 3.61%、8.58% 和 7.98%，在第 150 天时达到最高值，分别为 38.66%、37.09% 和 35.57%；只有在第 60 天时，添加茎和叶处理的＞2 mm 的团聚体比例显著高于叶处理（$P<0.05$），其他时期，不同玉米部分残茬添加对＞2 mm 的团聚体质量分数没有显著影响。添加叶处理的各个时期大团聚体质量比例差异不显著，在第 60 天时，添加茎（50.27%）和叶处理（48.06%）的大团聚体质量比例显著高于根处理（38.30%）（$P<0.05$）；第 50 天时，添加叶处理（41.30%）的大团聚体质量比例显著低于根（47.32%）和茎处理（48.43%）（$P<0.05$）。小团聚体在第 60 天时，团聚体质量比例最高，添加根、茎和叶处理的比例分别为 32.4%、29.36% 和 32.62%；第 150 天时最低，添加根、茎和叶处理的比例分别为 10.32%、11.46% 和 10.44%。添加茎和叶处理的粉粒＋黏粒质量比例不随采样时间的变化而变化，而添加根处理的粉粒＋黏粒的质量比例在第 60 天和第 90 天要显著高于第 150 天和第 540 天，且不同玉米残体添加对于小团聚体和粉粒＋黏粒质量比例影响不显著。

三、团聚体平均重量直径的变化

土壤团聚体的稳定性是通过平均重量直径（MWD）值表现的。土壤团聚体平均重量直径值低肥力土壤要低于高肥力土壤，且两种不同肥力水平土壤的土壤团聚体平均重量直径均为第 60 天最高，添加叶处理的平均重量直径值最高（低肥力：5.63 mm；高肥力：5.98 mm），添加根处理的平均重量直径值最低（低肥力：5.59 mm；高肥力：5.75 mm）。在培养结束时（540 d），添加根处理的平均重量直径值最高（低肥力：5.44 mm；高肥力：5.49 mm），添加叶处理的平均重量直径值最低（低肥力：5.30 mm；高肥力：5.34 mm）（表 4-15）。回归分析表明，平均重量直径值与土壤有机碳含量呈显著正相关关系（$R^2=0.519$，图 4-14）。

表4-15 不同肥力水平土壤平均重量直径（MWD，mm）

土壤肥力	处理	采样时间（d）			
		60	90	180	540
低肥力	根	5.59（0.04）Ba	5.49（0.02）Ab	5.48（0.01）Bb	5.44（0.03）Ab
	茎	5.61（0.05）Aa	5.50（0.03）Ab	5.46（0.02）Bbc	5.41（0.01）Ac
	叶	5.63（0.03）Aa	5.51（0.02）Ab	5.54（0.01）Ab	5.30（0.03）Bc
高肥力	根	5.75（0.03）Ca	5.61（0.03）Bb	5.64（0.03）Ab	5.49（0.02）Ac
	茎	5.85（0.01）Ba	5.78（0.01）Ab	5.75（0.03）Bb	5.45（0.02）Ac
	叶	5.98（0.03）Aa	5.77（0.02）Bb	5.63（0.01）Ac	5.34（0.02）Bd

注：不同小写字母表示相同肥力水平土壤不同采样时间之间存在显著性差异（$P<0.05$）；不同大写字母代表相同采样时间和相同肥力水平土壤不同残体类型添加之间存在显著性差异（$P<0.05$）。

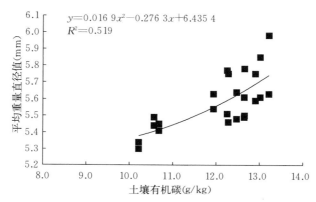

图4-14 平均重量直径值与土壤有机碳含量的回归模型
注：在回归模型中，y代表平均重量直径值（mm），x代表土壤有机碳含量（g/kg）。

四、各粒级团聚体中总有机碳含量的变化

外源残体的添加明显增加了两种肥力水平的土壤有机碳的含量，且高肥力土壤的团聚体土壤有机碳含量明显高于低肥土壤（$P<0.05$），不同粒级的土壤有机碳含量随着粒级的减小而降低，随着培养时间的延长，除<0.053 mm的团聚体外，其余各粒级团聚体土壤有机碳含量呈现降低的趋势，两种肥力水平土壤的<0.053 mm粒级的土壤有机碳含量变化不明显。高肥力土壤的大团聚体土壤有机碳含量在第60天时，添加茎（15.17 g/kg）和添加叶处理（16.23 g/kg）显著高于添加根处理（13.64 g/kg）；低肥力土壤的>2 mm的团聚体土壤有机碳含量在第60天时添加叶处理（13.98 g/kg）显著高于添加根处理（12.78 g/kg）和茎处理（12.58 g/kg）。

五、各粒级团聚体中残体来源碳含量的变化

从图4-15中可以看出，添加根、茎、叶后，各级团聚体中残体来源碳含量都在增加，团聚体中残体碳含量受肥力水平影响显著，高肥力土壤团聚体残体碳含量高于低肥力土壤。两种不同肥力土壤的各粒级团聚体碳含量都在随着时间的延长而降低（除了低肥力

土壤中添加根处理的＞2 mm 粒级），＜0.053 mm 的外源新碳含量变化不明显，比较平稳。总体上，外源残体碳含量在大团聚体组分中最高，在粉粒＋黏粒组分中最低（图 4 - 15），团聚体碳富集在＞0.25 mm 粒级的大团聚体中最多。两种不同肥力水平土壤在第 60 天到第 90 天时，＞2 mm、0.25～2 mm、0.053～0.25 mm 三个粒级中的残体碳含量快速降低（除低肥力土壤中添加根处理的＞2 mm 粒级），从第 90 天开始到培养结束时，0.053～0.25 mm 粒级中的残体碳含量变化缓慢（除低肥力土壤中添加根处理），而＞2 mm 和 0.25～2 mm 粒级中的残体碳含量总体都呈快速减少的状态。

　　培养 60 d，高肥力土壤中添加茎处理的 0.25～2 mm 粒级中的团聚体残体碳含量最高为 1.76 g/kg，添加根处理的残体碳含量为 1.50 g/kg，添加叶处理的残体碳含量为 1.46 g/kg；低肥力土壤中 0.25～2 mm 粒级中的团聚体残体碳含量为添加叶处理＞茎处理＞根处理，分别为 1.66 g/kg、1.51 g/kg、1.36 g/kg（图 4 - 15）。

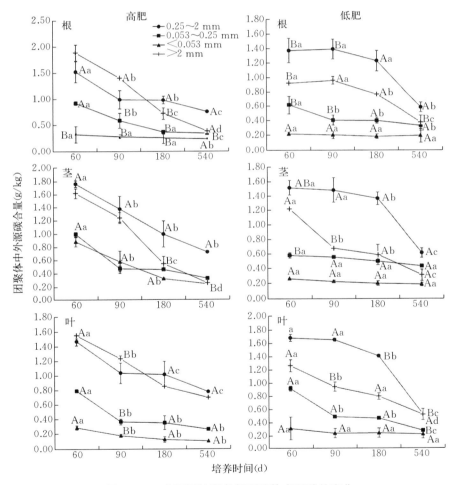

图 4 - 15　在不同施肥条件下残体来源碳的变化

注：不同小写字母表示相同肥力水平土壤不同采样时间之间存在显著性差异（$P < 0.05$）；不同大写字母代表相同采样时间和相同肥力水平土壤不同残体类型添加之间存在显著差异（$P < 0.05$）。图中多个相同且重叠的字母只显示一个。

六、玉米残体碳在土壤团聚体中的残留

残体来源碳在土壤团聚体中的残留和分布会受到土壤肥力高低的影响（表 4 - 16）。在第 60 天，三种不同残体类型处理中残体碳在 0.25～2 mm 组分的残留率最高，低肥力土壤的残留率平均值为 19.9%，高肥力土壤的残留率平均值为 15.3%，表现为低肥力>高肥力土壤。在所有处理中，>2 mm 组分中残体碳的最高残留率出现在第 180 天，低肥力土壤中添加根处理为 16.2%、茎处理为 16.8%、叶处理为 19.2%（平均 17.4%），高肥力土壤中添加根处理为 23.6%、茎处理为 23.0%、叶处理为 23.5%（平均 23.4%）。0.053～0.25 mm 组分的玉米来源碳的残留率在第 60 天时最高（低肥力平均：3.7%；高肥力平均：3.9%），然后随着时间的延长而降低，培养结束时，该组分的残留率略有回升（低肥力平均：1.5%；高肥力平均：1.9%）。在<0.053 mm 的黏粉粒组分中，低肥力土壤的玉米来源碳残留率在第 90 天时候最高，根处理为 6.3%、茎处理为 8.4%、叶处理为 8.7%，平均值为 7.8%；高肥力土壤的玉米来源碳残留率在第 60 天时候最高，根处理为 3.6%、茎处理为 2.4%、叶处理为 3.5%，平均值为 3.2%。此外，微团聚体中残体碳的残留量在整个培养过程中均要低于大团聚体，为 1.9%～3.9%（平均 2.9%）。

表 4 - 16　土壤团聚体中 ^{13}C 玉米残体残留的比例 （%）

团聚体级别	残体类型	肥力水平	60 d	90 d	180 d	540 d
>2 mm	根	低肥力	5.5±1.1 Bc	16.3±4.3 Aa	16.2±3.3 Aa	9.4±1.3 Ab
		高肥力	2.5±0.8 Bc	17.2±2.7 Aa	23.6±4.1 Aa	6.1±1.5 Ab
	茎	低肥力	8.2±1.9 Ab	18.2±4.2 Aa	16.8±3.2 Ba	7.6±2.3 Ab
		高肥力	5.9±1.2 Bc	13.6±2.3 Bb	23.0±3.9 Aa	6.7±0.8 Ac
	叶	低肥力	7.2±1.6 ABb	18.4±4.3 Aa	19.2±3.6 Aa	7.6±1.5 Ab
		高肥力	6.3±1.5 Ab	19.4±5.3 Aa	23.5±3.5 Aa	5.7±1.3 Ab
0.25～2 mm	根	低肥力	23.9±2.5 Aa	10.8±1.8 Ab	7.52±1.6 Ac	7.1±1.7 Ac
		高肥力	11.8±1.1 Ba	8.3±2.6 Ab	9.1±1.9 Aab	7.8±1.3 Ab
	茎	低肥力	23.2±3.3 Aa	2.8±0.3 Bb	1.3±0.6 Bb	2.9±0.6 Bb
		高肥力	13.5±3.2 Ba	10.7±2.2 Aab	8.8±1.3 Ab	9.8±1.5 Ab
	叶	低肥力	12.7±2.1 Aa	2.4±0.8 Bb	2.9±1.0 Bb	1.4±0.4 Ab
		高肥力	20.5±2.3 Aa	10.2±2.1 Ab	10.2±2.1 Ab	5.1±0.9 Bc
0.053～0.25 mm	根	低肥力	3.5±0.1 Ba	1.6±0.8 Ab	1.1±0.1 Ab	1.5±0.1 Ab
		高肥力	3.6±0.3 Aa	2.0±0.8 Ab	1.0±0.4 Ab	1.8±0.7 Ab
	茎	低肥力	6.6±1.1 Aa	2.8±0.4 Ab	1.3±0.2 Ab	2.9±0.8 Ab
		高肥力	3.6±1.1 Aa	2.1±1.0 Aab	1.1±0.1 Ab	1.9±0.7 Bab
	叶	低肥力	1.1±0.2 Ca	0.17±0.1 Bb	0.5±0.0 Ba	1.1±0.0 Ba
		高肥力	4.5±0.9 Aa	1.7±0.8 Ab	1.1±0.2 Ab	2.1±0.5 Ab

（续）

团聚体级别	残体类型	肥力水平	60 d	90 d	180 d	540 d
<0.053 mm	根	低肥力	4.6±0.6 Ba	6.3±1.4 Aa	1.4±0.8 Ab	1.6±0.5 Ab
		高肥力	3.6±0.8 Aa	3.0±0.8 Aa	1.9±0.7 Ab	1.8±0.2 Ab
	茎	低肥力	3.7±1.1 Bb	8.4±1.2 Aa	1.3±0.5 Ac	1.2±0.2 Ac
		高肥力	2.4±0.8 Aa	1.4±0.6 Bab	1.1±0.9 Ab	0.7±0.0 Ab
	叶	低肥力	10.3±2.1 Aa	8.7±1.4 Aa	1.3±0.5 Ab	1.2±0.5 Ab
		高肥力	3.5±0.9 Aa	2.9±0.8 Aa	1.3±0.2 Ab	1.3±0.7 Ab

注：不同小写字母表示相同肥力水平土壤不同采样时间之间的差异显著（$P<0.05$）；不同大写字母代表相同采样时间和相同肥力水平土壤不同残体类型添加之间存在显著性差异（$P<0.05$）。

七、讨论和结论

1. 玉米不同残体碳对土壤中不同粒径团聚体比例的影响

外源新碳添加对土壤中不同粒径团聚体的分布有很大影响，但两种不同肥力水平的变化趋势基本一致。玉米残体添加后，土壤团聚体的动态分布呈现出两个不同的阶段。第一阶段表现为玉米残体添加后，大团聚体迅速形成阶段，表现为>2 mm 的团聚体显著增加，小团聚体迅速减少的阶段。我们的结果与 Condron 等（2010）的发现一致，新鲜的有机物料施入时，微生物的活性会刺激微团聚体形成大团聚体（Li et al.，2019）。此外，真菌菌丝形成的菌丝网络也会通过胞外多糖的将土壤颗粒黏在一起，聚集的颗粒主要形成大团聚体（Tisdall et al.，1997）。Chigineva 等（2009）的研究表明，添加不稳定碳可快速提升真菌的活性助其生长。因此，大团聚体的增加可能与玉米残体分解初期真菌活性及其菌丝网络的增强有关。在第二阶段，所有处理都显示出大团聚体的比例降低，同时小团聚体的比例显著增加，这可能是由于随着时间的延长，玉米残体腐解后所剩的胶结物质越来越少，导致大团聚体开始分解成为小团聚体。在培养初期，因为茎、叶中含有更多的可溶性物质，很容易被微生物分解利用（Xu et al.，2019），添加茎、叶的处理在第 60 天的大团聚体比例显著高于根处理，在粉粒＋黏粒中，低肥力土壤添加叶处理的比例大于根和茎处理，在高肥力土壤中，不同残体类型对土壤粉粒＋黏粒组成无显著影响，这主要是因为高肥力土壤连年施用猪粪肥，微生物活性强，土壤有机碳含量高，第一个采样时间是第60 天，可能错过了叶对黏粒组成影响明显的时期。本研究田间长时间培养试验，尽管根的主要成分是角质和木质素，很难被微生物利用和分解，但是经过了 540 d 的分解和转化，>2 mm 的团聚体组成已经因为外源添加物的类型不同而有差异。大团聚体比例在培养期间，处于一个波动的状态，这是由于土壤团聚体形成过程中，大团聚体的破碎和小团聚体的形成，这两者总是处于一个波动的状态（杨如萍 等，2010）。这些结果表明，作物残体的添加可以显著改变土壤团聚体结构。

根据团聚体层次理论，新添加的有机物，如作物残渣输入，可以在大团聚体中富集新鲜有机物，从而使微团聚体比大团聚体具有更好的保护能力（Six，2000；Helfrich et al.，2008）。以往的大多数研究都解释了不同的团聚体对土壤有机质具有的物理保护作用，有报道称，大团聚体比微团聚体对养分循环的贡献更大（Aoyama et al.，2000）。施用肥料增加了土壤有机质和大团聚体比例，从而导致更多的氮积累（Mikha and Rice，2004）。在这种情况下，由于新添加的秸秆与微团聚体部分结合，产生了较大的大团聚体。微团聚体结合态碳是物理保护的主要成分，在长期稳定和隔离碳方面发挥了重要作用。

平均重量直径是土壤团聚体质量状况综合评价的一个重要指标，指示着土壤团聚体的稳定性（裴久渤，2015），其值越大说明土壤团聚程度越高，抵抗腐蚀的能力越强。根据公式计算得出不同时期各处理棕壤团聚体的平均重量直径值。土壤团聚体平均重量直径值在低肥力土壤中要低于高肥力土壤，且两种不同肥力水平土壤的土壤团聚体平均重量直径均为第 60 天最高，表明玉米残茬在腐解过程中可以为土壤提供胶结物质，随着玉米残茬腐解趋于稳定，释放的胶结物质越来越少，也降低了土壤的团聚化程度。

2. 不同残体类型对土壤团聚体有机碳含量的影响

不同肥力水平的土壤团聚体有机碳含量不同。连年化肥与有机肥配施的高肥力土壤，其土壤有机碳含量高，土壤团聚体有机碳含量也高，在整个培养过程中，小团聚体的质量分数变化不明显，表明外源残体的添加对小团聚体的影响不明显，因为稳定性较好是小团聚体具有的特点之一，所以具有防止微生物分解土壤有机质的能力（Tisdall and Oades，1982），这表明高肥力土壤中的碳固存和稳定性的潜力在增加。这一结果表明，长期施肥可提高土壤团聚体中碳的稳定性。这一结果与之前的报告一致，即小团聚体中的碳和大团聚体中的碳相比，其周转的速率更慢。然而，与低肥力土壤相比，高肥力土壤中的碳含量更稳定的状态加速了秸秆碳在土壤中的稳定。在高肥力土壤中，秸秆碳可能优先为微生物提供能源，并通过土壤大团聚体和微团聚体部分的淋溶或矿化而流失（Li et al.，2011）。研究发现，低肥力土壤中秸秆碳对团聚体有机碳的贡献大于高肥力土壤。这可能归因于土壤有机碳饱和亏缺对土壤中秸秆碳积累的影响（Poirier et al.，2014）。Xu 等（2019）的研究显示，经过 360 d 的培养，土壤中残留的玉米秸秆碳不到 30%。研究中使用的玉米秸秆被切成小于 0.425 mm 的节段。一方面，土壤样品可以与玉米秸秆充分均匀地混合；另一方面，秸秆碳粒径小，经物理、化学和生物处理后迅速分解，在土壤团聚体中迅速稳定分布（Xu et al.，2020）。淤泥和黏土组分中的秸秆碳可通过与淤泥和黏土矿物吸附、与铁和铝及氧化物结合或在微团聚体组分中阻塞来保护有机碳（Six et al.，2014）。

本研究发现，两种不同肥力土壤的团聚体有机碳含量变化趋势不明显，主要是 >0.25 mm 的大团聚体赋存的有机碳含量更多，<0.25 mm 的微团聚体赋存的土壤有机碳含量少些，这是因为农田土壤团聚体有机碳更容易向团聚化进行的方向富集，其中高肥土壤各级团聚体中可以固存更多的有机碳，培养时间越来越长，不同处理不同粒级的土壤有机碳含量呈现出下降趋势，是由于玉米残体的分解导致的（裴久渤，2015；Li et al.，2019）。谢柠桧（2016）的研究结果为 >2 mm 的颗粒有机碳含量最低，与本研究结果不一致，这是因为本研究为田间试验，是在自然条件下进行的，>2 mm 的团聚体聚集得多，而谢柠桧（2016）的研究是在实验室内恒温恒湿的培养箱内进行的。玉米残体还田对不同土壤团聚体中有机碳含量有显著影响，随着粒径的减小而降低。微团聚体中固存的土壤有机碳，是土壤物理保护的关键（Six et al.，2000），在长期储存碳方面发挥了重要作用（Denef et al.，2007）。先前的研究表明，与大团聚体中的碳相比，微团聚体相关的碳表现出较慢的周转率（Balesdent et al.，2000）。Buyanovsky 等（1994）报道了碳的平均停留时间在微团聚体中相比于在大团聚体，多 2～8 倍。玉米残体还田后，不仅对土壤团聚体的结构产生影响，同时对团聚体中碳的分配产生影响。

3. 不同肥力土壤中玉米残体碳在团聚体中的动态及滞留

玉米残体碳对土壤的输入主要是通过物理、化学和生物机制分配到土壤团聚体中的，并稳定在土壤团聚体中。高肥力土壤的各团聚体组分的残体碳含量高于低肥力土壤，这表明外源有机碳在不同肥力水平土壤中的固碳能力与土壤初始有机碳含量密切相关。Majumder 和 Kuzyakov（2010）指出，外源碳在团聚体中的富集与土壤有机碳含量有关。Sun 等（2017）同样报道，由于母质的黏土胶体中有大量的吸附位点，提高了固碳能力，因此充足的外源碳可以很快地融入有机碳含量低于表层土壤的母质中。新添加的有机碳可以作为结合剂来刺激微团聚体部分形成更大的宏观团聚体。

在本研究中，观察到玉米残体碳首先赋存于大团聚体中，表明大团聚体能够为外源新碳的稳定和储存提供有利的微生物条件和空间环境。有研究显示土壤团聚体形成遵循层次序列模型（即随着团聚体尺寸的增加，土壤有机碳同样呈现出增加的趋势），这一研究结果和 Xu 等（2020）一致。一般而言，大团聚体为玉米残体碳的固定提供更多的物理保护，但随着团聚体的破裂和微团聚体的形成，大团聚体中的有机碳会向微团聚体和黏粉粒组分中迁移，导致赋存于大团聚体中的玉米残体碳随时间逐渐减少。由此可见，大团聚体中更有利于较新鲜有机碳的固存，但这些有机碳稳定性也较差，容易受到外界环境及农田管理措施的影响。因此，大团聚体中有机碳的赋存情况可以作为农田管理措施变化的良好预测因子。相反，微团聚体中虽然有机碳储量较低，但有机碳稳定性却较高，使得其有机碳含量能长期维持在较稳定的状态。玉米残体碳在大团聚体向微团聚体迁移的过程中，也逐渐由"新碳"变为"老碳"，最终通过与矿物结合等化学保护作用，而长久地固定于微团聚体中。因此，化学结合能力的大小以及矿物表面碳结合位点的多寡成为微团聚体中有机碳分子稳定性的关键。

玉米残体添加会改善土壤团聚体中有机碳的稳定性。结果表明，土壤团聚体碳对玉米不同残体类型和土壤肥力水平的响应存在差异，为合理的农业管理实践提供了潜在的土壤碳固定措施。与低肥力土壤相比，高肥力土壤的大团聚体组分具有较高的外源残体碳含量，说明高肥力土壤可以提供更多的养分物质来增加大团聚体组分中的碳含量。微团聚体部分被有机成分（如根、真菌菌丝和黏液）结合在一起，残体碳的输入可能导致土壤有机碳被包裹在微团聚体中，并促进土壤有机碳在其中的积累（Cotrufo et al.，2015）。

结果表明，团聚体组分是稳定土壤肥力和秸秆投入水平的重要机制。事实上，玉米残茬的投入通过提供多种化合物（如多糖胶和多价阳离子）来增强土壤团聚体碳的固存，这些化合物将土壤细颗粒结合并重新排列成更稳定的团聚体结构（Cotrufo et al.，2015）。

此外，一些研究表明，土壤碳氮比是调节外源碳吸收和土壤有机质转化的重要因素（Malhia et al.，2011）。平衡供应的碳和氮，可以减少土壤微生物对土壤有机质的需求，进而减少土壤碳的分解（Zhang et al.，2012）。残体碳进入土壤中，土壤中氮同化过程加快，高肥力呈现出低碳氮比，说明可以释放出更多更有效的用于微生物生长的碳和氮，并且对残体碳的固存更有帮助。同时，在低肥力水平的土壤中没有充足的氮和/或磷的背景条件下，过量的碳进入低微生物活性和碳、氮含量同时较低的土壤环境中，用于微生物的代谢过程则需要较长时间。施用有机肥和合成肥料在高肥力土壤中，有机物的分解产生的腐殖质在大团聚体中起到结合剂的作用（Liu et al.，2007）。

据报道，植物残渣中含有约 25% 的可溶性和易分解的化合物（Swift et al.，1979），其中玉米叶中的可溶性物质和易分解物质高于茎和根，微生物对这些易得化合物的分解速度在早期呈现出最大水平，最为显著的是在植物残茬添加在土壤中的第一个月后（Marschner et al.，2011）。不同水平土壤的微生物群落结构和活性不同（Chu et al.，2007；Jangid et al.，2008），这对植物残体碳在土壤中的分解具有重要意义，未来应该在不同团聚体中添加外源玉米残体碳，测定其微生物活性、群落和 CO_2 排放。

结果表明，团聚体组分受土壤肥力和残体投入类型的影响。事实上，玉米残体的投入通过提供多种化合物（如多糖胶和多价阳离子）来增强土壤团聚体碳的隔离作用，这些化合物将土壤细颗粒结合并重新排列成更稳定的团聚体结构（Cotrufo et al.，2015）。

综上，本节可得出以下结论：①玉米残茬的添加可以显著提高土壤有机碳在团聚体中的分布和稳定性。两种不同肥力土壤的团聚体有机碳含量变化趋势不明显，主要是 >0.25 mm 的大团聚体赋存的有机碳含量更多，<0.25 mm 的微团聚体赋存的土壤有机碳含量少些。②高肥土壤各级团聚体中可以固存更多的有机碳，而随着培养时间的延长，除 <0.053 mm 的团聚体外，其余各粒级团聚体土壤有机碳含量呈现降低的趋势，两种肥力水平土壤的 <0.053 mm 粒级的土壤有机碳含量变化不明显。③培养初期，不同玉米残体添加的各粒级的残体碳含量差异显著，但培养结束时，各粒级团聚体的残体碳含量不受玉米残体类型的影响。培养 60 d，高肥力土壤中添加茎处理的 0.25～2 mm 粒级中的团聚体残体碳含量最高为 1.76 g/kg，该添加根处理的残体碳含量为 1.50 g/kg 及添加叶处理的残体碳含量为 1.46 g/kg；低肥力土壤中 0.25～2 mm 粒级中的团聚体残体碳含量为添加叶处理>茎处理>根处理，分别为 1.66 g/kg、1.51 g/kg、1.36 g/kg。培养结束时，不同玉米残体添加的各粒级的残体碳含量差异不显著。总之，残体碳在团聚体中的稳定和分布随土壤肥力水平和玉米残体类型的变化而变化。农田土壤团聚体有机碳更容易向团聚化进行的方向富集，未来应进一步进行微生物的作用机理研究，以期更好地从微生物活动角度来解释外源碳的转化过程，为土壤团聚体碳组分碳的分解提供更多的理论依据。

第 五 章

玉米秸秆碳在土壤不同碳库中的赋存与保护机制

确定不同有机碳库的大小、组成及驻留时间是解决碳"未知汇"的途径之一。不同研究者对土壤有机碳的分组也不尽相同，先后提出了许多模型（Six et al.，2002）。不同的模型都是针对土壤有机碳在土壤中的稳定性来进行划分的，目的就是把土壤有机碳分成相对均一性质相近的组分。土壤有机碳不同稳定机制的分离技术已取得了一定程度的进展，分组方法主要分为物理分组、化学分组以及生物分组。进入土壤中的有机碳主要通过团聚体物理保护、化学保护以及化学结构转化而在土壤中得以稳定保存与积累。土壤结构间的差异，导致了有机碳的可进入性不同，进而影响了有机碳组分的周转与稳定。以往对土壤有机碳库组分的研究多集中在总有机碳库或者是组分有机碳含量的简单变化以及相互关系方面，以表明土壤有机碳的不同组分对有机碳的周转特征，很少有研究区分不同保护机制的有机碳组分中原土壤来源的有机碳和秸秆来源的有机碳。此外，农业管理措施是影响土壤有机碳含量和碳库潜力的主导因素，最容易实现的农业管理措施中包括了施肥和秸秆还田。有机物质的投入对土壤不同保护机制有机碳组分的分解及积累有重要影响。一些长期定位试验的研究结果表明，秸秆还田配合有机肥的施用能够提升土壤碳库水平，这些措施一开始促进了土壤碳活性组分的分解，可以有效地抑制原有土壤有机碳分解和矿化；随着土壤肥力水平的提高，土壤中稳定态的腐殖化有机碳的分解受到抑制。然而，作物残体还田后，其自身有机碳在土壤不同有机碳库中的赋存及周转情况还有待深入研究。本章主要利用碳稳定同位素示踪技术，通过室内培养和田间原位模拟等方法，研究在不同土壤类型、施肥、秸秆部位和秸秆添加量条件下，秸秆碳在不同保护机制组分之间的分配和随时间的动态变化，探讨不同保护机制组分之间的相互关系及影响，深入揭示土壤有机碳的固定和保护机制，进而为采取有效的农业管理措施来改良土壤、提高地力、防止水土流失提供更科学、更准确的指导依据。

第一节　玉米秸秆碳在不同肥力棕壤碳库中的赋存

一、材料与方法

1. 供试材料

供试土壤和有机物料见第三章第一节。

2. 试验设计

试验设计见第三章第一节。

3. 测定方法

土壤微生物生物量碳采用氯仿熏蒸提取法。称取相当于 10 g 烘干重的新鲜土样置于真空干燥器中，同时将无水乙醇提纯的氯仿放入真空干燥器中，用真空泵抽至氯仿沸腾，并保持 5 min。然后将抽真空的干燥器置于 25 ℃的恒温培养箱中熏蒸 24 h。熏蒸结束后，向培养的土样中加入 0.5 mol/L 的 K_2SO_4 溶液（水土比为 1∶4）振荡 30 min，用 0.45 μm 的滤膜过滤。氯仿熏蒸的同时做不熏蒸的空白处理。提取的溶液一部分用于可溶性有机碳的分析，另一部分溶液冷冻干燥以测定其 $\delta^{13}C$ 值。提取液的有机碳含量用 Total Organic Carbon Analyzer（Element high TOC Ⅱ，德国）测定，$\delta^{13}C$ 值用 EA - IRMS 测定。可溶性有机碳采用 K_2SO_4 溶液提取，即不熏蒸土壤提取的有机碳。

4. 计算方法

微生物生物量碳（C_{MBC}，mg/kg）含量的计算公式如下：

$$C_{MBC}=\frac{C_{fum}-C_{nfum}}{k_{EC}}$$

式中，C_{fum} 和 C_{nfum} 分别指熏蒸和不熏蒸土壤 K_2SO_4 提取液中可溶性有机碳的含量（mg/kg）；k_{EC} 为将提取的有机碳转换成生物量碳的转换系数，取值为 0.45。

MBC 的 $\delta^{13}C$ 值（$\delta^{13}C_{MBC}$，‰）计算公式（Balesdent and Mariotti，1990）：

$$\delta^{13}C_{MBC}=\frac{\delta^{13}C_{fum}\times C_{fum}-\delta^{13}C_{nfum}\times C_{nfum}}{C_{fum}-C_{nfum}}$$

式中，C_{fum} 和 C_{nfum} 分别指熏蒸和不熏蒸 K_2SO_4 提取液中可溶性有机碳的含量（mg/kg）。$\delta^{13}C_{fum}$ 和 $\delta^{13}C_{nfum}$ 分别指熏蒸和不熏蒸 K_2SO_4 提取液的 $\delta^{13}C$ 值（‰）。

土壤有机碳组分中玉米秸秆碳所占比例（f）的计算公式（De Troyer et al.，2011）：

$$f=\frac{\delta^{13}C_{sample}-\delta^{13}C_{control}}{\delta^{13}C_{maize}-\delta^{13}C_{control}}$$

式中，$\delta^{13}C_{sample}$ 指添加秸秆处理土壤有机碳组分 $\delta^{13}C$ 值；$\delta^{13}C_{control}$ 指不加秸秆处理土壤有机碳组分的 $\delta^{13}C$ 值；$\delta^{13}C_{maize}$ 指玉米秸秆的 $\delta^{13}C$ 值。

土壤有机碳组分中玉米秸秆来源碳（C_{maize}）和原土壤来源有机碳（C_{soil}）含量计算公式（Blaud et al.，2012）：

$$C_{maize}=C_{sample}\times f$$
$$C_{soil}=C_{sample}\times(1-f)$$

式中，C_{sample} 指添加秸秆后土壤有机碳组分总有机碳含量。

5. 数据处理与分析

数据处理与分析方法见第三章第一节。

二、添加秸秆对土壤可溶性有机碳含量及其 $\delta^{13}C$ 值影响

1. 可溶性有机碳 $\delta^{13}C$ 值

可溶性有机碳（DOC）是土壤中具有生物活性的有机质，是土壤微生物的基质。可溶性有机碳一般采用水、1 mol/L KCl 溶液、0.5 mol/L K_2SO_4 溶液和 0.01 mol/L $CaCl_2$ 溶液浸提。本研究中将微生物生物量碳测定时不熏蒸处理提取的有机碳含量作为可溶性有

机碳。不添加秸秆土壤可溶性有机碳的 $\delta^{13}C$ 值随时间变化不明显（数据未列出）。整个培养期间低肥力、中肥力与高肥力的 $\delta^{13}C$ 值平均分别为 $-24.46‰\pm0.20‰$、$-24.12‰\pm0.27‰$ 与 $-24.27‰\pm0.15‰$。不同肥力土壤添加秸秆后可溶性有机碳的 $\delta^{13}C$ 值随时间的变化（图 5-1）：第 30 天，低肥力、中肥力与高肥力处理分别为 $-9.77‰$、$-14.36‰$ 与 $-13.39‰$；第 60 天，土壤可溶性有机碳的 $\delta^{13}C$ 值都降低到 $-19.61‰$ 左右，且处理间没有明显差异；而在第 90 天，可溶性有机碳的 $\delta^{13}C$ 值又都升高，低肥力、中肥力与高肥力处理分别比第 60 天增加 $1.18‰$、$5.12‰$ 与 $6.00‰$；第 180 天，三个处理土壤可溶性有机碳的同位素值在 $-18.97‰\sim-18.18‰$；第 365 天，中肥力与高肥力处理变化不大，但低肥力处理较第 180 天增加 $4.06‰$。

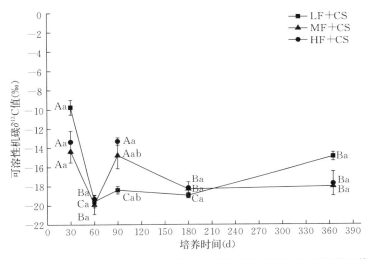

图 5-1　不同肥力水平土壤添加标记玉米秸秆后可溶性有机碳 $\delta^{13}C$ 值

注：LF、MF、HF 分别代表低肥力、中肥力和高肥力土壤；CS 代表 ^{13}C 标记玉米秸秆。不同大写字母表示同一肥力水平土壤不同培养时间的差异显著（$P<0.05$）；不同小写字母表示同一培养时间不同肥力水平间差异显著（$P<0.05$）。

2. 可溶性有机碳含量

不添加秸秆土壤可溶性有机碳变化见图 5-2。各处理可溶性有机碳含量随时间变化呈现为升高—降低—升高的趋势。高肥力与中肥力处理间可溶性有机碳含量差异不大，且高于低肥力处理。添加秸秆显著增加了土壤可溶性有机碳含量（$P<0.05$），尤其在培养第 30 天添加秸秆可溶性有机碳含量比不添加秸秆增加了 $2.7\sim4.2$ 倍（图 5-3）。

由图 5-3 可以看出不同肥力土壤添加秸秆后可溶性有机碳含量随时间变化的趋势不同。低肥力土壤可溶性有机碳含量在第 60 天达到最高值（约 1 320 mg/kg）；在第 30 天和第 180 天最低（平均为 920 mg/kg）。中肥力土壤可溶性有机碳含量在第 30 天和第 90 天达到最大值（平均为 1 380 mg/kg）；在第 180 天值最小（约 850 mg/kg）。高肥力土壤可溶性有机碳含量从第 30 天的 1 000 mg/kg 持续增加到第 90 天的 1 145 mg/kg。无论肥力水平高低，可溶性有机碳含量从第 90 天后降低；在第 180 天降低到最小值（平均 865 mg/kg）；180 d 后随时间变化表现为轻微增加的趋势。添加秸秆后高肥力处理在整个培养期间（除第 30 天与第 180 天外）可溶性有机碳含量都低于中肥力与低肥力处理。在第 30 天

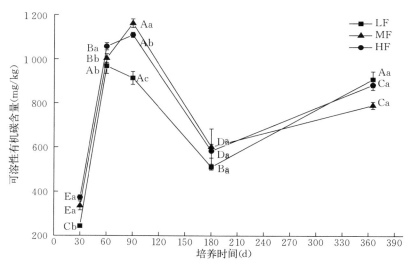

图 5-2 不添加秸秆不同肥力水平土壤可溶性有机碳含量

注：LF、MF、HF 分别代表低肥力、中肥力和高肥力土壤。不同大写字母表示同一肥力水平土壤不同培养时间的差异显著（$P<0.05$）；不同小写字母表示同一培养时间不同肥力水平间差异显著（$P<0.05$）。

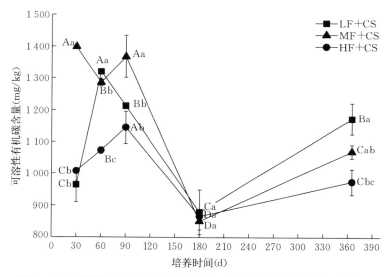

图 5-3 不同肥力水平土壤添加标记玉米秸秆后可溶性有机碳含量

注：LF、MF、HF 分别代表低肥力、中肥力和高肥力土壤；CS 代表^{13}C 标记玉米秸秆。不同大写字母表示同一肥力水平土壤不同培养时间的差异显著（$P<0.05$）；不同小写字母表示同一培养时间不同肥力水平间差异显著（$P<0.05$）。

中肥力处理土壤可溶性有机碳含量比低肥力和高肥力处理平均高 1.4 倍，然而在第 180 天不同肥力水平之间可溶性有机碳含量没有显著差异（$P>0.05$）。

3. 可溶性有机碳的来源

土壤肥力水平和培养时间显著影响（$P<0.05$）秸秆来源的可溶性有机碳（^{13}C-DOC）的变化（图 5-4）。可溶性有机碳主要以原土壤来源的有机碳（^{12}C-DOC）为主，秸秆来源的有机碳占 3%～10%（图 5-5）。第 30 天、第 60 天、第 365 天，低肥力处理

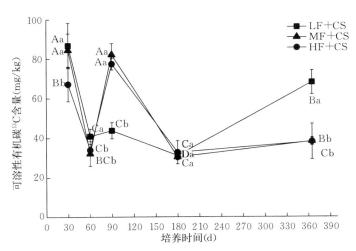

图 5-4　不同肥力水平土壤添加标记玉米秸秆后可溶性有机碳^{13}C 含量

注：LF、MF、HF 分别代表低肥力、中肥力和高肥力土壤；CS 代表^{13}C 标记玉米秸秆。不同大写字母表示同一肥力水平土壤不同培养时间差异显著（$P<0.05$）；不同小写字母表示同一培养时间不同肥力水平间差异显著（$P<0.05$）。

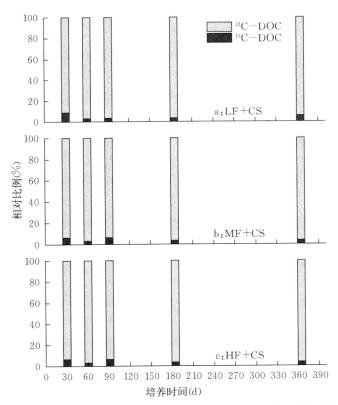

图 5-5　不同肥力水平土壤添加标记玉米秸秆后不同来源碳对土壤可溶性有机碳的相对贡献

注：a、b、c 分别指低肥力（LF）、中肥力（MF）和高肥力（HF）水平土壤添加^{13}C 标记秸秆（CS）后原土壤的可溶性有机碳（^{12}C-DOC）和秸秆来源的可溶性有机碳（^{13}C-DOC）对总的可溶性有机碳的相对贡献。

^{13}C-DOC 含量高于高肥力处理；第 90 天，低肥力处理低于高肥力处理；第 180 天三个处理间没有差异（图 5-4）。低肥力土壤 ^{13}C-DOC 在第 30 天达到峰值，其占可溶性有机碳比例约为 10%；^{13}C-DOC 随时间变化逐渐降低，第 180 天单位质量土壤 ^{13}C-DOC 含量降低到 31 mg/kg；180 d 后 ^{13}C-DOC 缓慢增加，在第 365 天时约 6% 的可溶性有机碳来源于秸秆。第 30 天和第 90 天，中肥力土壤可溶性有机碳中秸秆来源有机碳比例最大，约为 6%；第 60 天，秸秆来源有机碳比例最低，约为 2.5%。高肥力土壤（除第 30 天和第 90 天）^{13}C-DOC 占可溶性有机碳的比例为 4% 左右。

三、添加秸秆对土壤微生物生物量碳含量及 δ^{13}C 值的影响

1. 微生物生物量碳 δ^{13}C 值

微生物生物量碳（MBC）δ^{13}C 值的变化可以反映微生物碳源的变化。不添加秸秆微生物生物量碳的 δ^{13}C 值随时间变化不明显（数据未列出），整个培养期间低肥力、中肥力和高肥力处理微生物生物量碳的 δ^{13}C 值平均分别为 $-24.99‰ \pm 0.58‰$、$-21.09‰ \pm 0.67‰$ 和 $-20.74‰ \pm 0.49‰$。标记秸秆的添加显著增加了微生物生物量碳的 δ^{13}C 值（图 5-6）。添加秸秆 30～180 d 期间低肥力处理微生物生物量碳 δ^{13}C 值显著高于中肥力与高肥力处理，低肥力处理微生物生物量碳的 δ^{13}C 值不低于 96‰，且随时间变化呈下降趋势；中肥力处理随时间变化先上升后下降；而高肥力处理表现为先下降再上升后下降的趋势。秸秆加入土壤第 30 天时高肥力处理微生物量碳的 δ^{13}C 值比中肥力处理高 12.21‰；而在 60～180 d 期间中肥力处理平均比高肥力高 6.49‰。第 365 天与第 180 天相比，低肥力和中肥力处理分别降低 32.37‰ 和 22.74‰，高肥力处理变化不大。

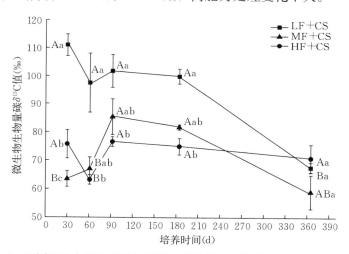

图 5-6 不同肥力水平土壤添加标记玉米秸秆后土壤微生物生物量碳 δ^{13}C 值

注：LF、MF、HF 分别代表低肥力、中肥力和高肥力土壤；CS 代表 ^{13}C 标记玉米秸秆。不同大写字母表示同一肥力水平土壤不同培养时间差异显著（$P<0.05$）；不同小写字母表示同一培养时间不同肥力水平间差异显著（$P<0.05$）。

2. 微生物生物量碳含量

微生物生物量碳是土壤有机碳的活性碳库，对温度和水分等的反应敏感。由图 5-7 可以看出整个培养期间不加秸秆处理土壤的微生物生物量碳含量随时间变化表现为先增加

后降低再增加的趋势（除了低肥处理），且高肥力＞中肥力＞低肥力。

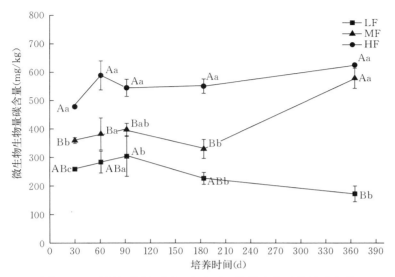

图 5-7　不添加秸秆不同肥力水平土壤微生物生物量碳含量

注：LF、MF、HF 分别代表低肥力、中肥力和高肥力土壤。不同大写字母表示同一肥力水平土壤不同培养时间差异显著（$P<0.05$）；不同小写字母表示同一培养时间不同肥力水平间差异显著（$P<0.05$）。

添加标记秸秆显著增加了土壤微生物生物量碳含量，其微生物生物量碳含量平均为不加秸秆处理的 2.5 倍（图 5-8）。低肥力土壤添加标记秸秆后，微生物生物量碳含量从第

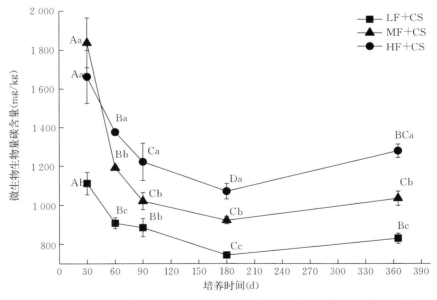

图 5-8　不同肥力水平土壤添加标记玉米秸秆后土壤微生物生物量碳含量

注：LF、MF、HF 分别代表低肥力、中肥力和高肥力土壤；CS 代表 ^{13}C 标记玉米秸秆。不同大写字母表示同一肥力水平土壤不同培养时间差异显著（$P<0.05$）；不同小写字母表示同一培养时间不同肥力水平间差异显著（$P<0.05$）。

30 天的 1 110 mg/kg 迅速降低到第 180 天的 740 mg/kg；180 d 后微生物生物量碳增加到 830 mg/kg（图 5 - 8）。中肥力和高肥力土壤添加秸秆后微生物生物量碳随时间的动态变化与低肥力土壤趋势相似。添加秸秆第 30 天，中肥力处理微生物生物量碳含量比高肥力处理高 200 mg/kg，比低肥力处理高 700 mg/kg；30 d 后高肥力处理微生物生物量碳含量比低肥力高 1.5 倍，中肥力处理比低肥力处理高 1.2 倍。

3. 微生物生物量碳来源

不同肥力土壤添加标记秸秆培养一年后，50%～85% 的微生物生物量碳来源于秸秆碳（图 5 - 9 和图 5 - 10）。秸秆来源的微生物生物量碳（^{13}C - MBC）在土壤中动态变化随培养时间增加不断降低（除高肥力处理第 365 天，图 5 - 9）。标记秸秆加入土壤第 30 天秸秆来源的微生物生物量碳含量最高，低肥力、中肥力和高肥力处理单位质量土壤 ^{13}C - MBC 分别为 928 mg/kg、974 mg/kg 和 1 009 mg/kg；一年后单位质量土壤 ^{13}C - MBC 显著减少，低肥力、中肥力和高肥力处理分别比第 30 天减少了 49%、46% 和 38%。第 60 天、第 180 天和第 365 天，高肥力处理 ^{13}C - MBC 高于低肥力和中肥力处理。在第 30 天和第 90 天肥力水平对 ^{13}C - MBC 没有显著影响（$P > 0.05$）。

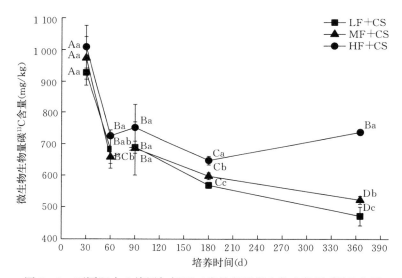

图 5 - 9　不同肥力土壤添加标记玉米秸秆后微生物生物量碳 ^{13}C 含量

注：LF、MF、HF 分别代表低肥力、中肥力和高肥力土壤；CS 代表 ^{13}C 标记玉米秸秆。不同大写字母表示同一肥力水平土壤不同培养时间差异显著（$P < 0.05$）；不同小写字母表示同一培养时间不同肥力水平间差异显著（$P < 0.05$）。

低肥力处理在第 30 天、第 60 天、第 90 天、第 180 天秸秆碳对微生物生物量碳的相对贡献达 75% 以上；第 365 天该比例降到 57%（图 5 - 10）。中肥力处理，第 30 天、第 60 天、第 365 天秸秆来源的微生物生物量碳和原土壤来源的微生物生物量碳（^{12}C - MBC）对总微生物生物量碳的贡献几近相等，其比例平均分别为 52% 和 48%；第 90 天和第 180 天微生物生物量碳中秸秆碳的相对贡献是原土壤来源碳的 2 倍。高肥力处理，约 60% 的微生物量碳来源于秸秆（除第 60 天，该比例为 53%）。总之，在整个培养期间低肥力土壤秸秆碳对微生物生物量碳的相对贡献高于中肥力和高肥力土壤。

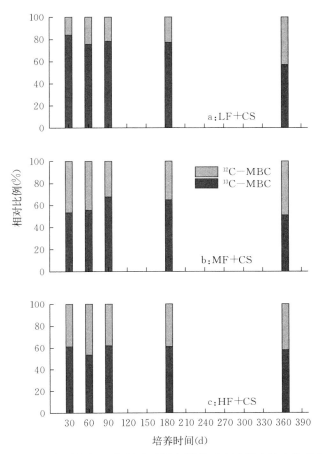

图 5-10　不同肥力土壤添加标记秸秆后不同来源碳对土壤微生物生物量碳的相对贡献

注：a、b、c 分别指低肥力（LF）、中肥力（MF）和高肥力（HF）水平土壤添加^{13}C 标记秸秆（CS）后原土壤的微生物生物量碳（^{12}C-MBC）和秸秆来源的微生物生物量碳（^{13}C-MBC）对总微生物生物量碳的相对贡献。

四、秸秆碳在不同土壤碳库中的分配

秸秆碳在不同土壤有机碳库中的分配比例见表 5-1。秸秆添加到土壤第 30 天，秸秆碳分配到可溶性有机碳的比例不足 0.5%，分配到微生物量碳的比例约 5%，而 67% 以上的秸秆主要以固态的有机碳形式保留在土壤中。培养结束后，28% 的秸秆碳分配到土壤有机碳，2.4%～3.7% 分配到微生物生物量碳，0.19%～0.34% 分配到可溶性有机碳。秸秆碳分配到土壤有机碳和微生物生物量碳的比例随培养时间增加不断降低，然而可溶性有机碳的变化幅度较大。高肥力和中肥力处理秸秆碳分配到土壤有机碳和微生物生物量碳比例高于低肥力处理。整个培养期间低肥力处理与高肥力和中肥力处理相比，秸秆碳分配到可溶性有机碳的比例较高，但是这个数值很小（仅有 0.34%），并不影响整个秸秆碳的分配趋势。

表 5-1　不同肥力水平土壤玉米秸秆碳在土壤有机碳库中的分配比例（％）

培养时间（d）	可溶性有机碳	微生物生物量碳	土壤有机碳
		低肥力土壤	
30	0.43±0.06 aA	4.63±0.20 aA	81.91±0.84 aA
60	0.20±0.02 aC	3.40±0.30 aB	64.77±0.85 bB
90	0.22±0.02 bC	3.43±0.10 aB	41.44±0.68 cC
180	0.16±0.01 aC	2.84±0.05 bC	32.97±0.22 bD
365	0.34±0.03 aB	2.35±0.14 bD	27.48±0.23 bE
		中肥力土壤	
30	0.42±0.04 aA	4.86±0.34 aA	67.54±3.36 bA
60	0.16±0.03 aB	3.27±0.10 aB	56.62±0.17 cB
90	0.41±0.03 aA	3.42±0.42 aB	44.54±0.80 bC
180	0.15±0.01 aB	2.98±0.05 bBC	33.95±0.59 bD
365	0.19±0.01 bB	2.60±0.06 bC	28.40±0.13 aE
		高肥力土壤	
30	0.33±0.04 aA	5.03±0.33 aA	85.93±1.06 aA
60	0.17±0.00 aB	3.62±0.00 aB	69.26±0.72 aB
90	0.39±0.01 aA	3.75±0.37 aB	56.66±0.67 aC
180	0.16±0.03 aB	3.22±0.07 aB	38.85±0.56 aD
365	0.19±0.04 bB	3.67±0.05 aB	27.90±0.14 abE

注：不同小写字母表示相同培养时间不同肥力水平之间秸秆碳分配差异显著（$P<0.05$）；不同大写字母表示同一肥力水平不同培养时间秸秆碳分配差异显著（$P<0.05$）。

五、讨论和结论

1. 秸秆碳的分配及其对微生物生物量碳的贡献

秸秆中易分解有机碳被微生物优先利用（Blagodatskaya et al.，2011），或被土壤团聚体物理保护（Majumder and Kuzyakov，2010），或被矿物颗粒选择性吸附。这可能是导致可溶性有机碳中秸秆来源碳比例较小的原因。这与前人的研究结果一致（Blagodatskaya et al.，2011；Hagedorn et al.，2004；Perelo and Munch，2005）。De Troyer 等（2011）研究发现秸秆加入土壤 4 h 后，有 65％的可溶性有机碳来源于秸秆碳，然而培养 1 d 后秸秆碳的比例迅速降低到 29％以下。本研究在秸秆加入土壤之后的第 30 天开始第一次采样，因此没有发现可溶性有机碳中存在较高比例的秸秆碳。培养初始阶段秸秆来源的可溶性有机碳主要由亲水性化合物组成，具有较低的芳香性，容易被生物降解；随着秸秆的分解，残留秸秆的可溶性有机碳具有较高的芳香性或疏水性，更难分解。代静玉等（2004）研究表明分解后期可溶性有机碳的化学组成稳定且相似。

114

　　培养初期植物秸秆碳中易分解物质被微生物利用，为其生长提供丰富的碳源与能源（Majumder and Kuzyakov，2010），因此使微生物活性增加，新陈代谢加快，微生物生物量碳和可溶性有机碳含量增加。随着秸秆的不断分解，秸秆中易分解的物质逐渐减少，而难分解的物质在土壤中相对积累。因此，在培养后期随着秸秆易分解养分的耗竭，微生物开始对难分解物质进行分解，供给微生物的碳源和养分减少，分解的速度相对缓慢，微生物生物量碳相对减少（关松　等，2006）。

　　作物秸秆碳可能促进微生物的生长和活性，因此微生物生物量碳中秸秆来源碳的比例较高。不过，原土壤来源有机碳对微生物生物量碳的贡献也相对较大，说明原土壤来源有机碳对微生物的活性和生长也起着同样重要的作用（Blagodatskaya et al.，2014；Pelz et al.，2005），尤其是在中肥力和高肥力土壤。有研究表明原土壤来源的有机碳仍主要是微生物生命活动所需的能源与碳源（王志明　等，2003；李玲　等，2008），这可能与试验条件有关。田间培养和室内培养微生物碳的周转存在一定差异（Perelo and Munch，2005）。李玲等（2008）采用室内保持相同含水量条件进行培养。王志明等（2003）在黄棕壤进行田间原位分解试验，土壤初始有机碳含量较高，秸秆加入比例及秸秆本身的碳氮比（18.5）等与本研究存在很大的差异，这都可能是影响不同来源微生物生物量碳的因素。

　　随培养时间的变化，微生物生物量碳中不同碳源的比例发生变化，说明微生物对基质的同化与其有效性有关（Blagodatskaya and Kuzyakov，2008；Kuzyakov and Bol，2006）。微生物对基质的利用可能会诱发激发效应（Blagodatskaya and Kuzyakov，2008），然而由于本研究是在田间进行培养，CO_2 收集相对困难，因此秸秆加入是否会引起原土壤有机碳的矿化不甚清楚。微生物对不同碳源的利用与微生物群落结构和组成有关（Chen et al.，2014）。例如：真菌和革兰氏阳性细菌比革兰氏阴性细菌较容易同化原土壤来源有机碳（Waldrop and Firstone，2004）。然而 Kramer 和 Gleixner（2006）发现革兰氏阴性细菌易于分解秸秆碳而革兰氏阳性细菌却利用相当数量的原土壤来源的有机碳作为碳源。虽然秸秆碳和原土壤来源有机碳都是微生物生长的碳源，但秸秆碳加入不同肥力土壤之后特定微生物种群对碳源的利用还不是很清楚。

　　本研究秸秆碳分配到微生物生物量碳的比例高于室内培养的研究（De Troyer et al.，2011；Majumder and Kuzyakov，2010）。这可能是因为田间培养与实验室培养相比加速了秸秆碳的周转（Perelo and Munch，2005）。培养过程中秸秆碳的变化可能反映了秸秆作为分解基质其相对质量的变化。从秸秆加到土壤第 30 天到培养结束，秸秆碳分配到土壤的比例由 84％降到 30％。在培养的初始阶段，秸秆中易分解物质（如半纤维素和多糖）能被微生物迅速分解（Lu et al.，2003），然而培养后期主要是分解难分解的稳定成分，例如木质素和纤维等（Majumder and Kuzyakov，2010）。秸秆中易分解碳能被微生物迅速和选择性利用（Blagodatskaya et al.，2011），因此秸秆碳分配到微生物生物量碳的比例（2％～5％）高于分配到可溶性有机碳的比例（不足 0.5％）。

　　季节性变化也可能影响土壤中秸秆碳的分配。在培养的第 180 天秸秆来源的微生物生物量碳和可溶性有机碳最低，这可能与秸秆的生物有效性降低有关。冬季温度和湿度的降低也可能抑制了土壤微生物的活性。从冬季到第二年春季（即培养第 180 天至第 365 天），可溶性有机碳中秸秆来源碳含量的增加可能是因为冻融循环和干湿循环破坏了土壤团聚体，释放一部分可溶性有机化合物。春季温度升高后，玉米秸秆中易分解成分耗尽，微生物可能重新利用微生物的残留产物，例如死的细胞和已经改变同位素组成的可溶性有机产物（Bastida et al.，2013；Blagodatskaya et al.，2011；Perelo and Munch，2005）。这解释了培养 180 d 后微生物生物量碳和可溶性有机碳增加以及微生物生物量碳中较高秸秆碳比例的原因。

2. 土壤肥力水平对秸秆碳的分配和动态变化的影响

与低黏粒含量的高肥力土壤相比，具有高黏粒含量的低肥力土壤虽然秸秆碳分配到微生物生物量碳的比例较小，但是微生物生物量碳中秸秆碳的比例较高。加到土壤中基质可能被黏粒化学吸附或者物理保护（Hassink and Whitmore，1997），从而使其不容易被微生物分解，降低了基质的有效性。本研究的结果表明在低肥力土壤秸秆碳的输入能有效地诱发微生物活性。虽然高黏粒含量增加了微生物与基质之间的联系（Wei et al.，2014），然而由于低肥力土壤本身的微生物生物量碳含量较低，限制了微生物对秸秆的分解，黏粒对微生物活性的影响较小。低肥力土壤秸秆碳对微生物生物量碳相对较高的贡献可能与土壤本身有机碳和微生物生物量碳含量较低有关。秸秆碳的加入使微生物从饥饿状态被激活，从而促进了微生物的生长（Bastida et al.，2013；Fontaine et al.，2003）。高肥力土壤由于土壤本身较高的生物量，原土壤来源的有机碳仍能为微生物的生长和代谢提供有效基质（Majumder and Kuzyakov，2010）。因此，秸秆碳对微生物生物量碳的相对贡献与土壤初始有机碳含量有关。

由于养分的有效性，微生物对秸秆碳的同化可能会诱发微生物对原土壤来源有机碳的矿化（Bastida et al.，2013；Blagodatskaya and Kuzyakov，2008；Fontaine et al.，2003）。田间条件下秸秆碳的周转较快（Perelo and Munch，2005），因此本研究设置加入较高比例的秸秆碳以保证在经过一年长期培养之后能够检测到微生物生物量碳中的 ^{13}C 同位素值。然而高肥力土壤中由于土壤本身的土壤有机碳含量较高，高比例的秸秆碳加入可能会导致土壤有机碳的饱和（Stewart et al.，2008），降低了微生物的活性。Poirier 等（2013）发现在有机碳缺乏的土壤保留在细组分中秸秆碳的数量比有机碳丰富的土壤高。这可能解释了本研究中低肥力土壤具有较高的微生物活性。Majumder 和 Kuzyakov（2010）研究发现施有机肥提高了大团聚体和微团聚体中秸秆来源的微生物生物量碳含量，微生物在团聚体中分配具有异质性。棕壤主要以微团聚体为主，而且高肥力土壤团聚化作用增加（安婷婷 等，2007），但是关于团聚体中微生物碳的活性仍不是很清楚，仍需进一步探究。

综上，本节可得出以下结论：高肥力水平土壤微生物生物量碳含量较高；低肥力水平土壤微生物生物量碳含量较低，微生物生物量碳中秸秆碳的比例最大；微生物对秸秆碳的分配受季节性变化的影响。这些结论说明了不同肥力水平土壤微生物对不同碳源的利用可能与基质的数量和质量、土壤环境条件（例如温度）、土壤初始有机碳和微生物生物量碳有关。土壤的肥力水平影响微生物对秸秆来源的碳或原土壤来源有机碳基质的竞争，但关于微生物对基质的矿化及其对土壤有机碳固定的影响需要进一步研究。

第二节　玉米秸秆碳在不同施肥棕壤碳库中的分配

一、材料与方法

1. 供试材料

供试土壤和有机物料见第四章第一节。

2. 试验设计

试验设计见第四章第一节。

3. 测定方法

在第四章第一节所述团聚体分级之后进行各级团聚体的有机碳物理组分的分离：采用密度分组和颗粒大小分组相结合的方法（Golchin et al.，1994）。具体操作方法如下：称取分离出的 5.0 g 各级水稳性团聚体样品放于 50 mL 离心管中，倒入密度为 1.85 g/cm³ 的碘化钠（NaI）溶液 35 mL，左右晃动 10 次。假如离心管中溶液仍未能完全变成悬浮液，则继续摇晃数次，但不可以增加摇晃的强度，以免团聚体由于扰动而发生破裂。再次抽取 10 mL NaI 溶液冲洗附着在管壁上物质，将离心管放置于 138 kPa 压力下的真空条件中平衡一段时间，以此去除土壤团聚体内闭蓄的空气，20 min 左右之后，再在 20 ℃下离心 60 min。将上层清液用 0.45 μm 的滤膜进行抽滤，并用去离子水冲洗掉残留在滤膜上的碘化钠，留在滤膜上的颗粒物质即为游离态轻组有机碳（LFOC）。将离心管中的重组部分用 50 mL 去离子水冲洗 2～3 次，加入质量浓度为 0.5% 的六偏磷酸钠溶液，放于往复式振荡机上振荡分散 18 h 以后，再将其依次通过 250 μm 与 53 μm 的筛子，获得团聚体内颗粒有机碳（POC），>250 μm 组分为粗颗粒有机碳（cPOC），53～250 μm 组分为细颗粒有机碳（fPOC），<53 μm 的矿物结合态有机碳（mSOC）组分经过沉降后获得，将所获得各有机碳组分烘干、称重、备用。

各有机碳组分中有机碳含量及同位素测定方法参考第三章第一节。

4. 数据处理与分析

数据处理与分析方法见第四章第一节。

二、新有机碳在棕壤团聚体内有机碳物理组分中的去向

1. 各时期棕壤团聚体有机碳物理组分中新有机碳含量

本文估算出团聚体间游离态轻组有机碳、团聚体内粗颗粒有机碳、团聚体内细颗粒有机碳及矿物结合态有机碳中来自玉米秸秆碳的含量（即新有机碳），结果如表 5-2（250～2 000 μm 团聚体）、表 5-3（53～250 μm 团聚体）所示。

表 5-2　各时期（250～2 000 μm 团聚体）有机碳物理组分中新有机碳含量

培养时间（d）	处理	新有机碳含量（g/kg）			
		LFOC-straw	cPOC-straw	fPOC-straw	mSOC-straw
60	CK+CS	80.74	17.6	19.23	2.08
180		78.68	6.27	15.23	2.39
360		46.69	4.80	13.24	2.34
720		14.19	4.17	11.75	2.53

（续）

培养时间（d）	处理	新有机碳含量（g/kg）			
		LFOC-straw	cPOC-straw	fPOC-straw	mSOC-straw
60	MS+CS	126.30	22.59	67.96	2.58
180		88.66	28.40	36.37	2.78
360		36.18	18.56	28.71	2.70
720		13.55	3.28	18.26	3.08
60	OM+CS	80.41	18.26	26.02	2.23
180		60.66	6.29	18.46	2.15
360		41.37	6.25	14.52	1.85
720		29.54	6.41	17.50	2.40

注：CK 代表不施肥土，MS 代表母质土，OM 代表施有机肥土，CS 代表添加秸秆。

表 5-3　各时期（53～250 μm 团聚体）有机碳物理组分中新有机碳含量

培养时间（d）	处理	新有机碳含量（g/kg）		
		LFOC-straw	fPOC-straw	mSOC-straw
60	CK+CS	27.97	7.04	1.54
180		42.45	8.86	1.90
360		30.29	15.74	2.01
720		7.66	7.21	2.05
60	MS+CS	30.33	25.68	1.87
180		30.27	15.63	1.54
360		18.93	20.92	1.99
720		5.21	11.06	2.17
60	OM+CS	80.79	8.84	1.31
180		60.98	6.76	1.18
360		33.06	11.29	1.28
720		10.88	6.87	1.60

注：CK 代表不施肥土，MS 代表母质土，OM 代表施有机肥土，CS 代表添加秸秆。

　　从表 5-2 中可以看出，添加玉米秸秆的不施肥土处理（CK+CS）250～2 000 μm 团聚体有机碳组分中来自玉米秸秆碳含量的大小依次为游离态轻组有机碳＞团聚体内细颗粒有机碳＞团聚体内粗颗粒有机碳＞矿物结合态有机碳。添加玉米秸秆的母质土处理（MS+CS）和施有机肥土处理（OM+CS）250～2 000 μm 团聚体有机碳组分中来自玉米秸秆碳含量多少的顺序与表层土处理（CK+CS）一致；从培养时间上来看，两处理 LFOC-straw、cPOC-straw、fPOC-straw 含量整体表现出降低趋势，而 mSOC-straw 却均表现出略有升高趋势。从表 5-3 中可以看出，各时期棕壤 53～250 μm 团聚体有机碳组分中秸秆源碳含量表现出以上类似的变化结果。

2. 各时期棕壤团聚体有机碳物理组分中新有机碳分配比例

为进一步搞清楚棕壤团聚体有机碳物理组分对有机碳的固定保护机制，本文对各个时期有机碳物理组分中新有机碳含量进行相对百分比折算，以此来反映被固定的秸秆源碳随时间的相对变化程度，结果如图 5-11（250~2 000 μm 团聚体）、图 5-12（53~250 μm 团聚体）所示。

图 5-11 显示了棕壤 250~2 000 μm 团聚体有机碳各个物理组分中秸秆源碳比例随培养时间的动态变化情况，培养 60~720 d 期间，无论不施肥土处理（CK＋CS）还是母质土处理（MS＋CS）或施有机肥土处理（OM＋CS），250~2 000 μm 团聚体有机碳中 LFOC-straw 相对比例表现为整体均在下降，cPOC-straw 相对比例表现为整体均基本持平，fPOC-straw 相对比例表现为整体略有下降后再次升高，mSOC-straw 相对比例表现为始终均在上升。

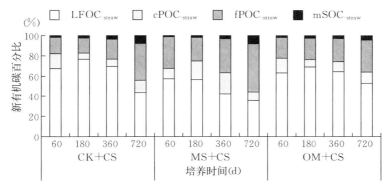

图 5-11 各时期（250~2 000 μm 团聚体）有机碳物理组分中新有机碳比例

注：CK 代表不施肥土，MS 代表母质土，OM 代表施有机肥土，CS 代表添加秸秆。

图 5-12 显示了棕壤 53~250 μm 团聚体有机碳各个物理组分中秸秆源碳比例随培养时间的动态变化情况，培养 60~720 d 期间，各处理中，53~250 μm 团聚体有机碳中 LFOC-straw 相对比例也均表现为整体在下降，fPOC-straw 相对比例表现为整体略有下降后再

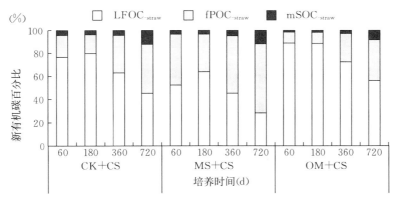

图 5-12 各时期（53~250 μm 团聚体）有机碳物理组分中新有机碳比例

注：CK 代表不施肥土，MS 代表母质土，OM 代表施有机肥土，CS 代表添加秸秆。

次升高，mSOC~straw 相对比例同样表现为始终均在上升。可见，棕壤团聚体有机碳组分稳定性为游离态轻组有机碳＜粗颗粒有机碳＜细颗粒有机碳＜矿物结合态有机碳，说明矿物结合态有机碳相对周转速率最慢，相比之下，它对有机碳的固定保护能力最强。

李江涛等（2004）认为与土壤有机碳平均水平相比，颗粒有机碳更易受到土地利用管理方式的影响，提高土壤中颗粒有机碳的储存量，可以减缓大气中无机碳浓度的升高。土壤中矿物结合的有机碳大多数是有机物矿化以后再经过腐殖化过程重新合成的有机物，受到土壤粉、黏粒的共同保护。本研究表明矿物结合态有机碳含量随时间呈现出升高的趋势，矿物结合态有机碳相对比例随时间也呈现升高的趋势，这足以说明矿物结合态有机碳才是土壤有机碳物理组分的最终分解产物的物理有机形态。

三、各物理组分中有机碳的平均驻留时间

土壤团聚体的平均驻留时间仅反映该级别团聚体中各种有机碳的平均水平，为了更好地理解有机碳在土壤有机组分中的固存机制，本文对提取的土壤团聚体中不同有机碳组分平均驻留时间进行分析，结果如图 5-13（250～2 000 μm 团聚体）、图 5-14（53～250 μm 团聚体）所示。从图 5-13、图 5-14 中明显看出，总体上，在这 4 种有机碳物理组分中平均驻留时间最少的是细颗粒有机碳，其次是游离态轻组有机碳和粗颗粒有机碳，最高的是矿物结合态有机碳，这说明土壤中细小的矿物结合态有机碳组分对碳的固定保护能力更强。整体看来，团聚体内的各种有机碳物理组分的平均驻留时间变化趋势基本与团聚体的平均驻留时间变化一致，即均表现为随时间的延长而升高。MS＋CS 处理中各种有机碳组分平均驻留时间整体上也均低于 CK＋CS 和 OM＋CS 处理。一般被认为缺少多糖成分的木质素之类有机物的平均驻留时间更长（Blagodatskaya et al.，2011）。主要由真菌菌丝和半分解的植物残留物等组成的轻组有机碳组分，有机碳的平均驻留时间短于土壤有机碳的平均水平，周转速率较快，对外界条件的变化十分敏感。土壤团聚体的物理隔离作用致使颗粒有机碳组分中碳得到了较好的保护。土壤矿物吸附的结合态有机碳组分对外界环境变化的影响更不敏感，周转速率较慢，稳定性高，决定了土壤有机碳的长期积累。

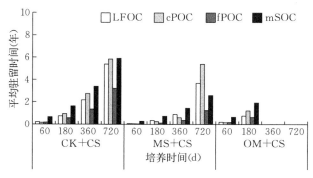

图 5-13　各时期（250～2 000 μm 团聚体）物理组分中有机碳的平均驻留时间
注：CK 代表不施肥土，MS 代表母质土，OM 代表施有机肥土，CS 代表添加秸秆。

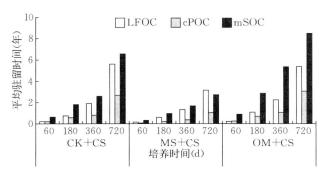

图 5 - 14 各时期（53～250 μm 团聚体）物理组分中有机碳的平均驻留时间

注：CK 代表不施肥土，MS 代表母质土，OM 代表施有机肥土，CS 代表添加秸秆。

四、棕壤团聚体结合碳与物理组分有机碳的相关关系

土壤中有机碳的稳定及周转受到土壤物理结构差异的影响，鉴于以上文中有关分析结果，考虑到数据之间的联系，故对土壤团聚体结合碳与各个物理组分有机碳之间的相关关系进行分析，结果如表 5 - 4 所示。从表 5 - 4 中可以看出，游离态轻组有机碳、粗颗粒有机碳与团聚体结合碳均呈现显著正相关关系，细颗粒有机碳、矿物结合态有机碳与团聚体结合碳均呈现极显著正相关关系，其中矿物结合态有机碳与团聚体结合碳的 Pearson 相关系数最高，达到 0.905，说明每种有机碳组分均对团聚体结合碳产生重要的影响，尤其是颗粒较小的矿物结合态有机碳组分的影响更大，这间接证明了矿物结合态有机碳才是土壤团聚体有机碳贮存主要部分。细颗粒有机碳与粗颗粒有机碳呈极显著正相关关系，细颗粒有机碳与矿物结合态有机碳呈显著正相关关系，这间接表明细颗粒有机碳强烈地受到粗颗粒有机碳与矿物结合态有机碳的牵制，细颗粒有机碳是粗颗粒有机碳破碎而产生的可能性更大，但也有来自矿物结合态有机碳的再次团聚所产生的可能。

表 5 - 4 团聚体结合碳与物理组分有机碳的相关关系

相关系数	团聚体结合碳	轻组有机碳	粗颗粒有机碳	细颗粒有机碳	矿物结合有机碳
团聚体结合碳	1				
轻组有机碳	0.423*	1			
粗颗粒有机碳	0.498*	0.319	1		
细颗粒有机碳	0.734**	0.148	0.575**	1	
矿物结合有机碳	0.905**	0.397	0.314	0.428*	1

注：* 表示 0.05 水平上显著相关；** 表示 0.01 水平上极显著相关。

综上，本节可得出以下结论：①在棕壤团聚体有机组分中，新有机碳分配的大小顺序为游离态轻组有机碳＞细颗粒有机碳＞粗颗粒有机碳＞矿物结合态有机碳，然而，随着玉米秸秆的不断分解矿化，除了矿物结合态有机碳，其他三个组分中新有机碳整体呈降低趋势。②在土壤团聚体有机组分中，矿物结合态有机碳的平均驻留时间最高，说明其对有机

碳固定保护能力更强。③棕壤总有机碳与团聚体结合碳呈显著的正相关关系，团聚体结合碳与游离态轻组有机碳、细颗粒有机碳、粗颗粒有机碳、矿物结合态有机碳也均呈显著的正相关关系。

第三节　玉米不同部位秸秆碳在棕壤碳库中的赋存

一、材料与方法

1. 供试材料

供试土壤和有机物料见第三章第二节。

2. 试验设计

试验设计见第三章第二节。

3. 测定方法

土壤微生物生物量碳：采用氯仿熏蒸提取法。

可溶性有机碳：采用 K_2SO_4 溶液提取，即不熏蒸土壤提取的有机碳。

微生物生物量碳和可溶性有机碳的有机碳含量及其 $\delta^{13}C$ 值：将提取后的滤液一部分采用 Total Organic Carbon Analyzer（Element high TOCⅡ，德国）测定有机碳含量，其余滤液经冷冻干燥后，研磨至通过 0.15 mm（100 目）筛子。各有机碳组分中有机碳含量及同位素测定方法参考第三章第一节。

二、玉米不同秸秆添加对微生物生物量碳含量及其 $\delta^{13}C$ 值影响

1. 微生物生物量碳含量

图 5-15 为土壤添加玉米根、茎、叶后微生物生物量碳含量变化。整个培养期间低肥土壤和高肥土壤未添加玉米根、茎、叶的处理微生物生物量碳含量分别为 73.06～137.7 mg/kg 和 84.09～163.5 mg/kg（数据未列出）。玉米根、茎、叶的添加显著增加了土壤微生物生

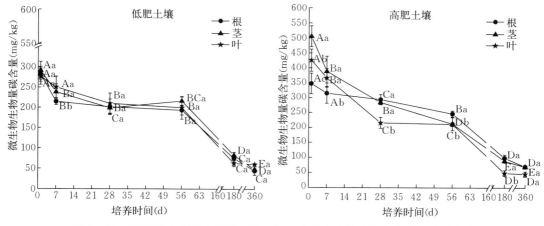

图 5-15　不同肥力水平土壤添加根、茎、叶后土壤微生物生物量碳含量变化

注：不同大写字母表示不同时间相同处理土壤有机碳含量差异显著（$P<0.05$）；不同小写字母表示同一时间不同处理土壤有机碳含量差异显著（$P<0.05$）。

物量碳含量，高肥处理微生物生物量碳含量高于低肥处理，且差异显著。整个培养期间微生物生物量碳含量随培养时间延长逐渐减少。培养一周之前（7 d）微生物生物量碳含量变化较快，7～56 d 变化较缓。培养 180 d 后微生物生物量碳含量变化较缓，微生物生物量碳含量较低，与培养第 1 天相比，低肥土壤中，添加根、茎、叶的微生物生物量碳含量平均降了 64%，高肥土壤添加根的微生物生物量碳含量降了 65%，添加茎的降了 74%，添加叶的降了 88%。培养一年后，低肥土壤中添加根的处理微生物生物量碳含量最低，高肥土壤中添加叶的微生物生物量碳含量最低，这与土壤总有机碳含量变化趋势一致。

2. 微生物生物量碳来源

整个培养期间添加玉米根、茎、叶的两种肥力水平，高肥土壤来源玉米根、茎、叶的微生物生物量碳 ^{13}C 含量高于低肥土壤，存在差异显著性（图 5 - 16）。低肥土壤培养一周后添加玉米根、茎、叶的微生物生物量碳 ^{13}C 含量均上升，第 7 天与第 1 天比差异显著；培养结束时，与培养第 1 天相比，来源于根的微生物生物量碳 ^{13}C 含量降了 83%，来源于茎的降了 78%，来源于叶的降了 69%；来源于叶的较来源于根和茎的微生物生物量碳 ^{13}C 含量高，但是差异不显著（$P > 0.05$）。高肥土壤来源玉米根、茎、叶的微生物生物量碳随培养时间的变化逐渐降低，其中来源于叶的微生物生物量碳 ^{13}C 含量从培养第 1 天到第 28 天降了 50%；培养 28～56 d 变化不显著；培养 360 d 时，微生物生物量碳 ^{13}C 含量降了 69%。培养 28 d 之前，来源于叶的微生物生物量碳 ^{13}C 含量一直下降较快，28 d 之后，来源于叶的微生物生物量碳 ^{13}C 含量低于来源根和茎的，且差异显著（$P \ll 0.05$）；而来源于茎的微生物生物量碳 ^{13}C 含量在一周前（7 d）下降较快，降了 36%，一周后（7 d）下降较缓；添加根的一直在缓慢下降。培养一年后添加根和茎的微生物生物量碳 ^{13}C 含量接近相等，均为 34.42 mg/kg。

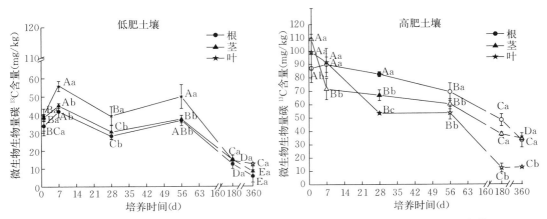

图 5 - 16 不同肥力水平土壤添加根、茎、叶后土壤微生物生物量碳 ^{13}C 含量变化

注：不同大写字母表示不同时间相同处理土壤有机碳含量差异显著（$P < 0.05$）；不同小写字母表示同一时间不同处理土壤有机碳含量差异显著（$P < 0.05$）。

三、玉米不同秸秆添加对可溶性有机碳含量及其 δ^{13}C 值影响

1. 土壤可溶性有机碳含量

可溶性有机碳（DOC）是土壤中具有生物活性的物质，是土壤微生物的基质。可溶

性有机碳一般采用水、KCl 溶液、K_2SO_4 溶液和 $CaCl_2$ 溶液浸提。本研究将微生物生物量碳不熏蒸时提取的有机碳作为可溶性有机碳（安婷婷，2015）。没有添加玉米根、茎、叶处理土壤可溶性有机碳含量整个培养时期无明显变化，其中低肥土壤可溶性有机碳含量变化为 139.4～150.3 mg/kg，高肥土壤可溶性有机碳含量变化为 220.5～250.3 mg/kg（数据未列出）。添加玉米根、茎、叶后可溶性有机碳含量变化如图 5-17 所示。整个培养时期高肥土壤比低肥土壤可溶性有机碳含量高（除了培养一年时添加茎的高肥土壤可溶性有机碳含量与低肥土壤可溶性有机碳含量接近）。两种肥力水平土壤可溶性有机碳含量随着时间延长逐渐降低，培养 7 d 之前变化较快，除了高肥土壤添加茎的可溶性有机碳含量降了 35%，其他处理均降了 17%～24%。整个培养时期低肥土壤添加根的可溶性有机碳含量降了 45%，含量降了 103.7 mg/kg；添加茎的可溶性有机碳含量降了 52%，含量降了 184.3 mg/kg，添加叶的降了 43%，含量降了 152.2 mg/kg。高肥土壤添加根的可溶性有机碳含量降了 49%，含量降了 202.4 mg/kg；添加茎的降了 66%，含量降了 322.5 mg/kg；添加叶的降了 58%，含量降了 228.5 mg/kg。培养结束后，低肥土壤添加茎处理的可溶性有机碳含量比添加根、叶的高，但是处理间差异不显著（$P>0.05$）；高肥土壤添加根处理的可溶性有机碳含量高于添加茎、叶的，且处理间差异显著（$P<0.05$）。

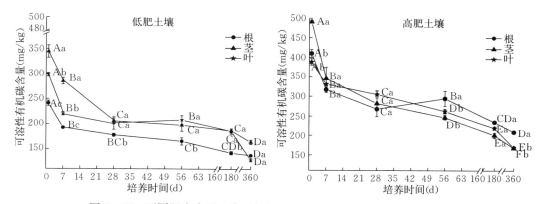

图 5-17　不同肥力水平土壤添加根、茎、叶后可溶性有机碳含量变化

注：不同大写字母表示不同时间相同处理土壤有机碳含量差异显著（$P<0.05$）；不同小写字母表示同一时间不同处理土壤有机碳含量差异显著（$P<0.05$）。

2. 土壤可溶性有机碳来源

土壤可溶性有机碳主要以原土壤有机碳为主，来源于玉米根、茎、叶的可溶性有机碳含量（$^{13}C-DOC$）仅占 4%～10%。由图 5-18 得到，整个培养时期来源于根的低肥土壤可溶性有机碳含量比高肥土壤低（除了培养第 1 天），平均低 2.35～9.82 mg/kg。低肥土壤在培养第 1 天时来源于玉米根、茎、叶的可溶性有机碳含量最高，且与其他时间段差异显著（$P<0.05$），培养结束后约占可溶性有机碳含量的 4%，含量最低；来源于根、叶的可溶性有机碳含量随时间逐渐降低，而来源于茎的可溶性有机碳含量在培养 56 d 之前逐渐降低，在 56～180 d 时有所上升。高肥土壤在培养一个月时来源于根、茎和叶的可溶性有机碳含量达到峰值，占可溶性有机碳含量的 10%；培养 56 d 后，来源于根的可溶性有机碳含量比来源于茎、叶的多，差异显著（$P<0.05$）。两种肥力水平土壤来源于

茎的可溶性有机碳含量在培养 28 d 之前整体高于来源根、叶的，培养结束后，来源于根的可溶性有机碳含量最高，且高肥土壤中来源于根的与来源于茎、叶的相比差异显著（$P<0.05$）。

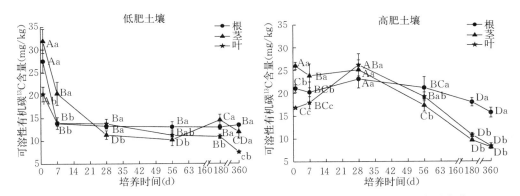

图 5 - 18　不同肥力水平土壤添加根、茎、叶后土壤可溶性有机碳 ^{13}C 含量变化

注：不同大写字母表示不同时间相同处理土壤有机碳含量差异显著（$P<0.05$）；不同小写字母表示同一时间不同处理土壤有机碳含量差异显著（$P<0.05$）。

四、讨论和结论

添加玉米根、茎、叶后显著增加了土壤可溶性有机碳含量和微生物生物量碳含量。培养初期，玉米根、茎、叶易分解的有机碳被微生物优先利用，可能被团聚体保护或者选择性吸附，这可能是导致来源于玉米根、茎、叶可溶性有机碳含量相比来源于原土壤的可溶性有机碳含量贡献较小的原因。本研究与前人研究结果一致（安婷婷，2015；Blago-datskaya et al.，2011；Hagedorn et al.，2004）。Troyer 等（2011）研究发现秸秆加入土壤 1 d 后，来源于秸秆碳的可溶性有机碳含量下降了 29%，这与本试验培养 1～7 d 的研究结果相似。

培养初期植物秸秆碳中易分解物质被微生物优先利用，为其生长提供丰富的碳源和能源，因此使微生物活性增加、新陈代谢加快、微生物生物量碳含量增加（Wang et al.，2015）。随着玉米根、茎、叶的不断分解，玉米根、茎、叶中的可溶性物质逐渐减少，而难分解的物质在土壤中积累。在培养 1 d 时，微生物生物量碳含量达到最大值，随后下降，这与关松和窦森（2006）的研究结果一致，因为玉米秸秆本身含有较多可溶性物质，是微生物生长速效碳源，从而激发土壤微生物的大量繁殖。在低肥土壤中，培养 7～56 d，微生物生物量碳含量变化缓慢，可能微生物处于一个潜在平衡的状态，一周（7 d）之前和培养半年到一年之间，微生物生物量碳含量均下降较快，初期低肥土壤中有机碳含量较低，可利用的物质较少，加进去新的外源物质后，被微生物迅速利用（把余玲 等，2013）。崔俊涛等（2005）研究表明，玉米秸秆加入土壤后对微生物活动和数量具有显著的促进作用。培养半年后，微生物生物量碳含量又开始下降，且培养 180 d 与 360 d 相比差异显著。由于低肥土壤长年不施肥，添加玉米根、茎、叶后>0.25 mm 团聚体有机碳含量呈现出逐渐减少的趋势，180 d 之前>2 mm 团聚体有机碳含量逐渐增多，180 d 之后变化平缓并有减少的趋势，后期土壤中大团聚体破坏，微生物的生命活动减弱，可能保留一些特殊的微生物群落结构。在培养后期外源物质才开始分解，这部分不是很清楚，需要以后进一步研究讨论。而高肥土壤中添加根的处理微生物生物量碳含量下降较慢，添加茎、叶的处理下降较快，尤其是添加叶的处理，是因为叶中含有较多可溶性的成分，容易被微生物吸收利用，而随着可溶性物质的减少，微生物生物量碳含量也随之减少；在培养一个月（28 d）到两个月（56 d）之间三种处理微生物生物量碳含量趋于平稳，与低肥相比，趋于稳定的时间推迟了一个月，是因为高肥土壤有机质含量较高，微生物活动较旺盛，前期微生物一直在利用添加进来的外源物质，而培养两个月后添加根的微生物生物量碳含量高于添加茎、叶的，此时茎、叶中可溶性的物质几乎被损耗，而根中含有的难分解物质开始被微生物利用（Samul et al.，2005），180 d 之后三种处理之间差异不显著。有研究发现，在培养后期，根、茎和叶处理间微生物生物量碳含量差异不断缩小（把余玲等，2013）。可能是因为本试验加进去的外源物质质量较少，培养一年后几乎都被微生物利用。

本研究发现原土壤来源的有机碳对微生物生物量碳的贡献很大，这与 Pelz 等（2005）的研究结果一致，尤其是高肥土壤。An 等（2015）认为新加入的外源物质对微生物的贡献可能与培养条件有关，田间培养促进了秸秆的分解。而本试验在室内恒温恒湿条件下进行，秸秆的分解可能相对缓慢，且本试验添加外源物质相对较少，这可能引起原土壤有机碳对微生物生物量碳的贡献较大。李玲等（2008）研究结果表明原土壤来源的有机碳主要是微生物活动所需的能源和碳源，说明原土壤来源有机物对微生物的活性和生长也起着同样重要的作用。随着培养时间的变化，来源于玉米根、茎、叶的微生物生物量碳在培养一周时达到高峰，培养两个月后来源于外源物质的微生物生物量碳含量开始下降，到一年时来源于外源物质的微生物生物量碳含量已经很少，是因为初期微生物优先利用加进来的外源物质，在此期间微生物迅速生长繁殖，快速分解利用有机碳源和氮源，将其固定，短时间内下降可能是因为微生物消耗殆尽，之后又有一段时期的上升可能与低肥土壤中微生物群落有关（把余玲 等，2013），且由于最初添加的外源物质较少，在培养过程中添加的玉米根、茎、叶也在缓慢分解。高肥土壤中整个培养时期来源于外源物质的微生物生物量碳含量随时间变化一直降低，这与有机碳含量变化趋势一致。来源于叶的微生物生物量碳含量在培养一个月之前一直下降较快，是因为叶中可溶性物质较多，叶本身降解速率较快，所以在培养期间分解较快（Wang et al.，2015），被微生物固定的越来越少，而来源于根、茎的微生物生物量碳含量下降较缓，培养一年时，来源于根、茎的微生物生物量碳含量接近相等，而来源于叶的微生物生物量碳含量最低。高肥土壤中固定的来源于外源物质的微生物生物量碳含量较高，高肥土壤本身具有较好的肥力特性（裴久渤，2015），可能固定的来源于外源物质的微生物生物量碳含量会较高。低肥土壤来源于叶的微生物生物量碳含量高于根和茎的，而高肥土壤则是来源于叶的微生物生物量碳含量最低。说明低肥与高肥土壤在微生物固定玉米根、茎、叶时有一定的差异，这可能与微生物的种群有关，具体还需要更进一步的研究与讨论。

综上，本节可得出以下结论：①添加玉米根、茎和叶后微生物生物量碳含量增加，且随培养时间变化逐渐降低，低肥土壤三种处理差异不显著，高肥土壤添加叶的处理微生物

生物量碳含量低于添加根和茎的处理。低肥土壤中，来源于根、茎和叶的微生物生物量碳
[13]C含量在一周时达到峰值；高肥土壤中随时间变化逐渐下降，培养结束后微生物生物量
碳[13]C含量与土壤残体碳含量趋势一致。②土壤可溶性有机碳含量随时间变化逐渐降低，
低肥土壤中添加根的可溶性有机碳含量最低，高肥土壤中添加根的可溶性有机碳含量最
高。来源于根、茎和叶的可溶性有机碳含量，在低肥土壤中逐渐降低，在高肥土壤中培养
一个月时最高。

第四节　秸秆添加量对外源碳在黑土
和棕壤碳库中赋存的影响

一、材料与方法

1. 供试材料
供试土壤和有机物料见第三章第三节。

2. 试验设计
试验设计见第三章第三节。

3. 测定方法
将第一步得到的微团聚体组分经过密度浮选，得到轻组分（LF）和重组分（HF），
再将剩余部分振荡过筛分散为微团聚体保护的颗粒有机碳组分，即微团聚体（iPOC）和
来源于微团聚体的粉粒和黏粒组分（dsilt+dclay1）（图 5-19）。具体操作如下：在50 mL
离心管中放入 35 mL 的 1.80 g/cm³ 的碘化钠溶液，然后把分离组分土样悬浮于离心管中，
用手轻轻晃动并倒置离心管使悬着的土样混合（在这个过程中不要用力以防止破坏团聚
体），残留在离心管盖子和侧壁上的物质用 10 mL 的碘化钠溶液冲洗进悬液中，经过
20 min 的平衡后，离心 20 min×4 000 r/min，离心结束后，将液体部分过 0.45 μm 滤膜，

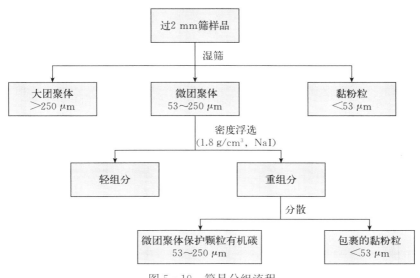

图 5-19　简易分组流程

滤膜置于纱心漏斗（接真空泵）的玻璃滤器上，先将碘化钠溶液过滤，下接装有碘化钠溶液的液瓶（回收再利用），然后用去离子水冲洗滤器及滤膜，直至洗净后，用去离子水将滤膜上的轻组分转移到小铝盒中 60 ℃下烘干至恒重。留在试管的重组分用 50 mL 去离子水冲洗 3 次，然后在 5 g/L 的六偏磷酸钠溶液中（加 12 个玻璃珠）振荡 18 h（180 转/min），待分散后过 53 μm 筛子，分出微团聚体保护的颗粒有机碳组分和来源于微团聚体的粉粒和黏粒组分（dsilt＋dclay1）。

非保护的有机碳为大团聚体和游离态的轻组分（LF），物理保护的为细自由颗粒有机碳（iPOC）和微团聚体部分（microaggregate），化学保护的为酸解的黏粉粒部分（dsilt＋clay；dsilt＋clay1）。

4. 数据处理与分析

数据处理与分析方法见第三章第三节。

二、秸秆添加量对土壤非保护碳库轻组有机碳含量的影响

本研究通过对培养后的土壤进行物理化学分组，测定不同组分中的有机碳以及秸秆碳含量，来分析土壤不同保护机制有机碳库的变化趋势。土壤非保护碳库的轻组黏结在团聚体组分的表面，在土壤碳固持中起着非常关键的作用。360 d 培养过程中，轻组有机碳的变化过程如图 5 - 20 所示。从研究结果可以看出，秸秆碳的添加相比未添加秸秆处理显著增加了轻组有机碳的含量，且随着秸秆添加量的增加而增加。360 d 培养结束后，棕壤高肥和低肥力水平土壤添加 10%秸秆，分别比不添加秸秆提高了 37.2%和 42.5%；低肥力水平土壤添加 1%秸秆和添加 3%秸秆分别比不添加秸秆处理提高了 46.9%和 12.5%；高肥力水平土壤则分别提高了 9.36%和 20.8%。黑土高肥和低肥力水平土壤添加 10%秸

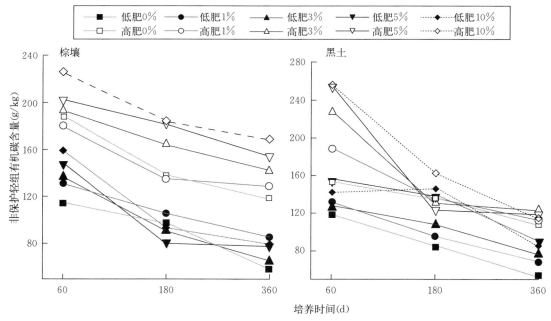

图 5 - 20　不同肥力水平土壤非保护轻组在不同玉米秸秆添加量下的有机碳含量

秆，分别比不添加秸秆提高了 5.58％和 65.9％；低肥力水平土壤添加 1％秸秆和添加 3％秸秆分别比不添加秸秆处理提高了 34.4％和 48.2％；高肥力水平土壤则分别提高了 4.63％和 12.9％。另外，轻组有机碳含量在培养初期，随着秸秆碳分解，有机碳含量显著增加。在 180 d 时，随着团聚过程的进行，轻组有机碳含量逐渐与微团聚体有机碳融合，有机碳含量下降迅速。培养 360 d 后，轻组可转化为可利用有机碳的含量减少和冬季的冻融交替使微生物活性降低，该组分有机碳含量大幅下降。培养结束时，轻组有机碳含量在沈阳棕壤低肥处理中仅为培养 60 d 时的 37.5％～64.9％，高肥处理组分占比为 62.8％～76.3％；哈尔滨黑土低肥处理组分占比为 43.5％～60.2％，高肥处理组分占比为 42.5％～76.0％。

轻组分虽然与外界肥料的施用情况没有直接的关联，但是众所周知，高肥处理的产量显著高于低肥处理，由此带来的作物残茬使得高肥处理土壤的轻组有机碳含量高于低肥处理土壤。培养结束时，轻组有机碳含量在总有机碳含量高的土壤中，随着秸秆投入水平的增加仅有很少量的增加，说明当有机碳浓度较高的时候，该组分达到了固碳能力的上限，分解和转化的有机碳进而与矿质组分结合。尤其是在黑土高肥力土壤（饱和亏缺值小）中，轻组有机碳含量在不同秸秆添加量下趋于一致，平均为 116.86 g/kg。棕壤高肥处理下，该组分有机碳含量虽然随着秸秆添加量的增加而增加，但是未达到显著水平，平均值为 148.92 g/kg。而在低肥力水平土壤中，培养 360 d 后，轻组有机碳含量在 10％秸秆添加量下分别比不添加秸秆高 65.9％（黑土）、42.5％（棕壤）。

三、秸秆添加量对土壤物理保护颗粒有机碳含量的影响

从图 5-21 可以看出，秸秆的施入相比未添加秸秆处理土壤整体上增加了物理保护的

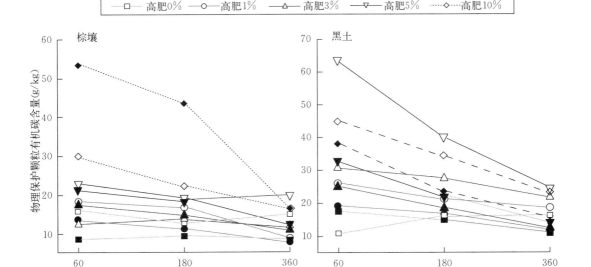

图 5-21　不同肥力水平土壤物理保护颗粒有机碳组分在不同玉米秸秆添加量下的有机碳含量

颗粒有机碳含量，在不同肥力水平均表现为秸秆碳添加量的增加提高了组分的有机碳浓度。无论在棕壤还是黑土低肥力水平土壤中，5%秸秆的投入量下，土壤物理保护的颗粒有机碳含量与3%秸秆量下基本持平。培养360 d后，低肥力水平棕壤和黑土，10%秸秆投入量下土壤颗粒有机碳含量分别为16.15 g/kg和16.18 g/kg，比不添加秸秆处理分别提高了88.4%和45.8%。可见低有机碳含量土壤添加秸秆后，更有利于颗粒有机碳的积累。棕壤高肥力水平土壤在添加1%和3%秸秆、培养360 d时，颗粒有机碳含量比不添加秸秆处理均有所下降，分别降低了38.9%和18.9%。在黑土高肥力水平土壤中，随着秸秆投入量的上升，土壤物理保护颗粒有机碳量先上升后下降，说明土壤消化秸秆的能力是有限的，过量的秸秆投入反而会减少土壤颗粒有机碳量。微团聚体内的颗粒有机碳受单纯的物理保护，培养结束时，颗粒有机碳含量在沈阳棕壤低肥处理中为培养60 d时的30.14%~63.10%，高肥处理组分占比为49.8%~95.6%；哈尔滨黑土低肥处理组分占比为42.5%~60.6%，高肥处理组分占比为38.5%~79.5%。在不同培养时期，有机碳浓度变化幅度小于其他组分，说明秸秆添加在一定程度上增加了对该部分土壤有机碳的保护。

四、秸秆添加量对土壤物理化学保护黏粉粒有机碳含量的影响

各处理土壤物理化学保护的黏粉粒有机碳含量的动态变化如图5-22所示。不添加秸秆处理，棕壤物理保护的黏粉粒有机碳含量在培养过程中变化不大，而黑土低肥力水平处理略有下降，培养180 d和360 d时分别比培养60 d时降低了17%和12%。说明不同原始有机碳含量的物理化学保护黏粉粒组分，受到团聚体的物理保护相对比较稳定，但根据土壤类型的不同，略有变化。

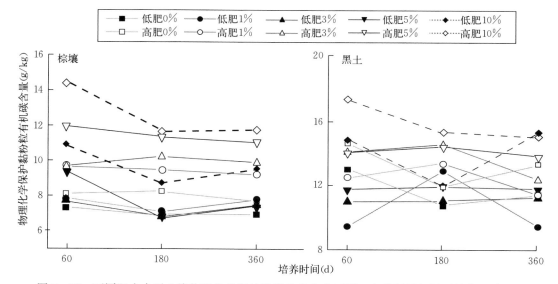

图5-22 不同肥力水平土壤物理化学保护黏粉粒组分在不同玉米秸秆添加量下的有机碳含量

培养360 d后，棕壤低肥力水平土壤随着玉米秸秆添加量的增加，物理化学保护黏粉粒组分的有机碳含量没有显著增加，但是在10%秸秆添加量下，上升到9.45 g/kg，比未

添加秸秆处理高 36.5%，1%、3%、5%秸秆添加量的低肥力水平棕壤物理化学保护黏粉粒组分有机碳含量的平均值为 7.54 g/kg，是 10%秸秆添加量下的 79.7%。由此可见，过量的秸秆将土壤稳定状态组分带到新的平衡水平。棕壤高肥力水平 1%、3%秸秆投入量下，物理化学保护黏粉粒组分有机碳含量没有显著性差异，平均值为 9.58 g/kg，比不添加秸秆处理高了 23.8%；5%、10%秸秆投入量下，该组分有机碳含量没有显著性差异，平均值为 11.43 g/kg，比不添加秸秆处理高了 47.7%，比低倍量秸秆添加处理高了 19.3%。低肥力水平黑土添加 1%秸秆后，物理化学保护黏粉粒组分有机碳含量显著降低，占未添加秸秆处理的 82.7%；10%秸秆添加后，该组分有机碳含量显著上升至 15.30 g/kg。高肥力水平黑土的变化趋势与低肥力水平黑土相似，均是在 1%秸秆投入后，黏粉粒组分有机碳含量下降，10%秸秆添加后，显著增加该组分有机碳含量。另外，相同土壤类型同等秸秆投入水平下高肥力水平土壤的黏粉粒有机碳含量均高于低肥力水平土壤。

五、秸秆添加及不同肥力水平对土壤有机碳及不同组分的交互作用

从表 5-5 和表 5-6 可以看出，黑土和棕壤在秸秆腐解期内，土壤总有机碳含量极显著地受秸秆添加量、肥力水平和培养时间因素的影响（$P<0.001$）。另外，任何两个因素之间或三因素之间也表现出显著的交互影响。棕壤的 $\delta^{13}C$ 值极显著地受到秸秆添加量、肥力水平、培养时间的影响（$P<0.001$），同时任何两个因素之间或三因素之表现出极显著的交互影响（$P<0.001$）。黑土的 $\delta^{13}C$ 值极显著地受秸秆添加量、肥力水平和培养时间因素的影响，但是双因素的交互影响中只有秸秆水平和培养时间对黑土 $\delta^{13}C$ 值有极显著影响，且三因素交互对黑土 $\delta^{13}C$ 值影响不显著（$P>0.05$）。

表 5-5 不同标记秸秆的添加、不同肥力水平和不同培养时间对土壤有机碳及组分影响的 ANOVA 分析（黑土）

	自由度	总有机碳	大团聚体有机碳	微团聚体有机碳	黏粉粒有机碳	$\delta^{13}C$值	大团聚体 $\delta^{13}C$值	微团聚体 $\delta^{13}C$值	黏粉粒 $\delta^{13}C$值
秸秆添加量（S）	3	***	***	***	***	***	***	***	***
肥力水平（F）	1	***	***	***	*	***	***	***	*
培养时间（T）	2	***	***	***	***	***	***	***	***
F×S	3	***	*	0.722	0.292	0.234	*	***	**
S×T	6	***	0.223	**	***	***	***	***	***
F×T	2	***	*	0.596	0.993	0.807	***	***	***
F×S×T	6	***	0.376	0.233	0.228	0.786	0.328	*	***

注：*、**、***分别表示显著性水平 $P<0.05$、$P<0.01$ 和 $P<0.001$。

表 5-6 不同标记秸秆的添加、不同肥力水平和不同培养时间对土壤有机碳及组分影响的 ANOVA 分析（棕壤）

	自由度	土壤总有机碳	大团聚体有机碳	微团聚体有机碳	黏粉粒有机碳	$\delta^{13}C$值	大团聚体 $\delta^{13}C$值	微团聚体 $\delta^{13}C$值	黏粉粒 $\delta^{13}C$值
秸秆添加量（S）	3	***	***	***	***	***	***	***	***
肥力水平（F）	1	***	***	***	**	***	***	***	***

（续）

	自由度	土壤总 有机碳	大团聚体 有机碳	微团聚体 有机碳	黏粉粒 有机碳	$\delta^{13}C$ 值	大团聚体 $\delta^{13}C$ 值	微团聚体 $\delta^{13}C$ 值	黏粉粒 $\delta^{13}C$ 值
培养时间（T）	2	***	***	***	***	***	***	***	***
$F \times S$	3	***	0.448	0.804	0.768	***	***	***	***
$S \times T$	6	***	*	**	0.623	***	***	***	***
$F \times T$	2	***	***	*	**	***	0.393	*	**
$F \times S \times T$	6	***	***	0.568	0.303	***	***	***	**

注：*、**、***分别表示显著性水平 $P<0.05$、$P<0.01$ 和 $P<0.001$。

　　黑土不同团聚体组分（大团聚体、微团聚体、黏粉粒）受秸秆添加量、培养时间的极显著影响。棕壤不同团聚体组分受秸秆添加量、培养时间影响达到极显著水平（$P<0.001$）。从双因素交互作用影响团聚体组分有机碳含量角度来看，黑土黏粉粒组分受秸秆水平和培养时间交互作用影响极显著，但棕壤黏粉粒组分受到肥力水平和培养时间交互作用影响显著。三因素的交互作用仅对棕壤大团聚体有机碳影响达到极显著水平，对其他组分影响不显著（$P>0.05$）。

　　不同团聚体组分的 $\delta^{13}C$ 值受秸秆添加量、肥力水平、培养时间因素影响显著。只有黑土大团聚体 $\delta^{13}C$ 值受三因素交互作用影响不显著，以及棕壤大团聚体 $\delta^{13}C$ 值对肥力水平和培养时间双因素的交互作用影响不显著。其中，无论黑土还是棕壤，单因素对土壤大团聚体、微团聚体组分的 $\delta^{13}C$ 值影响均达到极显著水平。

六、不同秸秆添加量下土壤总有机碳和不同组分有机碳的相关性分析

　　经过相关分析，除轻组分外，土壤总有机碳和各组分之间均呈极显著的正相关关系，与轻组分呈现显著正相关关系。游离态的黏粉粒组分与轻组分、大团聚体组分相关性不显著。而物理化学保护的黏粉粒组分也是同样表现。黏粉粒组分无论游离在外还是包裹在微团聚体内部，均能保持自身稳定性，受其他组分影响最小。同样，物理保护的颗粒有机碳组分与大团聚体没有显著相关关系。由此可见，颗粒有机碳与微团聚体组分虽然都是53～250 μm 粒级，但是由于颗粒有机碳包裹在微团聚体内部，并未受到大团聚体组分变化的影响。大团聚体组分与轻组分之间呈显著正相关关系。主要是由于大团聚体包含了很多未分解的秸秆残茬，慢慢腐解后转变为轻组分，游离在颗粒组分外。微团聚体组分与各个组分均呈极显著的正相关关系（轻组分除外），表明微团聚体还没有达到稳定状态，容易受到其他组分变化的影响。

七、讨论和结论

1. 秸秆添加对土壤不同保护机制有机碳组分的影响

　　非保护有机碳组分是土壤有机碳库中活性较大的有机碳库，是土壤碳库质量的重要指标，也是良好的指示土壤有机碳变化的指标。本研究中，秸秆碳的添加显著提高了土壤中非保护有机碳组分的含量，其中包括大团聚体及轻组分，且与秸秆添加量成正比。原因可

能在于作物秸秆主要由抗分解的多酚和木质素组成，有利于土壤轻组分有机碳的积累。另一方面，秸秆碳的添加显著提高了大团聚体的比例及有机碳含量（详见第四章）。

各处理土壤轻组分有机碳含量整体在前期快速下降，然后趋于稳定。轻组分主要是属于植物体向土壤结合态有机碳转化中的过程组分，主要组成是植物秸秆。因此秸秆碳的添加对该组分影响较大。另外，轻组分由于其碳库容量有限，很容易达到分解矿化平衡，因此张军科等（2012）认为该组分虽然属于非保护碳库，但是轻组分会在外源碳投入量足够多时优先矿化，达到稳定状态。

土壤团聚体的形成是一个复杂的过程，目前的机制尚不完全清楚，关于团聚体的形成周转机制，Tisdall 和 Oades（1982）认为团聚体是由最小的＜0.2 μm 的颗粒由小到大胶结而成的，其形成的先后顺序为由小粒径到大粒径。Oades 和 Waters（1991）对其进行了修改，认为首先形成的是大团聚体，而随着大团聚体的破碎，微团聚体在大团聚体内部形成。Tisdall（1994）认为微团聚体由含碳量高的不稳定的黏结剂（真菌菌丝、根系、微生物和植物源的多糖）黏结而形成大团聚体，因此大团聚体中会含有比微团聚体更多的有机碳。Elliott（1986）基于等级模型的理论首次提出并在美国北部草地土壤证实：有机碳含量高的土壤团聚体的数量也多，团聚体碳含量会随着团聚体等级的增大而增加，并且大团聚体比微团聚体中含有更多的新的和易变的物质（高碳氮比）。本试验的培养期为360 d，在如此短的时间内可能微团聚体组分并没有大量参与外源碳的固持过程，短期内外源碳主要影响的是大团聚体，物理保护的微团聚体组分变化程度小于非保护机制组分。Six 等（2000）也认为，大团聚体是首先形成的，物理保护的颗粒有机碳形成于微团聚体内部的颗粒型有机碳周围，当有机质分解微团聚体受到外力破碎后，形成了颗粒有机碳。总之有机无机复合体是团聚体形成的基础。Six 等（2004）对团聚体的研究进行了综述，认为微团聚体形成于大团聚体内部，而且比大团聚体的固碳能力强，而大团聚体的周转是影响土壤固碳的重要过程。微团聚体相对于大团聚体而言，受到土壤的物理保护而免于分解，因此有理由相信，物理保护组分的有机碳最终可以达到稳定状态，微团聚体数量由黏土矿物含量和矿物种类决定，进一步决定了物理保护组分的最大容量。物理保护的团聚体内部的碳的分解速率要小于游离态的碳的分解速率，因此土壤颗粒胶结形成团聚体对碳的保护被认为是土壤固碳的重要机理之一（刘中良和宇万太，2011）。微团聚体内氧气通透性差，并且有机质包裹在微团聚体内部从而切断了微生物及其酶和反应底物之间的联系（Stewart et al.，2009）。土壤有机碳的物理保护碳库主要是通过微生物与土壤有机碳之间的相互作用，形成物理屏障，确保土壤的团聚体结构不被分解，从而使更多的外源碳固定在土壤中，物理保护碳库主要是土壤的微团聚体有机碳，这与本研究结果一致（李晓庆等，2018）。

Kong 等（2005）通过对 10 年连续有机投入的可持续性农田生态系统的研究也表明，物理保护的微团聚体以及颗粒有机碳是指示固碳潜力的一个很好的指标。同时也有一些研究证明，土壤物理化学保护的黏粉粒的含量与土壤有机碳的水平密切相关（Hassink，1997；Six et al.，2002）。物理化学保护组分是指土壤有机质与土壤矿质（例如黏粉粒）之间的化学或者物理化学的结合。相关研究指出，土壤有机碳的稳定性主要是由黏粉粒的含量决定。相关研究通过培养试验发现，与黏粉粒结合的有机碳的数量与土壤质地有一定的关系，黏粉粒结合的土壤有机碳的保护能力存在最大值。物理化学保护的黏粉粒组分也被认为是最容易达到稳定状态的组分，同时受到不同的土地利用类型、不同的黏粒类型（如1∶1型和2∶1型黏土矿物）决定，并且随着肥力水平的不同，该组分的固碳能力也明显不同。物理化学保护的黏粉粒受保护与土壤有机质自身的化学组成（例如抗分解的木质素和多酚等）和土壤中复杂的化学过程（例如聚合反应）有关。该组分通常被认为是惰性有机碳库，该组分的大小主要受到投入的有机质的特性影响。

总之，外源有机物质的添加在一开始促进了土壤大团聚体的形成，同时导致了新投入碳在大团聚体内的固定，物理保护的颗粒有机碳才是长久的固持有机碳的机制。我们通过不同梯度秸秆碳的添加，同时发现碳饱和从颗粒小的组分开始，尤其是在物理化学保护的黏粉粒组分中最先发生。

2. 秸秆添加和土壤肥力水平对土壤有机碳及其组分的影响

秸秆还田及施用有机肥作为常见的外源有机物料，可以显著提升土壤有机碳的含量。一般认为有机肥的施用可以促进土壤腐殖化进程，改善有机质的品质，进一步提高土壤腐殖质、胡敏酸、富里酸含量。秸秆通过被微生物分解、被团聚体固定进入土壤，从而增加土壤有机碳含量。本试验研究结果分析可知，棕壤、黑土大团聚体、微团聚体均极显著地受到秸秆添加水平、肥力水平和培养时间影响，而黑土的黏粉粒组分有机碳含量及 δ^{13}C 值受肥力水平影响仅达到显著水平。由此可见，不同类型土壤具有不同的基础性质，黑土自身有机碳含量较高，因此黏粉粒组分会较先达到稳定状态，最终不受肥力水平的影响。因此，在实际农业生产中秸秆还田时应该充分考虑到肥力水平对秸秆性质、还田时间以及数量的影响。土壤团聚体有机碳含量时刻受到外界环境条件变化的影响。匡恩俊等（2010）采用砂滤管法对有机物料分解的研究发现，有机物料添加到土壤后，都表现为初期快速分解、后期缓慢分解的规律，这与本试验中培养时间对土壤有机碳及各团聚体组分的极显著影响的研究结果一致。本研究表明，有机肥的施用和秸秆碳的添加能促进土壤有机碳及团聚体的形成和稳定，且因有机物料的添加量及肥力水平的共同作用而存在差异。本研究利用了 ^{13}C 同位素技术，示踪了秸秆碳在不同组分中的分配，根据方差分析的结果，可以从一定程度上说明碳饱和从颗粒小的组分开始，可见 ^{13}C 秸秆标记在土壤中的分解是研究土壤有机碳周转的有效方法。但我们同时发现，秸秆投入水平的增加可能会破坏当前的平衡状态，进一步增加黏粉粒组分的有机碳含量，也就是说，我们所谓的黏粉粒组分的饱和可能不是真正意义上的饱和，今后的培养条件可以通过延长培养时间，继续观察外源碳在不同保护机制组分中的固定与转化。

本试验的相关性分析表明土壤总有机碳含量与各团聚体以及不同保护机制组分有机碳含量呈极显著正相关关系，与轻组分有机碳含量呈显著正相关关系，与相关研究结果一致（张雪 等，2016；Lehmann and Kleber，2015）。其中，大团聚体、微团聚体和轻组分有机碳之间呈极显著相关关系，表明非保护的组分由于不稳定性，可以更好地反映土壤有机碳含量的变化。其中非保护的轻组分含量的变化是不同秸秆添加量下棕壤和黑土有机碳变化的最重要影响组分。同样，大团聚体作为非保护组分，与土壤总有机碳呈极显著的正相关关系。非保护组分有机碳能快速、灵敏地对土壤质量变化做出响应，可以作为土壤的固碳能力及固碳潜力的评价要素（张雪 等，2016）。物理保护的颗粒有机碳及物理化学保护的黏粉粒组分与大团聚体均呈现相关性不显著的结果，与总有机碳含量呈显著正相关关系，说明土壤物理保护性组分更多依赖于土壤总有机碳的变化。由此可见，土壤中的物理保护性组分相对于其他组分更易变化，土壤中的养分含量随着有机碳的变化而发生改变。微团聚体与物理保护的颗粒有机碳和物理化学保护的黏粉粒组分呈显著的相关关系，可能主要是由于物理保护的颗粒有机碳及黏粉粒组分都是包裹在微团聚体内部，微团聚体以这两种主要形式存在（Lehmann and Kleber，2015）。

本研究结果表明，低肥力水平土壤团聚体组分中秸秆碳的比例与高肥力水平相比较高。加到土壤中基质可能被黏粒化学吸附或者物理保护（Hassink and Whitmore，1997），从而使其不容易被微生物分解，降低了基质的有效性。尽管低肥力水平土壤具有较高的黏粒含量，其增加了微生物与基质之间的联系（Wei et al.，2014）。然而由于低肥力土壤本身的营养基质含量较低，限制了微生物对秸秆的分解。低肥力水平土壤中的秸秆碳含量较高，主要是因为土壤本身有机碳和微生物生物量碳含量较低。秸秆碳的加入使微生物从饥饿状态被激活，从而促进了微生物的生长，促进了秸秆碳在土壤中的腐解过程（Bastida et al.，2013；Fontaine et al.，2003）。高肥力土壤由于土壤本身较高的生物量，原土壤来源的有机碳仍能为微生物的生长和代谢提供有效基质（Majumder and Kuzyakov，2010）。Poirier 等（2013）发现在有机碳缺乏的土壤保留在细组分中秸秆碳的数量比有机碳丰富的土壤高。这可能解释了本研究中低肥力土壤较高的微生物活性。Majumder 和 Kuzyakov（2010）研究发现施用有机肥提高了大团聚体和微团聚体中秸秆来源的碳含量，秸秆碳在团聚体中分配具有异质性（安婷婷 等，2007）。但是关于团聚体中微生物的活性仍不是很清楚，仍需进一步进行探究。

综上，本节可得出以下结论：①物理分组的团聚体组分有机碳以及物理保护的黏粉粒组分有机碳之间均存在显著正相关关系，说明不同类型有机碳组分在组成上有重叠，不同秸秆添加下，物理保护的团聚体组分和黏粉粒组分有机碳都呈现同步增加的趋势。②不同肥力的土壤可以改变土壤中活性颗粒有机碳与惰性矿物结合有机碳的比例关系，其中高肥力土壤效果更好。它显著提高了土壤中活性有机碳/惰性有机碳的比值；秸秆的添加也在很大程度上增加了活性有机碳/惰性有机碳的比值。③不同的组分碳库之间以及与总有机碳之间均有显著的正相关关系，说明不同有机碳组分内部相互作用显著。一定的肥力水平以及秸秆的添加条件下，不同保护机制有机碳组分间均可以相互促进增加，从而为总有机碳的提高做出贡献。④不同保护机制有机碳组分的稳定性随着组分粒径变小而增加，说明非保护性有机碳库到物理保护有机碳库，再到化学保护有机碳库是土壤有机碳在土壤中转化和积累的一个过程。

第五节　田间原位条件下玉米秸秆碳在土壤颗粒有机碳中的固定

一、材料与方法

1. 供试材料

供试土壤和有机物料见第三章第四节。

2. 试验设计

试验设计见第三章第四节。

3. 测定方法

颗粒有机碳（POC）采用 Marriott 和 Wander（2006）改进的六偏磷酸钠分散法提取。20 g 的土壤样本通过 2 mm 筛，分散到 100 mL 浓度为 5 g/L 六偏磷酸钠中，并在 25 ℃±1 ℃下摇晃 18 h。将振荡后分散开的土壤溶液通过 53 μm 筛，将筛上剩余的材料用去离子水彻底冲洗，在 50 ℃下干燥 48 h 后称重，以测定颗粒有机碳含量及其 δ^{13}C 值。

4. 数据处理与分析

数据处理与分析见第三章第四节。

二、土壤颗粒有机碳含量及残体颗粒有机碳含量

土壤颗粒有机碳含量受土壤肥力水平、残体类型和培养时间的影响显著（图 5 - 23，表 5 - 7）。在高肥力和低肥力土壤中，土壤颗粒有机碳含量随培养时间的延长而降低。添加玉米残体后，各处理的颗粒有机碳含量在第 60 天（夏季）达到最高。第 60 天时，高肥力土壤的颗粒有机碳含量高于低肥力土壤，添加叶处理的颗粒有机碳含量低于添加根和茎的处理（$P<0.05$）。添加根、茎、叶后，高肥力土壤颗粒有机碳含量在第 540 天（第二年秋季）分别比第 60 天时下降了 50.9%、59.2% 和 56.2%，但是，这种下降比低肥力土壤的下降更为明显（根、茎、叶处理后分别下降了 48.0%、46.1% 和 22.7%）。通过方差分析可知，肥力水平与培养时间之间有显著的交互效应（$F×T$，$P<0.01$，表 5 - 7）。

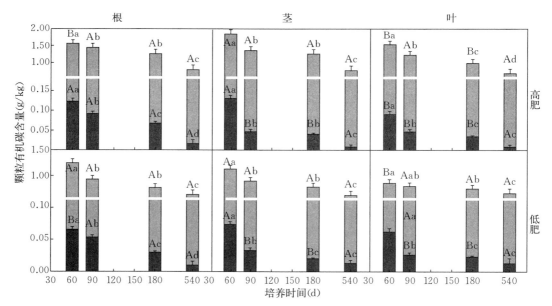

图 5 - 23　添加标记玉米根、茎和叶后土壤颗粒有机碳（POC）和残体来源颗粒有机碳的含量

注：深色部分代表残体来源颗粒有机碳，浅色部分代表土壤来源颗粒有机碳。不同小写字母表示相同肥力水平土壤不同采样时间之间存在显著性差异（$P<0.05$）；不同大写字母代表相同采样时间和相同肥力水平土壤不同残体类型添加之间存在显著性差异（$P<0.05$）。

表 5-7 肥力水平、残体类型和培养时间的方差分析

因子	自由度	颗粒有机碳		残体来源颗粒有机碳		颗粒有机碳中残体来源碳比例		平均驻留时间		残体来源颗粒有机碳占残体来源土壤总碳比例	
		F	P	F	P	F	P	F	P	F	P
F	1	201.03	<0.01	76.83	<0.01	104.27	<0.01	173.41	<0.01	0.01	0.93
R	2	20.57	<0.01	21.39	<0.01	51.53	<0.01	0.78	0.49	7.44	<0.01
T	6	123.58	<0.01	195.77	<0.01	285.55	<0.01	990.40	<0.01	13.65	<0.01
$F \times R$	2	4.41	0.06	7.33	<0.05	10.61	<0.05	1.97	0.22	0.90	0.41
$F \times T$	3	49.27	<0.01	17.48	<0.01	26.03	<0.01	135.69	<0.01	2.95	0.42
$R \times T$	6	8.18	<0.05	7.48	<0.05	12.86	<0.01	0.29	0.91	4.968	<0.01

注：F 表示肥力水平；R 表示残体类型；T 表示培养时间。

不同玉米残体添加后土壤颗粒有机碳的降解速率随时间变化而变化，根添加处理的颗粒有机碳降解速率下降幅度最大，且残体类型与培养时间（$R \times T$）有显著的交互作用（$P<0.05$，表 5-7）。另外，肥力水平×残体类型（$F \times R$）交互作用对土壤颗粒有机碳含量的影响不显著（$P=0.06$）。高肥力土壤中残体颗粒有机碳（新颗粒有机碳）含量显著高于低肥力土壤（$P<0.01$，图 5-23，表 5-7）。在两个肥力水平上，第 60 天，茎（0.13 g/kg）和根（0.11 g/kg）残体添加后的新颗粒有机碳含量显著高于叶添加处理后的新颗粒有机碳含量（0.08 g/kg）；第 180 天，茎（0.04 g/kg）和叶（0.03 g/kg）残体添加后显著低于根添加（0.06 g/kg）处理。一般而言，高肥力土壤中颗粒有机碳的减少速度快于低肥力土壤（图 5-23）。在低肥力土壤中，第 90 天和第 180 天时，根处理的残体颗粒有机碳含量显著高于茎叶处理的残体颗粒有机碳含量。第 540 天（第二个秋季）时，两个肥力水平土壤中，根、茎和叶处理之间残体来源颗粒有机碳含量没有显著差异（图 5-23），残体来源颗粒有机碳含量显示出显著的 $F \times R$ 相互作用（$P<0.05$，表 5-7）。

三、残体来源颗粒有机碳占总颗粒有机碳中的比例

在所有处理中，残体来源颗粒有机碳占土壤颗粒有机碳中的比例在第 60 天最高（表 5-8）。在整个培养期间，新颗粒有机碳的比例持续下降。在高肥力土壤中，不同残体添加的新颗粒有机碳比例在第 60 天有显著差异（$P<0.05$），表现为根>茎>叶处理。在其他三次取样（第 90 天、第 180 天和第 540 天）时，新颗粒有机碳的比例在茎和叶处理之间没有显著差异；在低肥力土壤中，在前三次取样（第 60 天、第 90 天和第 180 天），添加根残体后的新颗粒有机碳比例显著高于添加茎和叶后的新颗粒有机碳比例，顺序为根>叶>茎。在最后一次取样时（第 540 天），三种残体类型之间的新颗粒有机碳比例没有显著差异。

表5-8 不同土壤肥力水平和培养时间下玉米残体碳在颗粒有机碳中的比例（%）

培养时间(d)	高肥力			低肥力		
	根	茎	叶	根	茎	叶
60	6.69±0.28 Aa	5.41±0.16 Ba	4.32±0.06 Ca	6.65±0.03 Aa	4.37±0.21 Ba	4.47±0.31 Ba
90	6.25±0.56 Aa	3.39±0.11 Bb	3.68±0.01 Bb	4.97±0.07 Ab	2.94±0.22 Bb	3.12±0.14 Bb
180	5.15±0.09 Ab	3.22±0.06 Bb	3.35±0.12 Bb	3.59±0.27 Ac	2.41±0.14 Cc	2.90±0.23 Bb
540	1.88±0.03 Ac	1.26±0.09 Bc	1.28±0.19 Bc	1.71±0.06 Ad	1.93±0.49 Ac	1.93±0.26 Ac

注：不同小写字母表示相同肥力水平土壤不同采样时间之间的差异显著（$P<0.05$）；不同大写字母代表相同采样时间和相同肥力水平土壤不同残体类型添加之间存在显著性差异（$P<0.05$）。

土壤肥力水平、残体类型和培养时间显著影响添加根、茎和叶后新颗粒有机碳的比例（$P<0.01$，表5-7）。新的颗粒有机碳残留在土壤中，被植物吸收或流失到其他地方，表现出显著的 $F×R$ 交互作用（$P<0.05$）、$F×T$ 交互作用（$P<0.01$）和 $R×T$ 交互作用（$P<0.01$）。

四、外源新碳在颗粒有机碳中的残留率

在培养过程中，随着培养时间的延长，外源新碳在颗粒有机碳中的残留率持续下降（$P<0.05$）（图5-24）。第60天时，外源新碳的残留率受肥力水平显著影响，高肥力土壤中的残留率比低肥力土壤高46%左右。外源新碳的残留率在60~180 d 急剧下降。在前180 d，低肥力和高肥力土壤中，添加根处理的残留率（$P<0.05$）高于茎和叶处理。培养540 d 后，根、茎、叶来源碳在低肥力土壤颗粒有机碳中的残留率分别为0.56%、0.58%和0.61%，而在高肥力土壤中的残留率分别为0.74%、0.42%和0.41%。

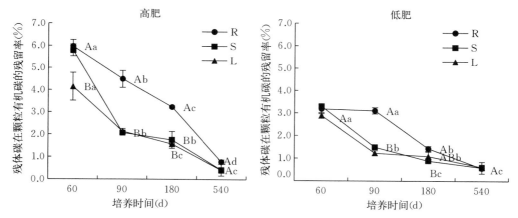

图5-24 ^{13}C标记玉米根、茎、叶不同肥力土壤中残留来源颗粒有机碳的比例

注：R表示根；S表示茎；L表示叶。不同小写字母表示相同肥力水平土壤不同采样时间之间存在显著性差异（$P<0.05$）；不同大写字母代表相同采样时间和相同肥力水平土壤不同残体类型添加之间存在显著性差异（$P<0.05$）。图中多个相同且重叠的字母只显示一个。

五、新颗粒有机碳的平均驻留时间

不同肥力水平土壤，新颗粒有机碳的平均驻留时间呈现显著性差异（表 5 - 9，$P <$ 0.05），高肥力土壤的新颗粒有机碳平均驻留时间为 1.52～128.72 年，低肥力土壤的平均驻留时间为 1.07～60.52 年。各土壤肥力水平中新颗粒有机碳的平均驻留时间随培养时间的延长而增加（$P < 0.05$）。在高肥力土壤中，添加根、茎和叶残茬后，平均驻留时间分别从第 60 天的 2.07 年、2.11 年和 1.52 年增加到第 540 天的 116.72 年、128.72 年和 118.10 年。在添加根、茎和叶后，低肥力土壤中的新颗粒有机碳的平均驻留时间也分别从第 60 天的 1.08 年、1.10 年和 1.07 年增加到第 540 天的 60.52 年、53.48 年和 55.33 年。在高肥力土壤中，不同残体来源的颗粒有机碳在前 180 d 的平均驻留时间有显著差异。此外，在低肥力土壤中，残体颗粒有机碳的平均驻留时间在第 90 天时有显著性差异（$P < 0.05$），但在其他取样日没有显著差异。

表 5 - 9　不同土壤肥力水平和培养时间下 ^{13}C - POC 平均驻留时间（年）

培养时间 (d)	高肥力			低肥力		
	根	茎	叶	根	茎	叶
60	2.07±0.11 Ad	2.11±0.08 Ad	1.52±0.05 Bd	1.08±0.01 Ad	1.10±0.08 Ad	1.07±0.11 Ad
90	3.85±0.44 Cc	7.14±0.32 Ac	6.57±0.04 Bc	2.83±0.09 Cc	4.25±0.10 Ac	3.77±0.14 Bc
180	9.32±0.23 Bb	15.04±0.42 Ab	14.47±0.76 Ab	6.56±0.45 Ab	7.24±0.73 Ab	6.88±0.90 Ab
540	116.72±4.19 Aa	128.72±8.12 Aa	118.10±2.66 Aa	60.52±4.71 Aa	53.48±4.51 Aa	55.33±3.71 Aa

注：不同小写字母表示相同肥力水平土壤不同采样时间之间存在显著性差异（$P < 0.05$）；不同大写字母代表相同采样时间和相同肥力水平土壤不同残体类型添加之间存在显著性差异（$P < 0.05$）。

土壤肥力水平和培养时间对平均驻留时间有显著影响（$P < 0.01$，表 5 - 7），而残茬类型对其无显著影响（$P = 0.49$）。此外，平均驻留时间不受 $F \times R$ 的交互作用（$P = 0.22$）和 $R \times T$ 的交互作用（$P = 0.91$）的显著影响，但受 $F \times T$ 交互作用的显著影响（$P < 0.01$）。

六、新颗粒有机碳占新土壤总有机碳的比例

经过 540 d 的田间培养，高肥力和低肥力土壤中新颗粒有机碳占新土壤总有机碳中的比例分别从 11.45% 变为 2.41% 和从 8.44% 变为 2.82%（图 5 - 25）。在第一次采样时（第 60 天），高肥力土壤基处理的新颗粒有机碳占新土壤总有机碳的比例最高（茎＞根＞叶），在低肥力土壤中添加残体后的第 60 天到第 90 天，除了低肥力土壤中的根残体处理外，其余处理的残体来源颗粒有机碳/土壤有机碳比率均降低。在高肥力土壤中，玉米残茬还田后残茬来源的颗粒有机碳/土壤有机碳比值从第 90 天增加到第 180 天（除根处理），但从第 180 天减少到第 540 天。在低肥力土壤中，叶处理的 90～180 d，残体来源的颗粒有机碳/土壤有机碳比值增加，茎处理的 180～540 d 残体来源的颗粒有机碳/土壤有机碳比值增加。

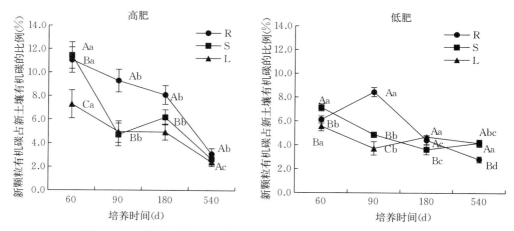

图 5-25　不同肥力水平土壤新颗粒有机碳占新土壤总有机碳的比例

注：R 表示根；S 表示茎；L 表示叶。不同小写字母表示相同肥力水平土壤不同采样时间之间存在显著性差异（$P<0.05$）；不同大写字母代表相同采样时间和相同肥力水平土壤不同残体类型添加之间存在显著性差异（$P<0.05$）。图中多个相同且重叠的字母只显示一个。

　　新颗粒有机碳占新土壤总有机碳的比例受残体类型和培养时间的显著影响（$P<0.01$，表 5-7），但不受土壤肥力水平的影响（$P=0.93$）。此外，平均驻留时间不受 $F\times R$ 的交互作用（$P=0.41$）和 $F\times T$ 交互作用（$P=0.42$）的影响，但受 $R\times T$ 交互作用的显著影响（$P<0.01$）。

七、讨论和结论

1. 土壤肥力水平对新颗粒有机碳的影响

　　颗粒有机质被认为是土壤有机质的一个短期组成部分（Liao et al.，2006），在 540 d 的培养时间内，它代表了系统的有机投入，其周转率控制着土壤中碳的累积速率。同时，颗粒有机质由不稳定组分和难降解组分组成，土壤微生物优先代谢这些不稳定组分。微生物分解保证了土壤中碳变化的连续性（An et al.，2015），并改变了有机质的质量，既向大气释放了一部分有机碳，又将有机质转化为可在土壤中固定的碳化合物（Cotrufo et al.，2013）。因此，颗粒有机质的增加与土壤有机碳的增加有关，微生物分解颗粒有机质导致黏液和代谢物的产生，从而将剩余有机物稳定成团聚体。

　　Xu 等（2019）已经发现，初始土壤有机碳含量较高的土壤中残留碳的总矿化量显著较低；换言之，高肥力土壤累积新的外源碳，这一结果与本文的第三章结果一致。而颗粒有机碳比土壤有机碳更容易受到环境变化（即气候变化和外源新碳）的影响（Duval et al.，2016；Kantola et al.，2017）。在本研究中，在整个培养过程中，高肥力土壤中的 ^{13}C-POC 含量高于低肥力土壤，有两个原因可以解释这个结果。

　　首先，颗粒有机碳是外源新碳的主要碳库，且是快速变化的土壤有机碳库，因此，它对外源新碳的响应更加敏感（Li et al.，2016）。实际上，在低肥力土壤中，在缺乏足够的氮和/或磷的情况下，新添加的碳在初始土壤有机碳值比较低的土壤中，需要较长的时间才能被微生物代谢，微生物可从饥饿状态被激活，并依靠新碳的输入活动（Bastida et al.，2013；Fontaine et al.，2003；An et al.，2015）。相反，在高肥力土壤中，土壤有机质可优先用于能源生产（Kantola et al.，2017）。颗粒有机碳含量的降低可能是微生物分解残体的结果。本研究表明，高肥力土壤中的^{13}C-POC含量高于低肥力土壤，这可能是由于高肥力土壤中的初始土壤有机碳水平高和微生物活性高，但仍能为微生物生长和代谢提供足够的养分和能量（An et al.，2015）。

其次，低肥力水平土壤的残体碳转化为颗粒有机碳，土壤颗粒有机质对残体碳的同化可能会由于养分的可利用性而引发原生土壤有机碳的矿化（Bastida et al.，2013；Blagodatskaya and Kuzyakov，2008；Fontaine et al.，2003）。新添加的碳可被颗粒有机质化学吸收或物理保护（Kantola et al.，2017）。颗粒有机质由不稳定组分和难降解组分组成，土壤微生物优先代谢不稳定组分。易分解物质的物理保护增加了微生物释放土壤碳的总体难度（Kantola et al.，2017）。因此，残体来源的颗粒有机碳在残体来源的土壤有机碳中所占的比例似乎与初始土壤有机碳含量有关。高肥力土壤的残体颗粒有机碳含量高于低肥力土壤，也就是说，高肥力土壤可以保护颗粒有机碳，比低肥力土壤具有更高的稳定性和更低的周转率。低周转率与稳定的有机成分（如半纤维素和木质素）、较大的水分滞后和相对较高的土壤微生物活性都有一定的关系（Blago-datskaya et al.，2011）。同时，由于颗粒有机质的形成也会影响土壤团聚体的形成，耕作是颗粒有机质从土壤中释放的驱动力之一，因此颗粒有机质对添加新的玉米残茬很敏感（Conant et al.，2001）。

2. 不同残体类型对颗粒有机碳的影响

不同土壤肥力水平下，添加不同玉米残体处理后90～180 d（夏秋季）颗粒有机碳和^{13}C-POC含量存在差异，造成这些差异的原因主要就是根、茎和叶的生物化学组成的不同。一般来说，茎和叶残体可以更快地分解，为土壤微生物活动提供能量（Abiven et al.，2005；Thippayarugs et al.，2007）。由于化学成分不同，根、茎和叶中碳的自然丰度不同，本研究中使用的不同部分植物残体并没有统一标记^{13}C组织。本研究中，在培养时间结束时，残体类型对颗粒有机碳和^{13}C-POC含量没有显著影响。但是，我们不能明确残体类型影响颗粒有机碳积累的整个过程。

此外，作为颗粒有机质保护的一个重要部分，颗粒有机质是由土壤团聚体形成的，不同玉米残体添加会对颗粒有机质产生影响（Conant et al.，2001）。微生物对新碳的分解导致黏液和代谢物的产生，从而将剩余的有机物稳定到颗粒有机质中，先前的研究也报告了残体碳的矿化在初期不同，但在后期一样。例如，Wang等（2017）在长期（4年）的试验中发现，作物残体的分解仅受残留物类型（油菜、鹰嘴豆和小麦）的轻微影响，而Xu等（2019）在一年的室内培养中发现，根、茎和叶中的残留物碳的分离情况相似。总的来说，在培养的前180 d，玉米不同部位残茬还田，残体颗粒有机碳的分布和固存是不同的，但在田间微区培养结束时（540 d），没有不同。不同作物类型具有不同的根碳储量/茎碳储量（Mathew et al.，2017）。因此，利用碳同位素示踪技术了解土壤中其他作物残体碳的转化规律，是今后研究的方向。

3. 不同土壤肥力水平下残留颗粒有机碳的季节动态

本研究属于田间微区试验，更符合自然条件。在 540 d 的培养过程中，研究发现在两种土壤肥力水平下，新添加的玉米残体在土壤颗粒有机碳中的固存动态会根据季节性发生变化，这是因为土壤温度和湿度是驱动微生物群落生长和活性结果，颗粒有机碳的动态变化主要取决于四个具有特征的季节变化：①第 60 天（夏季/生长季节）；②第 90 天（初秋）；③第 180 天（秋季/收获）；④第 540 天（翌年秋季）。残体来源的颗粒有机碳含量与土壤颗粒有机碳含量有相似的规律，在第一个采样日（第 60 天）达到最高水平，也就是夏季玉米生长期的残体碳分解率高于其他采样期，这可能是由于土壤中微生物（如细菌）活性增加可以加速有机质的分解（Schutter and Dick，2002；Li et al.，2004）。另一个原因是，播种期间温度相对较低，在第一个取样日前总体温度逐渐升高；低温往往会降低土壤的呼吸和生物活性，并导致较高的碳储量。从 60～180 d 观察到的 ^{13}C - POC 的差异可能是由于添加的残体类型不同，其化学性质不同导致的；而第 90 天是该地区最热的季节，温度从 90～180 d 逐渐降低。微生物活性因季节而异（Jin et al.，2018）。180～540 d，土壤颗粒有机碳含量经过了一个漫长的冬季和另一个玉米生长季节后达到了最低，这主要是由于玉米残体在土壤中的分解逐年增加。此外，^{13}C - POC 与 ^{13}C - SOC 含量比值的季节差异与温度有关，表明颗粒有机碳的周转也受到大气温度和土壤含水量的影响，这一结果表明，玉米残体分解产生的有机组分可以在颗粒有机碳中长期保留。

4. 新颗粒有机碳的平均驻留时间

植物残体在土壤颗粒物质形成过程中的十分重要（Li et al.，2016）。本研究发现，随着培养时间的延长，两种肥力水平的土壤中新颗粒有机碳的平均驻留时间都增加了（$P<0.05$）。与低肥力土壤相比，高肥力土壤含有更多的新颗粒有机碳和更长的平均驻留时间。换言之，高肥力土壤中保护的颗粒有机碳具有更高的稳定性和较慢的周转率。在培养后期观察到的新颗粒有机碳的平均驻留时间较长，可能是由于外源新碳的生化组成引起的（Ni et al.，2000）。然而，在 540 d 后，根、茎和叶中颗粒有机碳的平均驻留时间相似，这说明经过 540 d 的田间培养试验，不同玉米部分残茬在土壤中残留的情况趋于一致。

5. 不同肥力水平外源新碳在颗粒有机碳和土壤有机碳之间的分配比例

利用 ^{13}C 标记的玉米残茬，可以得出残体碳在颗粒有机碳和土壤有机碳中的分配比例，并对不同玉米部位残体颗粒有机碳在土壤中的分配和动态变化提供了数据支撑。在两种肥力水平土壤中，所有处理的残体颗粒有机碳的总体动态变化趋势，是由于植物根系吸收（Yamada et al.，2011）、向环境迁移或淋溶（Uselman et al.，2007）和微生物代谢造成的。值得注意的是，本研究用 ^{13}C 标记的玉米研究了不同施肥水平下，土壤中残体来源颗粒有机碳与残体来源土壤有机碳的关系，高肥力土壤更有利于颗粒有机质的固碳，高肥力土壤促进了新添加的玉米残茬的分解和微生物转化。颗粒有机碳与土壤有机碳含量比值的季节差异与温度和水分有关，进一步表明颗粒有机碳的周转也受大气温度和土壤水分的影响，从而促进微生物对新鲜碳的吸收。

综上，本节可得出以下结论：①高肥力土壤可以固定更多的外源新碳到颗粒有机质中。在整个培养期间，高肥力土壤中的 ^{13}C - POC 含量显著高于低肥力土壤，表明高肥力土壤比低肥力土壤更有利于土壤颗粒有机碳的积累，也就是说高肥力土壤对颗粒有机碳中外源新碳的固存能力高于低肥力土壤。②培养 540 d 后，土壤颗粒有机碳对玉米不同部位残体来源碳的响应基本一致。研究发现，不同类型的玉米残体在前 180 d 有显著差异，540 d 田间培养后，根、茎、叶的残体颗粒有机碳吸收情况相似。不同肥力水平的玉米残茬在土壤中的平均驻留时间均随培养时间的延长而增加，但不同类型玉米残茬之间差异不显著。因此，我们认为外源新碳在土壤颗粒有机碳中的固存受土壤肥力的影响比玉米残体类型的影响更大。

第六章

土壤微生物对玉米秸秆碳的利用过程

　　土壤微生物在土壤有机碳的形成和稳定过程中起着核心作用，且土壤碳动态是微生物生长和代谢的结果。最近的研究表明，微生物死亡残体作为土壤有机质连续体的一部分，可能是稳定土壤碳库的主要贡献者（Lehmann and Kleber，2015；Liang et al.，2019），强调了微生物合成代谢过程对土壤有机碳形成和稳定的重要作用（Kong et al.，2011；Miltner et al.，2012）。当代理论认为，作物秸秆还田后进入微生物代谢过程，转化为微生物量，然后通过体内周转过程以合成代谢产物的形式转化为稳定的土壤碳库（Cotrufo et al.，2015；Bore et al.，2019）。尽管土壤微生物生物量碳占土壤碳库的比例低于5%，但土壤微生物却不断地经历细胞生成、生长和死亡的反复过程（Simpson et al.，2007）。因此，因合成代谢产物累积而导致的微生物残体富集是土壤稳定碳库的重要来源，但在传统认知中远远低估了这一贡献（Miltner et al.，2012；Ding et al.，2013）。因此，首先有必要准确识别对作物秸秆碳进行合成代谢的特定微生物群落，这些微生物群落大小和活性是微生物残体积累的先决条件（Simpson et al.，2007；Kong et al.，2011；Cotrufo et al.，2013）。其次，需要补充有关微生物残体的积累方式及其与活体微生物群落的关系的信息。此外，有研究显示微生物合成代谢产物在土壤中积累的程度可能更多地取决于土壤物理保护，而不是有机组分的抗分解作用（Dungait et al.，2012），并可指示农业管理等慢性影响指标所带来的影响（如作物残体还田）（van Groenigen et al.，2010）。因此，了解土壤物理保护与各个微生物群落、微生物残体之间的相互作用对于构建作物残留碳转化和土壤碳积累机制的根基至关重要。本章主要通过碳稳定同位素示踪与生物标识物（磷脂脂肪酸和氨基糖）技术相结合，布置田间原位试验，阐明不同部位玉米秸秆碳向土壤有机碳转化的内在微生物驱动过程，明晰不同团聚体对微生物同化过程的影响，以及对微生物残体保护能力的差异，可为阐明土壤有机碳的来源、形成、周转、稳定过程及土壤肥力演变过程提供新的理论参考。

第一节　材料与方法

一、供试材料

　　本试验在沈阳农业大学棕壤长期定位施肥试验站进行（试验站介绍见第三章第一节）。本研究所采用土壤为长期定位试验站传统栽培（未覆膜）区组中2个施肥处理：对照（连续29年未施用任何肥料），本研究将其视为该试验站低肥力土壤（LF）；高量有机肥并配施氮、磷化肥处理（年施用有机肥中含纯 N 270 kg/hm²，年施用化肥中含纯 N 135 kg/hm²

和 P_2O_5 67.5 kg/hm²），本研究将其视为该试验站高肥力土壤（HF）。其中，高肥力土壤施用有机肥为猪厩肥，含有机碳 150 g/kg、N 10 g/kg、P_2O_5 10 g/kg、K_2O 4 g/kg；施用化肥为尿素和磷酸二铵；所有肥料均作为基肥在播种前一次性施入土壤。供试土壤样品的基础理化性质见表 6-1。

表 6-1 供试土壤的基本理化性状（2016 年）

肥力水平	土壤有机碳 (g/kg)	全氮 (g/kg)	碳氮比	铵态氮 (mg/kg)	硝态氮 (mg/kg)	有效磷 (mg/kg)	有效钾 (mg/kg)	黏粒 (%)
低肥	11.2	1.1	10.2	12.5	33.0	13.5	90.3	25.5
高肥	17.6	2.2	8.0	13.5	198.3	245.0	228.5	20.0

肥力水平	pH	总磷脂脂肪酸 (noml/g)	G+磷脂脂肪酸 (noml/g)	G-磷脂脂肪酸 (noml/g)	真菌磷脂脂肪酸 (noml/g)	AMF 菌磷脂脂肪酸 (noml/g)	放线菌磷脂脂肪酸 (noml/g)
低肥	6.0	22.7	6.7	5.3	2.1	0.8	3.8
高肥	5.7	30.4	9.2	6.8	3.0	0.9	4.8

供试碳稳定同位素标记的玉米秸秆通过¹³C 脉冲标记试验获得（An et al.，2015）。标记试验于 2014 年开展，通过 HCl（2 mol/L）与 $Na_2^{13}CO_3$（99% atom% ¹³C，Sigma-Aldrich）反应产生¹³CO_2 气体。标记室由透明的农用塑料膜和可升降的支架组成（长、宽、高分别为 5 m、1 m、1.5 m）。标记室与土壤之间的缝隙用湿土密封。注入¹³CO_2 前用真空泵抽取标记室内的 CO_2，让植株饥饿一段时间后再注入¹³CO_2 气体以提高¹³CO_2 的吸收同化率。将¹³CO_2 气体注入标记室后，同时开动风扇，使标记室内的气体充分混合。玉米秸秆在秋季成熟期收获并冲洗干净，在 105 ℃ 条件下杀青 30 min，并在 60 ℃ 条件下烘干至恒重。随后，将根茬和茎叶用剪刀分开，并剪成小段后用秸秆粉碎机粉碎，过 40 目筛（0.425 mm）后备用。此外，取少量粉碎后的秸秆再用混合型研磨仪（Retsch MM 200，德国）进行粉碎研磨，以测定其基础理化性质。供试玉米秸秆理化性质见表 6-2。

表 6-2 供试玉米秸秆的基本理化性状（2016 年）

秸秆类型	有机碳 (g/kg)	全氮 (g/kg)	$\delta^{13}C$ 值 (‰)	碳氮比	木质素 (g/kg)
根茬	435.6	15.1	392.0	28.8	135.3
茎叶	443.9	14.0	699.6	31.7	71.4

二、试验设计

本研究采用田间微区模拟试验的方法，共设 6 个处理，分别为：①低肥力土壤+玉米根茬（LF+R）；②低肥力土壤+玉米茎叶（LF+S）；③高肥力土壤+玉米根茬（HF+R）；④高肥力土壤+玉米茎叶（HF+S）。同时，以不添加玉米秸秆的 2 种肥力土壤作为对照（LF，HF），每个处理三次重复。按照试验设计方案，于 2016 年 4 月翻地后将 18 个长×宽×高为 0.4 m×0.3 m×0.8 m 的无底 PVC 盒埋入相对应肥力水平小区，PVC盒顶端高出地表10～15 cm。在PVC盒埋入前，按不同土壤层次将目标区域土壤挖出，并分别堆放好；待PVC盒被放置到挖好的坑中后，将底土（＞20 cm）进行归还并尽量恢复到原来容重水平。然后按照0.5％的比例（干秸秆重/烘干土重）将不同类型玉米秸秆（根茬、茎叶）与0～20 cm耕层土壤均匀混合并归还到相应微区中。待微区玉米出苗后，每个微区保留一株长势较好的玉米，微区的管理按照常规田间管理方法进行。

分别于试验布置后的0 d、60 d、90 d、150 d和500 d对各微区进行土壤样品采集，采集深度为0～20 cm。采样时，利用不锈钢铲对各微区三点采集原状土样，混匀后留取400 g备用。为防止土壤结构及微生物遭到破坏，采用硬质塑料保鲜盒在保持低温下将土样迅速带回实验室。剔除土壤中肉眼可见的根系和砾石，并用手沿自然裂隙轻轻掰成1～2 cm的小土块，过4 mm筛。其中，一部分土壤样品在阴凉处风干、研磨，用于土壤有机碳、$\delta^{13}C$值、氨基糖及其他理化性质的测定；一部分用冷冻干燥仪（SCIENTZ - 10 N，中国）进行冷冻干燥，以用于提取活体细胞膜磷脂脂肪酸（PLFAs）；剩余一部分用于土壤团聚体分级，分级后土壤样品化学性质（$\delta^{13}C$值、氨基糖和磷脂脂肪酸等）测定的处理方法同全土。

三、测定方法

1. 团聚体分级

通常，土壤团聚体分级中常用的湿筛法和筛分风干土的方法均会破坏自然状态下微生物分布与团聚体之间的联系（Helgason et al.，2010）。因此，本研究中土壤团聚体分离采用Helgason等（2010）和Wang等（2017）介绍的方法（采用干筛法筛分鲜土）：将土壤样品风干至含水量12％左右时，取200 g进行团聚体分级（每次筛分100 g，筛分2次）。将土样置于筛分仪（Retsch AS 200，德国）套筛中，首先在振幅1.5 mm条件下振动15 s，分离出＞2 mm的团聚体，然后再依次振动20 s和45 s，得到1～2 mm、0.25～1 mm和＜0.25 mm粒级土壤团聚体，分别称重。取一小部分筛分好的各粒级团聚体烘干之后进行研磨并过100目筛，进行有机碳含量及$\delta^{13}C$值的测定，剩余团聚体进行磷脂脂肪酸分析及氨基糖分析。

2. 磷脂脂肪酸分析

土壤磷脂脂肪酸含量及其$\delta^{13}C$值的测定主要参考Bossio和Scow（1995）以及Denef等（2007）所介绍的方法。具体操作过程如下：①提取。准确称取4.000 g冷冻干燥后的土壤，加入15.2 mL氯仿-甲醇-磷酸盐缓冲液（体积比为1：2：0.8），置于25 ℃下避光振荡2.5 h后在4 000转/min下离心10 min，收集上清液。然后再向土壤沉淀中加入缓冲液，重复上述步骤。将两次提取的上清液合并，加入柠檬酸缓冲液和氯仿，涡旋后于黑暗处静置过夜（务必要远离热源），使两相分离。翌日用玻璃吸管取出上层清液，保留下层的氯仿相（勿留水相），避光条件下在通风橱内用N_2吹干。②分离纯化。浓缩后的脂肪酸用约5 mL氯仿分次转移到已经预处理的SPE柱（硅胶填充的固相萃取柱）中，分别用8.0 mL氯仿和16.0 mL丙酮洗脱中性脂类和糖脂类物质，最后用甲醇将磷脂脂肪酸洗脱并收集。避光条件下在通风橱内用N_2吹干，在−20 ℃黑暗条件下短暂保存。③甲基化。

在上述纯化的脂类样品中加入 1.0 mL 甲醇：甲苯（体积比为 1 : 1）和 1.0 mL 浓度为 0.2 M 的 KOH 甲醇溶液，混匀后在 37 ℃ 下保温 15 min（水浴时应避免甲苯等有机溶剂漏出而污染）。冷却至室温后加 2.0 mL 去离子水、0.3 mL 1 M 的 HAC 和 2.0 mL 正己烷，涡旋混匀 30 s，提取上层甲基酯化脂肪酸（FAMEs），在 −20 ℃ 下暂时保存备用。在酯化的样品中加入 19 : 0 甲基酯作内标，过气相色谱柱（Agilent GC 7890A），利用美国 MIDI 公司开发的 Sherlock Microbial Identification System（MIS）4.5 系统进行脂肪酸的比对鉴定，并通过 Thermo Scientific 气体同位素质谱仪（MAT253）测定各脂肪酸的 $\delta^{13}C$ 值。

根据以往报道，16 : 0 和 18 : 0 为普通直链饱和脂肪酸，一般表征细菌或全部微生物量（Tavi et al.，2013）；i15 : 0、a15 : 0、i16 : 0、i17 : 0 和 a17 : 0 表征革兰氏阳性菌群落微生物量（Bach et al.，2010）；16 : 1ω7c、18 : 1ω7c、cy17 : 0ω7c 和 cy19 : 0ω7c 表征革兰氏阴性菌群落微生物量（Pan et al.，2016）；18 : 2ω6c 和 18 : 1ω9c 表征腐生真菌群落微生物量；16 : 1ω5c 表征菌根真菌（AMF）群落微生物量（Bach et al.，2010；Olsson，1999）；10Me 16 : 0、10Me 17 : 0、10Me 18 : 0 和 10Me 17 : 1ω7c 表征放线菌微生物量（Pan et al.，2016）；同时将所有微生物磷脂脂肪酸总和表征为总微生物量。此外，在本研究中，由于团聚体各组分中脂肪酸 10Me 17 : 1ω7c 含量变化极不稳定，因此将该部分数据剔除（含量较低，未对微生物群落整体变化造成明显影响）。

特别说明：不同磷脂脂肪酸分子通常以一系列碳原子数目结合字母表示，如 16 : 1ω5c 中，16 表示该磷脂脂肪酸含 16 个碳原子，1 表示含有一个双键，ω 和后面的数字代表双键与脂肪端的距离；字母 c 和 t 分别表示磷脂脂肪酸的顺式和反式构型；anteiso 和 iso 代表有甲基异型存在，前者表示甲基在脂肪端末尾第 3 个碳原子上，后者表示甲基在脂肪端末尾第 2 个碳原子上；methyl 代表甲基，前面数字表示甲基距离羧基端距离；cycle 代表环丙烷脂肪酸。

3. 氨基糖分析

土壤氨基糖含量测定主要参考 Zhang 和 Amelung（1996）所介绍的方法（糖腈乙酰酯衍生气相色谱测定法）。具体操作过程如下：①用分析天平按照含 0.4 mg 的氮称取土壤样品，即称样量（g）＝0.4/TN，并将称取好的土壤样品装入水解瓶中；②每个水解瓶中加入 10 mL 6 mol/L 的 HCl 并盖好瓶盖，置于 105 ℃ 下水解 8 h；③将水解瓶放至通风橱中冷却至室温，之后加入 100 μL 内标 1（肌醇，在冰箱中冷藏），盖上瓶盖并轻轻摇匀；④将水解物过滤到心形瓶中，之后用 1～2 mL 水润洗 3 次，每次润洗后均将瓶内土壤和液体转移到滤纸上，等滤纸上的液体过滤完全后，用 1～2 mL 水将滤纸冲洗干净；⑤滤出液用旋转蒸发仪在 52 ℃ 真空状态下彻底干燥，蒸干后的残渣用少量水溶解并转移至 50 mL 离心管中；⑥通过 0.4 M KOH 和稀 HCl 将溶液 pH 调至 6.6～6.8（每个离心管中的液体最好控制在 20 mL 以下）；⑦将离心管在 3 000 转/min 下离心 10 min，下层为沉淀；⑧将上清液再次转移至梨形瓶，在 52 ℃ 下蒸发干燥，然后用 3 mL 的无水甲醇溶解残渣，并转入 5 mL 离心管中，在 3 000 转/min 下离心 10 min；⑨将上清液转移到 5 mL 的衍生瓶中，另取 3 个衍生瓶，每个加 100 μL 胞壁酸；⑩将衍生瓶在 45 ℃ 下 N_2 吹干以去除多余的无水甲醇，将干燥物溶解到 1 mL 水中。每个样品瓶中加入 100 μL 内标2（N-甲基氨基葡萄糖，MGlcN），标样瓶中依次加入 100 μL 三种氨基糖混合标液［D-(＋)-氨基葡萄糖、D-(＋)-氨基半乳糖、D-(＋)-甘露糖胺］、内标1（肌醇）、内标2（N-甲基氨基葡萄糖）和 1 mL 水；⑪用 Parafilm 封口膜将衍生瓶口扎紧并扎眼，置于乙醇浴中冷冻后移至冷冻干燥仪中冷冻干燥 8 h；⑫在各衍生瓶中加入 0.3 mL 衍生试剂，盖好瓶盖，涡旋几秒钟后置于 75～80 ℃的水浴中加热 30 min（加热期间摇动衍生瓶几次），冷却至室温；⑬向各衍生瓶加 1.0 mL 乙酸酐，拧紧瓶盖，再次涡旋后置于 75～80 ℃的水浴中加热 1 h（加热期间摇动衍生瓶几次），冷却至室温；⑭向各衍生瓶加 1.5 mL 二氯甲烷，拧紧瓶盖涡旋，加入 1 mL 的 1 mol/L HCl，拧紧瓶盖涡旋 30 s，用移液枪移出上层无机相；⑮以相同方式，用蒸馏水（每次 1 mL）对有机相进行 3 次提取，尽可能在最后一次提取中将水彻底去除；⑯将衍生瓶剩余物质置于 45 ℃下 N_2 吹干，加入 200 μL 乙酸乙酯：正己烷（1:1）混合液，转入带有衬管的气相色谱瓶待测。最终，通过配有 HP-5 气相色谱毛细管柱（30 m×0.25 mm×0.25 μm）的气相色谱仪（Agilent Technologies，美国）进行氨基糖检测。

土壤总有机碳（SOC）、全氮（TN）及 $\delta^{13}C$ 值利用元素分析—稳定同位素质谱联用仪（EA-IRMS，IsoPrime100，Germany）测定。其基本原理和测定过程为：样品在高温燃烧后（燃烧管温度为 920 ℃，还原管温度为 600 ℃），通过 TCD（Thermal Conductivity Detecor）检测器测定有机碳含量，剩余气体通过 CO_2/N_2 排出口（Vent）及稀释器进入质谱仪测定 $\delta^{13}C$ 值。

四、计算方法

1. 植物秸秆碳动态及磷脂脂肪酸分析的相关计算

$\delta^{13}C$ 值（‰）的计算公式（标准物质为美国南卡罗来纳州白垩纪皮狄组层位中的拟箭石化石，PDB）（Werner and Brand，2001）：

$$\delta^{13}C = 1\,000 \times \left(\frac{R_{sample} - R_{standard}}{R_{standard}} \right)$$

式中，R_{sample} 为样品 $^{13}C/^{12}C$ 原子比值；$R_{standard}$ 为标准品 $^{13}C/^{12}C$ 原子比值，数值为 0.011 802。

由于在甲基化步骤中向脂肪酸分子中添加了一个碳原子，因此使用以下平衡方程对每个磷脂脂肪酸分子的 $\delta^{13}C$ 值进行校正（Pan et al.，2016）：

$$n_{cd}\delta^{13}C_{cd} = n_c\delta^{13}C_c + n_d\delta^{13}C_d$$

式中，n 为碳原子数；n_c 为未衍生化合物的碳原子数；n_d 为衍生剂的碳原子数（甲醇，$n_d = 1$，$\delta^{13}C = -29.33‰$）；n_{cd} 为响应的衍生化合物的碳原子数。

土壤有机碳和磷脂脂肪酸中来源于植物秸秆碳的比例（$F_{residue}$，%）的计算公式（De Troyer et al.，2011）：

$$F_{residue} = \frac{\delta^{13}C_{sample} - \delta^{13}C_{control}}{\delta^{13}C_{residue} - \delta^{13}C_{control}}$$

式中，$\delta^{13}C_{sample}$ 为添加秸秆处理的土壤有机碳或磷脂脂肪酸的 $\delta^{13}C$ 值（‰）；$\delta^{13}C_{control}$ 为对照（未添加秸秆处理）的土壤有机碳或磷脂脂肪酸 $\delta^{13}C$ 值（‰）；$\delta^{13}C_{residue}$ 代表相应植物秸秆的 $\delta^{13}C$ 值（‰）。

各磷脂脂肪酸中来源于植物秸秆的碳含量（$C_{residue}$，nmol/g）计算公式（Blaud et al.，2012）：

$$C_{residue} = C_{PLFA} \times F_{residue}/100$$

式中，C_{PLFA} 代表各磷脂脂肪酸的碳含量（nmol/g）。

土壤及团聚体中秸秆碳含量（$C_{residue-soil}$，g/kg）计算公式（Blaud et al.，2012）：

$$C_{residue-soil} = C_{soil} \times F_{residue}/100$$

式中，C_{soil} 代表土壤或各粒级团聚体中的碳含量（g/kg）。

植物秸秆碳残留量（$C_{incorporated}$，g）的计算公式（Li et al.，2015）：

$$C_{incorporated} = W_{soil} \times F_{residue} \times C$$

式中，W_{soil} 为微区中 0~20 cm 土壤的重量（kg，通过容重和体积计算）；C 为相应微区土壤有机碳含量（g/kg）。

植物秸秆碳矿化率（$M_{residue}$，%）的计算公式（Xu et al.，2019）：

$$M_{residue} = 1 - \frac{C_{incorporated}}{C_{residue}} \times 100$$

式中，$C_{residue}$ 为初始施入植物秸秆的总碳量（g）。

2. 氨基糖分析的相关计算

土壤或团聚体中真菌秸秆源碳（$F_{residue}-C$，mg/g）和细菌秸秆源碳（$B_{residue}-C$，mg/g）的含量根据 van Groenigen 等（2010）和 Liang 等（2019）所提供的公式进行估算：

$$F_{residue}-C = [GluN\ (mg/g) \div 179.2 - 2 \times MurA\ (mg/g) \div 251.2] \times 179.2 \times 9$$

$$B_{residue}-C = MurA\ (mg/g) \times 45$$

式中，179.2 和 251.2 分别为氨基葡萄糖和胞壁酸的分子量；假定细菌细胞中氨基葡萄糖和胞壁酸的摩尔比为 2：1。转化系数 9 用来将氨基葡萄糖转化为真菌秸秆碳含量，转化系数 45 用来将胞壁酸转化为细菌秸秆碳含量（van Groenigen et al.，2010；Liang et al.，2019）。

五、数据处理与分析

本文中的数据以 3 个重复的平均值及其标准差表示。试验数据采用 SPSS 19.0 软件（IBM，美国）进行方差分析，不同处理间的差异显著性用 Duncan 法进行多重比较，显著水平为 $P<0.05$。通过 CANOCO 4.5 软件对微生物群落及玉米秸秆碳在微生物群落中的分配进行主成分分析（Principal component analysis，PCA）。图表的绘制采用 Origin 2018 软件（Origin Lab，美国）。

第二节　土壤微生物群落结构的变化

一、土壤微生物群落磷脂脂肪酸及微生物群落结构的变化

1. 土壤微生物群落磷脂脂肪酸含量

添加玉米秸秆显著增加了各时期土壤总磷脂脂肪酸含量（$P < 0.05$，图 6-1）。其中，高肥力处理中磷脂脂肪酸的增幅比低肥力处理更大（60 d 后）。在添加玉米秸秆处理中，磷脂脂肪酸含量在 150 d 前均显著增加，之后则呈现出不同程度的下降趋势；而在不添加秸秆的对照处理中，总磷脂脂肪酸含量未发生明显变化。总体上，高肥力处理中的总磷脂脂肪酸含量（平均为 37.5 nmol/g）显著高于低肥力处理（平均为 25.5 nmol/g，$P < 0.05$）。对于不同秸秆类型，添加茎叶处理中的总磷脂脂肪酸含量在 150 d 前略高于根茬处理，而添加根茬处理中的总磷脂脂肪酸含量在 150 d 后则高于根茬处理。此外，各微生物群落中的磷脂脂肪酸含量变化规律同总磷脂脂肪酸含量相似（表 6-3）。

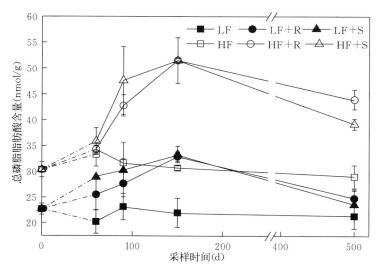

图 6-1　不同处理土壤中总磷脂脂肪酸含量

注：LF 和 HF 分别代表低肥力和高肥力土壤，R 和 S 分别代表根茬和茎叶；误差线为标准差。

表 6-3　不同处理土壤中各群落微生物磷脂脂肪酸含量（nmol/g）

时间	群落	处理					
		LF	LF+R	LF+S	HF	HF+R	HF+S
60 d	普通直链	3.5±0.5 cC	4.8±0.7 cB	5.1±0.1 cB	6.2±0.6 cA	6.6±0.3 cA	6.7±0.4 cA
	革兰氏阳性	6.3±0.6 aC	7.3±0.6 aC	8.3±0.1 aB	10.4±0.5 aA	10.2±0.5 aA	10.7±0.7 aA
	革兰氏阴性	4.5±0.5 bD	5.8±0.7 bC	6.9±0.2 bB	7.0±0.6 bAB	7.3±0.2 bAB	7.9±0.6 bA
	真菌	1.8±0.3 dC	2.9±0.5 dB	3.0±0.1 eB	3.2±0.2 eB	3.8±0.2 ea	3.9±0.4 eA
	AMF	0.8±0.1 eD	0.9±0.1 eD	1.1±0.0 fC	1.3±0.1 fB	1.5±0.0 fA	1.5±0.1 fA
	放线菌	3.3±0.4 cC	3.9±0.4 cC	4.4±0.1 dB	5.2±0.4 dA	4.9±0.1 dAB	5.2±0.4 dA

（续）

时间	群落	处理					
		LF	LF+R	LF+S	HF	HF+R	HF+S
90 d	普通直链	4.2±0.5 cC	5.1±0.5 cBC	5.7±0.5 cB	5.8±0.8 bcB	8.0±0.5 cA	8.9±1.2 bcA
	革兰氏阳性	6.9±0.7 aC	7.8±0.8 aC	8.5±0.7 aBC	10.2±1.1 aB	12.9±0.8 aA	14.3±1.9 aA
	革兰氏阴性	5.3±0.6 bC	6.7±0.7 bBC	7.1±0.6 bB	7.0±0.9 bBC	9.3±0.5 bA	10.9±1.7 bA
	真菌	2.1±0.2 dC	2.9±0.1 eB	2.9±0.2 eB	2.6±0.5 dBC	4.3±0.1 eA	4.4±0.5 dA
	AMF	1.2±0.1 eC	1.3±0.1 fBC	1.5±0.2 fAB	1.3±0.1 eBC	1.8±0.3 fA	1.8±0.3 eA
	放线菌	3.5±0.4 cC	4.0±0.5 dBC	4.4±0.3 dBC	4.8±0.5 cB	6.4±0.1 dA	7.2±1.0 cA
150 d	普通直链	4.0±0.7 bcC	6.4±0.1 cB	6.4±1.7 cB	6.3±0.5 bB	9.8±0.2 cA	9.7±0.9 cA
	革兰氏阳性	7.1±0.8 aC	9.3±0.4 aB	9.5±3.0 aB	10.6±0.9 aB	15.0±0.5 aA	15.5±1.2 aA
	革兰氏阴性	4.7±0.7 bC	7.8±0.3 bB	7.7±2.1 bB	5.6±1.2 bcC	11.7±0.6 bA	11.3±1.1 bA
	真菌	1.8±0.2 dC	3.3±0.1 eB	3.4±0.7 eB	2.3±0.3 dC	5.4±0.5 eA	5.4±0.8 eA
	AMF	1.0±0.0 dD	1.4±0.1 fB	1.4±0.3 fBC	1.1±0.2 dCD	2.0±0.1 fA	2.2±0.2 fA
	放线菌	3.5±0.7 cC	4.8±0.2 dB	4.9±1.5 dB	4.9±0.5 cB	7.6±0.3 dA	7.3±0.5 dA
500 d	普通直链	3.5±0.5 bD	4.3±0.4 cD	4.0±0.6 cD	5.4±0.8 bcB	8.3±0.1 cA	7.2±0.3 cB
	革兰氏阳性	5.9±1.0 aC	7.1±0.3 aC	6.8±0.8 aC	9.5±0.2 aB	13.4±0.1 aA	12.2±0.3 aA
	革兰氏阴性	5.3±0.7 aC	6.2±0.6 bB	5.8±0.6 bB	6.0±0.5 bB	9.7±0.2 bA	8.8±0.6 bA
	真菌	2.0±0.1 cD	2.7±0.3 eC	2.5±0.2 eCD	2.4±0.5 dCD	4.4±0.1 eA	3.5±0.2 eB
	AMF	1.1±0.0 cC	0.9±0.0 fD	1.0±0.1 fCD	1.1±0.2 eC	1.8±0.1 fA	1.6±0.0 fB
	放线菌	3.5±0.2 bD	3.7±0.2 dD	3.5±0.4 dD	4.7±0.3 cB	6.4±0.3 dA	4.1±0.2 dC

注：LF 和 HF 分别代表低肥力和高肥力土壤，R 和 S 分别代表根茬和茎叶；不同小写字母代表不同微生物群落之间差异显著，不同大写字母代表不同处理之间差异显著。

2. 土壤微生物群落结构

各群落微生物磷脂脂肪酸所占比例呈现出以下顺序：革兰氏阳性菌（30.0%）＞革兰氏阴性菌（22.5%）＞普通细菌（18.5%）＞放线菌（15.1%）＞腐生真菌（9.7%）＞AMF（4.2%，$P<0.05$，图 6-2）。相较于对照处理，添加玉米秸秆增加了真菌磷脂脂肪酸所占比例，而降低了革兰氏阳性菌磷脂脂肪酸的比例；但秸秆类型并不影响各微生物群落磷脂脂肪酸的相对比例（$P>0.05$）。此外，革兰氏阴性菌磷脂脂肪酸所占比例在低肥力处理中更高，而革兰氏阳性菌磷脂脂肪酸所占比例在高肥力处理中更高。然而，除了放线菌磷脂脂肪酸出现一些小的波动外，各处理土壤微生物群落组成并未随试验时间发生明显变化。

主成分分析结果显示添加玉米秸秆明显改变了土壤微生物群落结构，但添加根茬和茎叶处理之间却未发现明显差异（图 6-3）。此外，高肥力处理和低肥力处理中的微生物群落结构也存在明显差异。其中，18:1ω7c、cy17:0ω7c、18:1ω9c、18:2ω6c 和 16:1ω5c 作为革兰氏阴性菌、真菌和 AMF 标志物在低肥力处理中富集更多，而 i15:0、i16:0 和 cy19:0ω7c 作为革兰氏阳性菌和革兰氏阴性菌标志物在高肥力处理中富集较多。

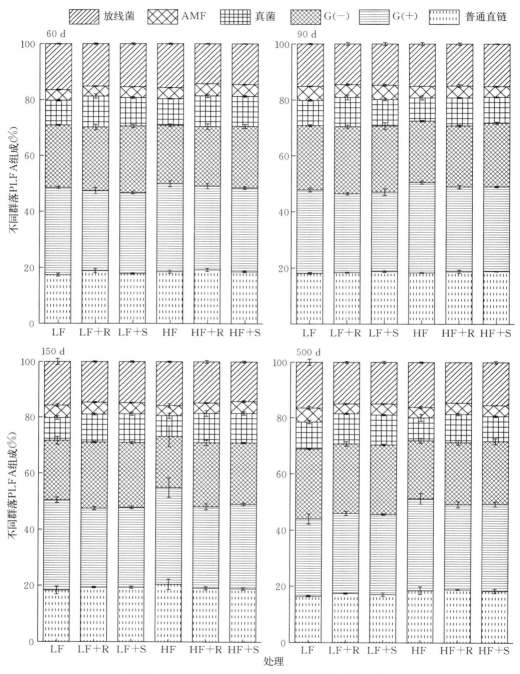

图 6-2　不同处理土壤中各群落磷脂脂肪酸组成

注：LF 和 HF 分别代表低肥力和高肥力土壤，R 和 S 分别代表根茬和茎叶，PLFA 代表磷脂脂肪酸；误差线为标准差。

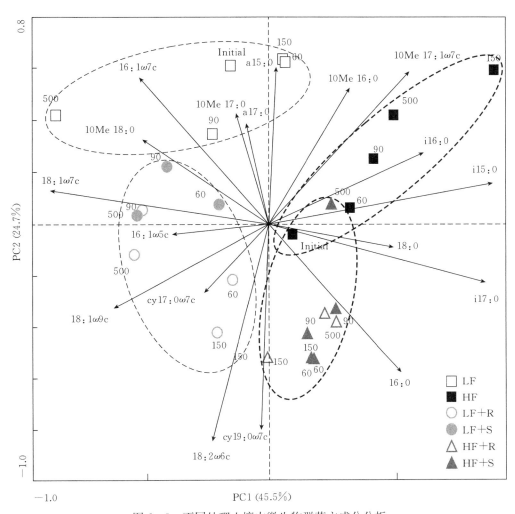

图 6-3　不同处理土壤中微生物群落主成分分析

注：符号旁边的数字代表采样时间；LF 和 HF 分别代表低肥力和高肥力土壤，R 和 S 分别代表根茬和茎叶。

二、团聚体中微生物群落磷脂脂肪酸及微生物群落的变化

1. 团聚体中微生物群落磷脂脂肪酸含量

添加玉米秸秆显著增加了各粒级团聚体中的磷脂脂肪酸含量（$P<0.05$，图 6-4），且高肥力土壤中的磷脂脂肪酸增加幅度（平均增加 45.4%）明显高于相应低肥力处理（平均增加 26.5%）。总体上，添加根茬处理的土壤团聚体磷脂脂肪酸含量高于添加茎叶处理（$P<0.05$）。此外，较小粒级团聚体中的磷脂脂肪酸含量在大多数情况下高于较大粒级团聚体。随着玉米秸秆腐解时间的推进，所有添加秸秆处理的磷脂脂肪酸含量均出现显著下降（$P<0.05$）。各微生物类群磷脂脂肪酸的变化趋势同总磷脂脂肪酸一致（表 6-4）。

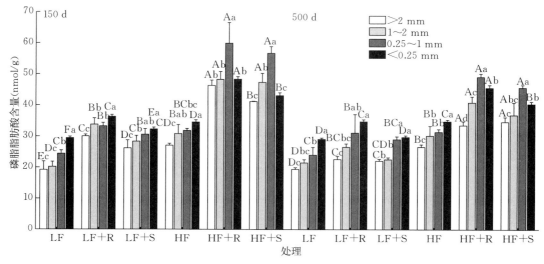

图 6-4 不同处理团聚体中总磷脂脂肪酸含量

注：LF 和 HF 分别代表低肥力和高肥力土壤，R 和 S 分别代表根茬和茎叶；误差线为标准差；不同大写字母代表不同处理间差异显著，不同小写字母代表不同团粒级团聚体间差异显著。

表 6-4 不同处理团聚体中各群落微生物磷脂脂肪酸含量（nmol/g）

时间	团聚体粒级	微生物群落	处理					
			LF	LF+R	LF+S	HF	HF+R	HF+S
150 d	>2 mm	普通直链	3.2±0.5 cE	5.1±0.0 cC	4.4±0.5 cD	4.8±0.2 cCD	8.1±0.3 cA	7.2±0.0 cB
		革兰氏阳性	5.7±0.7 aE	8.7±0.2 aC	7.6±0.5 aD	8.5±0.3 aC	14.0±0.3 aA	12.4±0.3 aB
		革兰氏阴性	4.6±0.7 bD	7.1±0.2 bC	6.4±0.7 bC	6.2±0.2 bC	10.9±0.7 bA	9.7±0.3 bB
		真菌	1.8±0.3 dD	3.1±0.1 eB	2.6±0.3 dBC	2.4±0.2 e	4.5±0.5 eA	4.3±0.3 eA
		AMF	0.9±0.1 eC	1.4±0.2 fB	1.3±0.2 eB	1.0±0.0 fC	2.0±0.1 fA	1.5±0.0 fB
		放线菌	3.1±0.4 cE	4.6±0.3 dC	3.9±0.3 cD	4.3±0.1 dCD	6.7±0.1 dA	6.1±0.2 dB
	1~2 mm	普通直链	3.4±0.4 cD	5.7±0.4 cB	4.7±0.3 cC	5.5±0.6 cBC	8.7±0.5 cA	8.5±0.4 cA
		革兰氏阳性	5.9±0.6 aD	9.9±0.7 aB	8.1±0.4 aC	9.6±0.8 aB	14.5±0.6 aA	14.0±0.4 aA
		革兰氏阴性	4.8±0.2 bC	8.0±0.5 bB	6.9±0.5 bB	7.0±0.6 bB	11.3±0.7 bA	10.9±1.1 bA
		真菌	1.9±0.1 dD	3.6±0.3 dB	3.0±0.3 dBC	2.7±0.4 dC	5.0±0.5 eA	5.2±0.6 eA
		AMF	0.9±0.0 eD	1.4±0.2 eB	1.3±0.2 eBC	1.1±0.2 eCD	1.9±0.2 fA	1.8±0.2 fA
		放线菌	3.3±0.3 cD	5.2±0.2 cB	4.3±0.2 cC	4.8±0.4 cB	6.9±0.2 dA	6.9±0.3 dA
	0.25~1 mm	普通直链	4.3±0.3 cC	5.8±0.3 cB	5.1±0.3 cBC	5.7±0.1 cB	10.6±1.2 cA	10.0±0.2 cA
		革兰氏阳性	7.0±0.1 aC	9.5±0.2 aB	8.6±0.4 aB	9.8±0.2 aB	18.1±1.9 aA	16.8±0.0 aA
		革兰氏阴性	5.7±0.2 bC	7.9±0.3 bB	7.4±0.6 bB	7.1±0.1 bBC	13.8±1.5 bA	13.2±1.2 bA
		真菌	2.6±0.3 eC	3.6±0.4 eB	3.4±0.3 eBC	3.0±0.3 eBC	6.5±0.9 dA	6.5±0.6 eA
		AMF	1.1±0.1 fB	1.5±0.2 fB	1.5±0.3 fB	1.2±0.1 fB	2.5±0.4 eA	2.2±0.2 fA
		放线菌	3.7±0.2 dC	4.9±0.1 dB	4.4±0.2 d	4.9±0.1 dB	8.4±0.9 dAB	7.9±0.1 dA

（续）

时间	团聚体粒级	微生物群落	处理					
			LF	LF+R	LF+S	HF	HF+R	HF+S
150 d	<0.25 mm	普通直链	5.2±0.2 cE	6.7±0.2 cC	5.6±0.2 cD	6.8±0.2 cC	8.7±0.2 cA	7.6±0.2 cB
		革兰氏阳性	9.2±0.1 aD	10.3±0.1 aC	8.7±0.1 aE	10.4±0.1 aC	14.0±0.2 aA	12.6±0.2 aB
		革兰氏阴性	6.6±0.1 bE	8.5±0.1 bC	7.6±0.1 bD	7.6±0.2 bD	11.1±0.2 bA	10.0±0.2 bB
		真菌	2.6±0.0 eE	4.0±0.1 eC	3.9±0.1 eC	3.6±0.1 eD	5.8±0.1 eA	5.0±0.1 eB
		AMF	1.1±0.0 fF	1.4±0.0 fD	1.8±0.0 fA	1.2±0.0 fE	1.7±0.0 fB	1.5±0.0 fC
		放线菌	4.7±0.1 dE	5.2±0.1 dC	4.6±0.1 dD	5.1±0.1 dC	7.0±0.1 dA	6.3±0.1 dB
500 d	>2 mm	普通直链	3.4±0.1 cD	4.0±0.3 cC	3.8±0.2 cCD	4.9±0.2 cB	6.3±0.2 cA	6.4±0.3 cA
		革兰氏阳性	5.6±0.1 aD	6.8±0.3 aC	6.7±0.2 aC	8.2±0.3 aB	10.6±0.5 aA	10.7±0.1 aA
		革兰氏阴性	4.7±0.1 bC	5.2±0.1 bC	5.3±0.1 bC	6.2±0.2 bB	7.3±0.3 bA	7.7±0.7 bA
		真菌	1.9±0.1 eC	2.2±0.2 eC	2.1±0.1 eC	2.2±0.1 eC	2.9±0.1 eB	3.3±0.3 eA
		AMF	0.9±0.1 fC	0.9±0.0 fC	1.0±0.0 fBC	1.1±0.1 fB	1.3±0.2 fA	1.4±0.1 fA
		放线菌	3.0±0.0 dD	3.4±0.2 dC	3.3±0.0 dC	4.0±0.2 dB	5.0±0.1 dA	5.0±0.1 dA
	1~2 mm	普通直链	4.1±0.1 cCD	4.7±0.1 cC	3.7±0.2 cD	5.7±0.6 cB	7.6±0.3 cA	7.0±0.7 bA
		革兰氏阳性	5.8±0.5 aE	7.8±0.2 aD	6.8±0.1 aDE	9.3±0.9 aC	12.5±0.6 aA	11.2±1.1 aB
		革兰氏阴性	5.2±0.2 bC	6.3±0.5 bBC	5.4±0.2 bC	6.9±0.9 bB	9.1±0.4 bA	8.3±1.3 bA
		真菌	2.2±0.2 eB	2.6±0.1 eB	2.1±0.2 dB	2.5±0.3 eB	3.8±0.4 eA	3.4±0.5 dA
		AMF	1.0±0.0 fB	1.0±0.1 fB	1.0±0.0 eB	1.2±0.2 fB	1.7±0.0 fA	1.5±0.2 eA
		放线菌	3.2±0.1 dE	4.1±0.3 dD	3.5±0.0 cE	4.5±0.3 dC	6.0±0.3 dA	5.3±0.3 cB
	0.25~1 mm	普通直链	4.1±0.4 cC	5.6±1.2 bcB	5.1±0.1 cB	5.9±0.2 cB	9.1±0.2 cA	8.5±0.1 cA
		革兰氏阳性	6.9±0.6 aD	8.8±1.2 aBC	8.2±0.2 aC	9.7±0.3 aB	15.1±0.6 aA	14.1±0.2 aA
		革兰氏阴性	5.8±0.5 bC	7.4±1.6 abB	7.1±0.5 bBC	7.2±0.1 bBC	11.0±0.2 bA	10.1±0.3 bA
		真菌	2.5±0.5 dC	3.5±1.1 dBC	3.1±0.2 eC	2.7±0.0 eC	4.7±0.4 eA	4.3±0.2 eAB
		AMF	1.1±0.1 eB	1.2±0.1 eB	1.2±0.1 fB	1.2±0.1 fB	2.1±0.1 fA	1.9±0.1 fA
		放线菌	3.6±0.4 cC	4.6±0.7 cdB	4.2±0.2 dB	4.6±0.2 dB	6.9±0.1 dA	6.5±0.2 dA
	<0.25 mm	普通直链	5.5±0.2 cD	6.5±0.1 cC	5.3±0.2 cD	6.6±0.1 cC	8.6±0.2 cA	7.7±0.2 cB
		革兰氏阳性	8.8±0.1 aE	9.9±0.2 aD	8.6±0.1 aE	10.2±0.1 aC	13.7±0.3 aA	12.0±0.2 aB
		革兰氏阴性	6.5±0.1 bF	8.1±0.1 bC	7.0±0.1 bE	7.9±0.1 bD	9.9±0.2 bA	8.7±0.1 bB
		真菌	2.7±0.1 eF	3.8±0.0 eC	3.0±0.1 eE	3.4±0.1 eD	4.8±0.0 eA	4.4±0.1 eB
		AMF	1.1±0.0 fE	1.4±0.0 fD	1.3±0.0 fD	1.6±0.0 fB	1.8±0.1 fA	1.5±0.0 fC
		放线菌	4.5±0.1 dD	5.0±0.1 dC	4.4±0.1 dD	5.0±0.1 dC	6.7±0.1 dA	5.9±0.1 dB

注：LF 和 HF 分别代表低肥力和高肥力土壤，R 和 S 分别代表根茬和茎叶。不同小写字母代表不同微生物群落之间差异显著，不同大写字母代表不同处理之间差异显著。

2. 团聚体中微生物群落结构

在各微生物类群中，革兰氏阳性菌磷脂脂肪酸和革兰氏阴性菌磷脂脂肪酸的丰度最高（$P<0.05$，表 6-5）。与对照处理相比，添加玉米秸秆增加了真菌磷脂脂肪酸的相对比例，但降低了放线菌磷脂脂肪酸的相对比例。此外，从不同肥力处理来看，低肥力处理含有更高比例的革兰氏阴性菌磷脂脂肪酸，而高肥力处理则含有更高的革兰氏阳性菌磷脂脂肪酸比例。但是，除一些无规律性的波动外，玉米秸秆类型和采样时间并未对各团聚体中微生物群落结构成产生明显的影响。从不同团聚体粒级来看，较大粒级团聚体中含有更高比例的革兰氏阳性菌磷脂脂肪酸，而较小粒级团聚体中则含有更高比例的真菌磷脂脂肪酸。

表 6-5 不同处理团聚体中各群落微生物磷脂脂肪酸相对比例（%）

时间	团聚体粒级	微生物群落	处理					
			LF	LF+R	LF+S	HF	HF+R	HF+S
150 d	>2 mm	普通直链	16.4±0.0 cC	16.9±0.3 cBC	16.7±0.4 cC	17.7±0.5 cA	17.6±0.5 cB	17.4±0.0 cAB
		革兰氏阳性	29.7±0.6 aB	29.1±0.5 aB	29.1±0.9 aB	31.2±0.7 aA	30.4±0.5 aAB	30.2±0.8 aAB
		革兰氏阴性	23.9±0.5 bA	23.7±0.2 bAB	24.5±0.2 bA	22.8±0.1 bB	23.5±0.8 bAB	23.5±0.8 bAB
		真菌	9.4±0.2 dBC	10.4±0.2 eA	9.9±0.4 eAB	8.8±0.6 eC	9.8±0.7 eAB	10.5±0.6 eA
		AMF	4.6±0.2 eA	4.7±0.6 fA	4.8±0.5 fA	3.5±0.1 fC	4.2±0.3 fAB	3.7±0.1 fBC
		放线菌	15.9±0.2 cA	15.2±0.6 dAB	15.1±0.5 dAB	15.9±0.5 dA	14.5±0.4 dBC	14.8±0.6 dBC
	1~2 mm	普通直链	16.7±0.7 cB	16.8±0.5 cB	16.6±0.2 cB	17.8±0.6 cA	18.0±0.0 cA	18.1±0.7 cA
		革兰氏阳性	29.3±0.5 aB	29.3±1.1 aB	28.7±0.6 aB	31.1±0.4 aA	30.0±0.7 aAB	29.7±1.0 aB
		革兰氏阴性	23.9±0.9 bAB	23.8±0.1 bAB	24.3±0.4 bA	22.9±0.2 bB	23.4±0.3 bAB	23.1±1.0 bB
		真菌	9.6±0.2 dBC	10.7±0.6 eA	10.6±0.5 eA	8.9±0.4 eC	10.3±0.5 eAB	10.9±0.7 eA
		AMF	4.3±0.2 eAB	4.2±0.4 fABC	4.6±0.4 fA	3.6±0.2 fD	4.0±0.2 fBCD	3.7±0.1 fCD
		放线菌	16.2±0.1 cA	15.3±0.4 dB	15.2±0.4 dBC	15.8±0.3 dAB	14.4±0.3 dD	14.5±0.6 dCD
	0.25~1 mm	普通直链	17.6±0.2 cAB	17.5±1.0 cAB	16.8±0.3 cB	18.1±0.2 cA	17.8±0.0 cA	17.7±0.5 cA
		革兰氏阳性	28.7±0.9 aB	28.7±0.9 aB	28.3±1.0 aB	30.8±0.2 aA	30.2±0.3 aA	29.6±1.1 aAB
		革兰氏阴性	23.4±0.2 bABC	23.7±0.3 bAB	24.4±0.5 bA	22.3±0.4 bC	23.0±0.2 bBC	23.3±1.3 bABC
		真菌	10.4±0.7 eAB	10.7±0.2 eAB	11.2±0.5 eA	9.6±0.2 eB	10.9±0.2 eA	11.4±0.6 eA
		AMF	4.7±0.2 fA	4.5±0.4 fAB	4.9±0.8 fA	3.7±0.3 fC	4.1±0.2 fABC	3.9±0.2 fBC
		放线菌	15.2±0.0 dAB	14.9±0.3 dBC	14.5±0.5 dCD	15.6±0.3 dA	14.0±0.1 dD	14.0±0.4 dD
	<0.25 mm	普通直链	17.7±0.3 cCD	18.7±0.2 cB	17.3±0.2 cD	19.6±0.2 cA	18.0±0.0 cC	17.8±0.2 cC
		革兰氏阳性	31.2±0.3 aA	28.5±0.2 aD	27.2±0.1 aE	30.0±0.2 aB	29.0±0.1 aC	29.2±0.2 aC
		革兰氏阴性	22.5±0.0 bD	23.5±0.1 bA	23.5±0.2 bA	21.9±0.0 bE	23.0±0.0 bC	23.2±0.0 bB
		真菌	9.0±0.0 eF	11.1±0.0 eD	12.2±0.1 eA	10.3±0.0 eE	12.0±0.0 eB	11.7±0.1 eC
		AMF	3.7±0.0 fC	3.9±0.0 fB	5.7±0.0 fA	3.4±0.0 fF	3.5±0.0 fD	3.5±0.0 fE
		放线菌	16.0±0.1 dA	14.4±0.1 dD	14.1±0.0 dE	14.8±0.1 dB	14.5±0.1 dD	14.6±0.0 dC

（续）

时间	团聚体粒级	微生物群落	处理					
			LF	LF+R	LF+S	HF	HF+R	HF+S
500 d	>2 mm	普通直链	17.4±0.5 cB	17.6±0.7 cB	17.1±0.5 B	18.6±0.2 cA	19.0±0.2 cA	18.4±0.2 cA
		革兰氏阳性	28.7±0.4 aC	30.0±0.6 aB	30.3±0.0 B	30.8±0.7 aAB	31.7±0.3 aA	31.0±1.1 aAB
		革兰氏阴性	24.1±0.4 bA	23.2±0.5 bAB	23.9±0.1 A	23.2±0.7 bAB	21.8±0.2 bC	22.4±1.1 bBC
		真菌	9.9±0.5 eA	9.9±0.5 eA	9.4±0.2 A	8.2±0.2 eB	8.5±0.2 eB	9.5±0.6 eA
		AMF	4.7±0.4 fA	4.0±0.2 fB	4.3±0.2 AB	4.1±0.3 fB	3.9±0.4 fB	4.1±0.1 fB
		放线菌	15.3±0.4 dA	15.3±0.6 dA	14.9±0.4 A	15.0±0.4 dA	15.1±0.6 dA	14.6±0.6 dA
	1~2 mm	普通直链	18.9±0.9 cA	17.8±0.4 cB	16.5±0.4 C	19.0±0.3 cA	18.7±0.2 cAB	19.1±0.7 cA
		革兰氏阳性	27.2±1.0 aC	29.4±0.6 aB	30.3±0.6 AB	30.8±0.7 aA	30.8±0.6 aAB	30.6±0.7 aAB
		革兰氏阴性	24.4±0.1 bA	23.6±0.9 bABC	24.1±0.4 A	23.0±1.0 bBC	22.4±0.1 bC	22.5±1.0 bC
		真菌	10.1±0.7 eA	10.0±0.3 eA	9.2±0.6 AB	8.3±0.2 eAB	9.2±0.6 eB	9.2±0.6 eAB
		AMF	4.6±0.2 fA	3.9±0.3 fC	4.4±0.2 AB	3.9±0.3 fC	4.2±0.2 fBC	4.1±0.1 fBC
		放线菌	14.8±0.7 dAB	15.3±0.6 dAB	15.6±0.3 A	15.0±0.7 dAB	14.8±0.1 dAB	14.4±0.7 dB
	0.25~1 mm	普通直链	17.2±0.6 cD	18.0±0.3 cBC	17.7±0.2 CD	18.9±0.1 cA	18.6±0.1 cAB	18.7±0.3 cA
		革兰氏阳性	28.7±0.9 aB	28.4±1.4 aB	29.0±1.0 B	30.8±0.4 aA	30.9±0.5 aA	31.1±0.1 aA
		革兰氏阴性	24.3±0.6 bA	23.8±0.6 bAB	24.1±0.9 A	23.0±0.3 bBC	22.5±0.2 bC	22.2±0.4 bC
		真菌	10.4±1.1 eAB	11.0±1.4 eA	10.4±0.7 AB	8.7±0.1 eC	9.6±0.1 eABC	9.5±0.3 eBC
		AMF	4.4±0.1 fA	3.9±0.3 fB	4.3±0.2 A	3.8±0.1 fB	4.2±0.2 fAB	4.2±0.1 fAB
		放线菌	14.9±0.6 dA	14.9±0.7 dA	14.6±0.3 A	14.8±0.1 dA	14.2±0.5 dA	14.4±0.2 dA
	<0.25 mm	普通直链	18.9±0.3 cAB	18.6±0.0 cB	17.9±0.3 C	19.2±0.1 cA	18.9±0.1 cAB	19.2±0.1 cA
		革兰氏阳性	30.3±0.3 aA	28.5±0.1 aD	29.1±0.3 C	29.5±0.2 aB	30.2±0.1 aA	29.7±0.1 aB
		革兰氏阴性	22.5±0.1 bC	23.4±0.0 bB	23.6±0.1 A	22.7±0.1 bD	21.9±0.0 bE	21.6±0.1 bF
		真菌	9.3±0.0 eE	11.1±0.1 eA	10.1±0.0 C	9.7±0.0 eD	10.5±0.1 eB	11.0±0.1 eA
		AMF	3.7±0.0 fE	3.9±0.0 fC	4.4±0.0 B	4.6±0.0 fA	3.9±0.0 fC	3.7±0.0 fD
		放线菌	15.4±0.0 dA	14.5±0.0 dD	14.8±0.1 B	14.4±0.1 dE	14.7±0.0 dC	14.7±0.0 dC

注：LF 和 HF 分别代表低肥力和高肥力土壤，R 和 S 分别代表根茬和茎叶。不同小写字母代表不同微生物群落之间差异显著，不同大写字母代表不同处理之间差异显著。

主成分分析显示各处理磷脂脂肪酸明显被土壤肥力因素分开，但不能被玉米秸秆类型和采样时间分开。a15:0、16:1ω5c、18:1ω7c、16:1ω7c、10Me18:0、18:1ω9c 和 18:2ω6c（属于革兰氏阴性菌、革兰氏阳性菌、真菌和 AMF）在低肥力处理中富集更多，而 i15:0、i17:0、cy19:0ω7c、a17:0 和 i16:0（属于革兰氏阳性菌和革兰氏阴性菌）在高肥力处理中富集更多。

第三节　不同微生物群落对玉米秸秆碳的利用

一、不同群落微生物对玉米秸秆碳的同化

土壤肥力和玉米秸秆类型显著影响玉米秸秆碳对微生物磷脂脂肪酸碳库的贡献（图6-5）。在500 d的培养过程中，玉米秸秆碳对低肥力处理微生物磷脂脂肪酸碳库的贡献平均比高肥力处理高41.3%（$P<0.05$）。并且，在大部分时期，根茬碳对微生物磷脂脂肪酸碳库的贡献高于茎叶碳。此外，秸秆碳对微生物磷脂脂肪酸碳库的贡献在根茬和茎叶处理中呈现出截然不同的时间动态：其中根茬碳所占比例在90 d前下降，随后迅速上升并在150 d达到峰值，之后再次下降；而茎叶碳比例呈现出150 d前迅速下降，随后缓慢下降的趋势。从不同微生物群落来看，玉米秸秆碳对真菌磷脂脂肪酸碳库的贡献（平均为23.4%）明显高于其他群落（表6-6）。

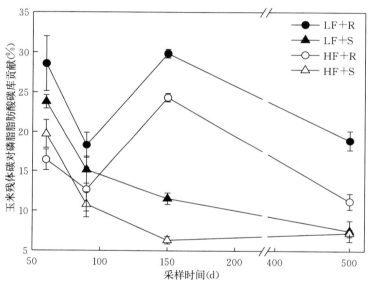

图6-5　不同处理土壤中玉米秸秆碳对总磷脂脂肪酸碳库贡献

注：LF和HF分别代表低肥力和高肥力土壤，R和S分别代表根茬和茎叶；误差线为标准差。

表6-6　不同处理土壤中玉米秸秆碳对各群落微生物磷脂脂肪酸碳库的贡献（%）

时间	群落	处　　理			
		LF+R	LF+S	HF+R	HF+S
60 d	普通直链	28.9±4.1 bA	23.7±0.9 cB	15.3±1.4 bC	17.5±1.7 dC
	革兰氏阳性	24.3±1.7 bcA	22.5±1.3 cA	14.7±1.3 bC	18.5±1.6 cdB
	革兰氏阴性	29.8±5.1 bA	24.8±1.3 cB	17.5±0.8 bC	21.3±1.5 bcBC
	真菌	45.8±4.9 aA	32.3±2.2 aB	22.2±2.5 aC	24.7±3.3 abC
	AMF	30.9±5.8 bA	28.9±0.5 bA	16.9±2.7 bB	25.3±3.8 aA
	放线菌	19.3±2.2 cA	17.2±2.0 dAB	14.5±1.3 bB	16.8±1.1 dAB

（续）

时间	群落	处理			
		LF＋R	LF＋S	HF＋R	HF＋S
90 d	普通直链	16.5±2.1 bA	12.8±2.0 cB	10.5±1.4 bBC	8.9±1.2 bC
	革兰氏阳性	18.9±1.5 bA	16.7±1.7 abA	12.1±2.6 bB	10.3±2.3 bB
	革兰氏阴性	17.6±1.5 bA	14.6±1.8 abcAB	11.6±1.7 bBC	10.1±2.0 bC
	真菌	23.6±3.0 aA	17.9±2.7 aA	20.8±8.7 aA	18.5±2.2 aA
	AMF	15.7±2.3 bA	13.5±1.3 bcAB	10.8±2.1 bAB	10.0±3.8 bB
	放线菌	17.3±0.9 bA	14.7±1.4 abcAB	12.8±2.5 bBC	10.2±1.5 bC
150 d	普通直链	25.5±0.4 cA	10.4±0.7 bcC	20.7±0.3 bB	5.5±0.3 bD
	革兰氏阳性	31.2±0.7 bA	11.3±0.5 bC	24.7±0.6 bB	5.7±0.2 bD
	革兰氏阴性	29.2±0.9 bA	11.4±1.2 bC	24.2±1.1 bB	6.2±0.6 bD
	真菌	41.6±0.5 aA	18.1±0.9 aC	34.1±5.0 aB	10.2±1.5 aD
	AMF	28.7±3.3 bA	9.6±1.6 bcC	20.9±6.7 bB	5.5±0.5 bC
	放线菌	25.9±0.5 cA	9.3±0.5 cB	22.0±0.4 bC	6.1±0.3 bD
500 d	普通直链	16.1±1.4 cA	6.2±0.8 bC	9.5±0.9 cB	6.0±0.2 bC
	革兰氏阳性	18.5±1.4 bcA	7.3±1.4 bC	11.3±0.9 bcB	7.8±0.9 aC
	革兰氏阴性	17.1±0.8 bcA	6.5±0.9 bC	10.6±1.2 bcB	6.9±0.6 abC
	真菌	27.8±1.7 aA	12.7±3.2 aB	15.6±3.0 aB	8.1±0.9 aC
	AMF	19.2±2.6 bA	5.3±1.5 bB	6.9±1.0 dB	5.7±0.6 bB
	放线菌	19.0±1.1 bcA	7.8±1.2 bC	12.0±0.7 bB	8.2±0.3 aC

注：LF 和 HF 分别代表低肥力和高肥力土壤，R 和 S 分别代表根茬和茎叶。不同小写字母代表不同微生物群落之间差异显著，不同大写字母代表不同处理之间差异显著。

各微生物群落同化玉米秸秆碳总量随时间的动态变化与玉米秸秆碳对磷脂脂肪酸碳库的贡献一致（本研究中将微生物磷脂脂肪酸中来自玉米秸秆碳的含量视为微生物同化玉米秸秆碳的量）（图6-6）。在90 d前，除 HF＋R 处理外，其余各处理之间的秸秆碳同化总

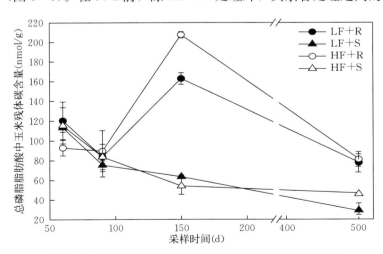

图 6-6　不同处理土壤总磷脂脂肪酸中玉米秸秆碳含量
注：LF 和 HF 分别代表低肥力和高肥力土壤，R 和 S 分别代表根茬和茎叶；误差线为标准差。

量差异不显著（$P>0.05$）。90 d 以后，添加根茬处理的秸秆碳同化量显著高于添加茎叶处理（$P<0.05$）。此外，高肥力和低肥力土壤中添加根茬处理的秸秆碳同化量均在 150 d 达到峰值，分别为 207.6 nmol/g 和 162.8 nmol/g。在试验结束时，革兰氏阳性菌磷脂脂肪酸中来自玉米秸秆的碳含量最高，为 23.4 nmol/g，而 AMF 磷脂脂肪酸中来自玉米秸秆的碳含量最低，为 0.8 nmol/g（表 6-7）。

表 6-7 不同处理土壤各群落微生物磷脂脂肪酸中玉米秸秆碳的含量 （nmol/g）

时间	群落	处 理			
		LF+R	LF+S	HF+R	HF+S
60 d	普通直链	22.7±4.2 aA	19.8±0.9 bAB	16.4±1.2 bB	18.7±2.7 bAB
	革兰氏阳性	27.3±2.4 aAB	29.1±1.6 aAB	23.3±2.8 aB	30.3±4.3 aA
	革兰氏阴性	30.1±7.0 aA	29.5±1.7 aA	22.4±1.5 aA	29.1±4.3 aA
	真菌	23.5±4.5 aA	17.2±1.0 cB	15.1±1.1 bB	17.0±4.0 bB
	AMF	4.5±0.9 cAB	5.1±0.1 eAB	4.0±0.6 dB	6.0±1.3 cA
	放线菌	12.3±0.9 bA	12.7±1.5 dA	11.8±1.4 cA	14.3±1.8 bA
90 d	普通直链	13.7±2.5 bA	11.9±2.4 cA	13.8±2.6 bA	12.9±0.7 cA
	革兰氏阳性	22.8±3.4 aA	22.3±4.0 aA	24.2±5.3 aA	22.4±2.6 aA
	革兰氏阴性	20.3±3.2 aA	17.9±2.6 bA	18.9±3.4 abA	18.9±1.4 aA
	真菌	12.3±1.5 bA	9.2±2.0 cA	16.1±6.7 bA	14.7±2.8 cA
	AMF	3.2±0.6 cA	3.3±0.5 dA	3.1±0.3 cA	2.8±0.6 dA
	放线菌	11.5±1.7 bA	10.9±1.8 cA	13.6±2.8 bA	12.1±0.9 cA
150 d	普通直链	26.4±0.3 cB	10.9±0.2 cC	33.1±1.2 cA	8.7±1.2 bD
	革兰氏阳性	44.9±2.4 aB	16.6±0.4 aC	57.5±1.3 aA	13.8±1.3 aC
	革兰氏阴性	39.8±2.6 bB	15.3±1.4 bC	49.7±4.5 bA	12.2±2.4 abC
	真菌	24.6±0.9 cB	11.1±0.4 cC	33.0±5.8 cA	10.1±3.0 bC
	AMF	6.6±0.5 eA	2.1±0.3 eB	6.6±2.1 dA	2.0±0.1 cB
	放线菌	20.6±0.7 dB	7.6±0.3 dC	27.7±0.7 cA	7.4±0.9 bC
500 d	普通直链	11.4±1.5 cA	4.0±0.8 cB	12.8±1.3 cA	7.0±0.1 cA
	革兰氏阳性	20.4±1.8 aA	7.5±1.8 aB	23.4±1.6 aA	14.6±1.6 aA
	革兰氏阴性	18.4±2.4 bA	6.5±1.3 abB	18.1±2.2 bA	10.5±0.8 bA
	真菌	13.4±1.9 cA	5.6±1.6 bcB	12.4±2.5 cA	5.1±0.6 dB
	AMF	2.8±0.4 dA	0.8±0.2 dC	2.0±0.3 dB	1.5±0.1 eB
	放线菌	11.7±1.0 cA	4.4±0.7 cB	12.8±1.1 cA	8.2±0.5 cA

注：LF 和 HF 分别代表低肥力和高肥力土壤，R 和 S 分别代表根茬和茎叶。不同小写字母代表不同微生物群落之间差异显著，不同大写字母代表不同处理之间差异显著。

玉米秸秆碳在不同群落磷脂脂肪酸之间的分布表明（图 6-7），约 50% 的被同化的秸秆碳分配到了革兰氏阳性菌（26.8%）和革兰氏阴性菌（23.6%）中，之后依次为真菌（23.6%）、普通细菌（16.1%）、放线菌（13.7%）和 AMF（3.7%）。低肥力土壤中玉米秸秆碳在革兰氏阴性菌磷脂脂肪酸中的分配要高于高肥力土壤，但玉米秸秆碳在放线菌磷脂脂肪酸中的分配则呈现相反的趋势。尽管根茬碳对微生物磷脂脂肪酸碳库的贡献明显高于茎叶碳，但外源碳在不同微生物群落磷脂脂肪酸之间的分配并不受秸秆类型的影响。

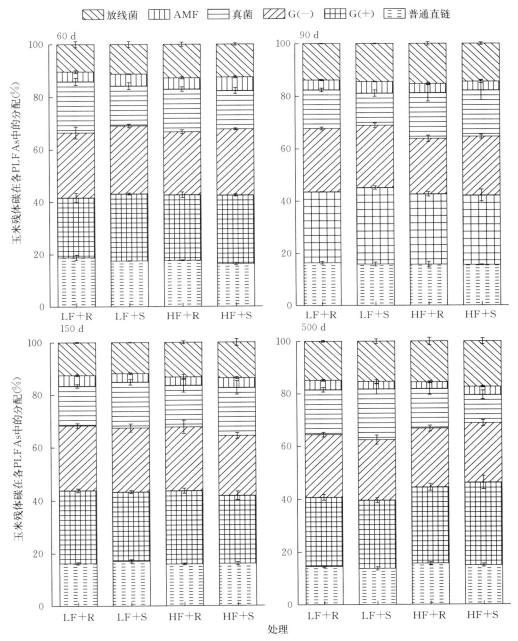

图 6-7 不同处理土壤中玉米秸秆碳在各群落磷脂脂肪酸中的分配

注：LF 和 HF 分别代表低肥力和高肥力土壤，R 和 S 分别代表根茬和茎叶，PLFAs 代表磷脂脂肪酸；误差线为标准差。

主成分分析结果显示，各处理之间可以明显地被采样时间分开，但不能被秸秆类型分开（图 6-8）。总体来看，较高关联度的微生物群落随着时间变化由普通细菌和革兰氏阴性菌转为革兰氏阳性菌和放线菌。

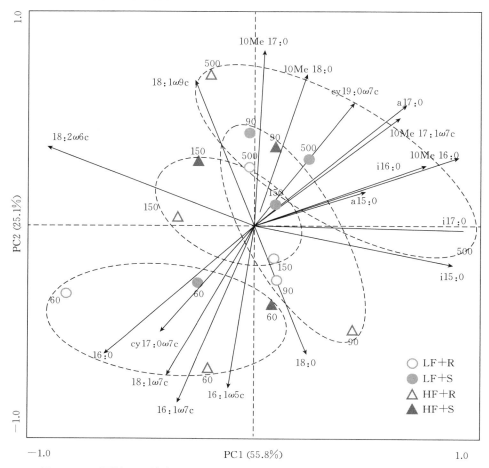

图 6-8　不同处理土壤中玉米秸秆碳在不同群落磷脂脂肪酸分配的主成分分析

注：符号旁边的数字代表采样时间；LF 和 HF 分别代表低肥力和高肥力土壤，R 和 S 分别代表根茬和茎叶。

二、各级团聚体中微生物对玉米秸秆碳的同化

研究结果显示土壤肥力、玉米秸秆类型和团聚体组成均显著影响玉米秸秆碳对磷脂脂肪酸碳库的贡献及秸秆碳同化量（$P < 0.05$，图 6-9 和图 6-10），且任意两因素之间均存在显著的交互作用（$P < 0.05$）。具体而言，玉米秸秆碳对低肥力土壤中磷脂脂肪酸碳库的贡献显著高于高肥力土壤（分别为 17.8% 和 13.2%，$P < 0.05$，图 6-9）。但在大部分团聚体粒级中，微生物同化玉米秸秆碳总量却呈现出高肥力处理高于低肥力处理的趋势（图 6-10）。同时，添加根茬处理较添加茎叶处理既拥有较高的秸秆碳贡献率，又有较高的秸秆碳同化量（$P < 0.05$）。此外，在 150 d，玉米秸秆碳对磷脂脂肪酸碳库的贡献和秸秆碳同化量均随团聚体粒级下降而增加（$P < 0.05$），但在 500 d，团聚体级别对秸秆碳同化状况所产生的影响明显降低。

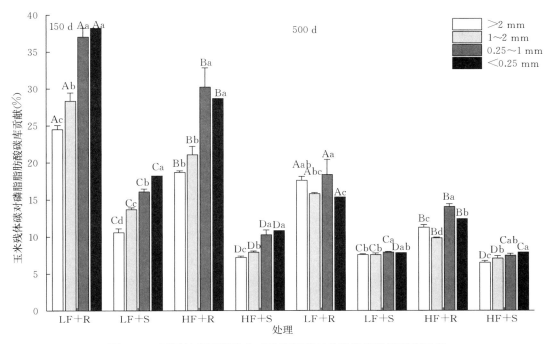

图 6-9 不同处理团聚体中玉米秸秆碳对总磷脂脂肪酸碳库贡献

注：LF 和 HF 分别代表低肥力和高肥力土壤，R 和 S 分别代表根茬和茎叶。误差线为标准差；不同大写字母代表不同处理间差异显著，不同小写字母代表不同团粒级团聚体间差异显著。

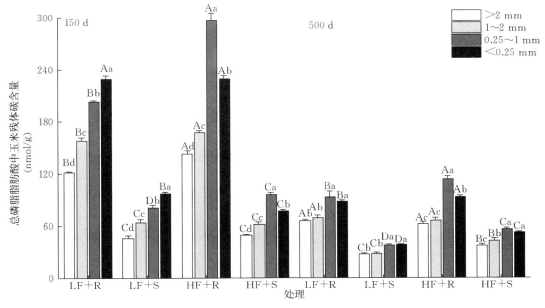

图 6-10 不同处理团聚体总磷脂脂肪酸中玉米秸秆碳含量

注：LF 和 HF 分别代表低肥力和高肥力土壤，R 和 S 分别代表根茬和茎叶。误差线为标准差；不同大写字母代表不同处理间差异显著，不同小写字母代表不同团粒级团聚体间差异显著。

在所有微生物类群中，玉米秸秆碳对真菌磷脂脂肪酸的贡献最大（平均为 23%）（表 6-8），但革兰氏阳性菌磷脂脂肪酸和革兰氏阴性菌磷脂脂肪酸中秸秆碳的含量最高（平均为 25.8 nmol/g 和 22.1 nmol/g）（表 6-9）。换言之，约有 50% 被同化的玉米秸秆碳进入了革兰氏阳性菌磷脂脂肪酸和革兰氏阴性菌磷脂脂肪酸中（表 6-10）。此外，在低肥力土壤中玉米秸秆碳在革兰氏阴性菌磷脂脂肪酸中的分配比例要高于相应高肥力土壤中的分配比例（$P<0.05$）。同时，根茬碳在真菌磷脂脂肪酸中的分配比例高于茎叶碳，而茎叶碳在 AMF 磷脂脂肪酸中的分配比例高于根茬碳。然而，土壤团聚体粒级并不影响玉米秸秆碳在不同类群微生物磷脂脂肪酸中的分配。主成分分析结果显示各处理之间可以较明显地分开，表明土壤肥力和植物秸秆类型会介导微生物群落对植物秸秆的腐解过程，但玉米秸秆碳在磷脂脂肪酸中的分配却不受团聚体粒级的影响。

表 6-8　不同处理团聚体中玉米秸秆碳对各群落微生物磷脂脂肪酸碳库的贡献（%）

时间	团聚体粒级	微生物群落	处理			
			LF+R	LF+S	HF+R	HF+S
150 d	>2 mm	普通直链	21.8±0.3 cA	9.2±0.5 cC	14.5±0.2 dB	6.4±0.2 cD
		革兰氏阳性	23.3±0.4 cA	10.7±0.3 bC	16.4±0.2 cB	6.6±0.3 bcD
		革兰氏阴性	26.2±0.9 bA	11.0±0.8 bC	18.3±0.5 bB	7.4±0.3 bD
		真菌	34.9±1.1 aA	13.5±0.5 aB	33.4±2.3 aA	10.1±0.9 aC
		AMF	15.6±1.8 dA	8.6±1.4 cB	15.5±0.6 cdA	6.7±0.5 bcB
		放线菌	21.8±1.0 cA	9.7±0.4 bcC	19.2±0.2 bB	6.9±0.2 bcD
	1~2 mm	普通直链	24.9±1.1 cA	11.9±0.3 cdC	16.0±0.9 cdB	6.7±0.3 dD
		革兰氏阳性	26.5±1.4 cA	13.7±0.2 bcC	18.9±0.7 cB	7.6±0.1 bcD
		革兰氏阴性	30.7±1.1 bA	14.2±0.4 bC	18.6±1.5 cB	8.2±0.2 bD
		真菌	40.9±2.7 aA	17.9±0.3 aB	39.7±3.3 aA	10.1±0.7 aC
		AMF	19.5±1.3 dA	10.8±2.0 eC	14.9±1.2 dB	7.5±0.2 cD
		放线菌	24.7±0.7 cA	12.5±0.2 deC	23.2±0.9 bB	7.8±0.3 bcD
	0.25~1 mm	普通直链	31.4±1.0 cdA	14.1±0.4 cC	26.2±2.1 bcB	9.1±0.6 bD
		革兰氏阳性	36.5±0.8 bA	16.6±0.4 bC	27.4±2.0 bcB	9.7±0.7 bD
		革兰氏阴性	36.0±1.4 bcA	16.5±0.5 bC	28.3±2.5 bcB	10.5±0.9 bD
		真菌	54.6±5.2 aA	19.9±1.0 aB	48.5±5.9 aA	13.7±0.7 B
		AMF	28.8±2.8 dA	12.7±2.5 cC	23.0±2.5 cB	9.5±1.1 bC
		放线菌	35.3±1.0 bcA	14.8±0.3 bcC	31.0±2.4 bB	9.9±0.5 bD
	<0.25 mm	普通直链	35.3±0.0 dA	16.0±0.0 eC	22.8±0.0 eB	9.8±0.0 fD
		革兰氏阳性	36.5±0.0 cA	20.0±0.0 bC	28.3±0.0 cB	10.8±0.0 dD
		革兰氏阴性	39.3±0.0 bA	18.3±0.0 cC	22.5±0.0 fB	10.9±0.0 bD
		真菌	53.6±0.1 aA	21.2±0.0 aC	47.6±0.0 aB	12.6±0.0 aD
		AMF	23.7±0.0 fA	12.6±0.0 fC	25.4±0.0 dB	10.9±0.0 cD
		放线菌	34.2±0.0 eA	17.1±0.0 dC	30.6±0.1 bB	10.5±0.0 eD

（续）

时间	团聚体粒级	微生物群落	处理			
			LF＋R	LF＋S	HF＋R	HF＋S
500 d	>2 mm	普通直链	14.1±0.5 dA	6.5±0.1 dC	9.0±0.7 dB	5.7±0.3 deC
		革兰氏阳性	18.1±1.4 bA	8.1±0.3 abC	10.9±0.3 cB	6.4±0.1 bcD
		革兰氏阴性	16.6±0.5 bcA	7.2±0.1 cC	8.2±0.6 dB	5.9±0.4 cdD
		真菌	23.7±0.5 aA	8.6±0.3 aC	23.5±0.6 aA	9.8±0.4 aB
		AMF	15.4±2.2 cdA	6.3±0.4 dBC	8.3±0.6 dB	5.3±0.3 eC
		放线菌	18.5±0.6 bA	8.1±0.2 bC	12.8±0.5 bB	6.8±0.3 bD
	1～2 mm	普通直链	13.1±0.8 dA	6.5±0.2 dC	7.5±0.3 dB	6.2±0.4 bcC
		革兰氏阳性	16.0±0.2 bcA	8.1±0.3 bC	8.8±0.1 cB	7.2±0.4 bD
		革兰氏阴性	15.3±0.1 cA	7.2±0.3 cB	6.6±0.1 dB	6.9±0.9 bB
		真菌	21.7±0.3 aB	8.8±0.7 aC	25.0±1.3 aA	9.6±0.7 aC
		AMF	11.0±0.6 eA	6.0±0.3 dB	6.3±0.8 dB	5.7±0.5 cB
		放线菌	16.4±0.3 bA	8.0±0.2 bC	10.7±0.5 bB	7.2±0.2 bD
	0.25～1 mm	普通直链	14.8±1.7 bcA	6.7±0.1 cC	11.8±0.3 cB	6.5±0.2 dC
		革兰氏阳性	19.3±1.7 bA	8.8±0.0 aC	12.9±0.3 bB	7.5±0.2 bcC
		革兰氏阴性	17.1±2.2 bcA	7.5±0.1 bC	9.9±0.5 dB	6.7±0.2 cdC
		真菌	25.8±4.6 aB	8.5±0.6 aC	31.9±1.5 aA	10.7±1.0 aC
		AMF	12.8±0.8 cA	6.4±0.4 cC	10.1±0.3 dB	6.5±0.4 dC
		放线菌	19.0±1.7 bA	8.5±0.1 aC	14.5±0.7 bB	7.9±0.2 bC
	<0.25 mm	普通直链	12.7±0.0 eA	6.6±0.0 eD	10.0±0.0 dB	6.8±0.0 fC
		革兰氏阳性	15.9±0.0 cA	9.1±0.0 aC	11.2±0.0 cB	7.9±0.0 cD
		革兰氏阴性	13.7±0.0 dA	6.9±0.0 dD	8.5±0.0 eB	7.4±0.0 dC
		真菌	21.9±0.0 aB	8.5±0.0 cD	27.7±0.1 aA	10.7±0.0 aC
		AMF	10.4±0.0 fA	6.3±0.0 fD	8.5±0.0 eB	7.1±0.0 eC
		放线菌	16.5±0.0 bA	8.6±0.0 bC	13.2±0.0 bB	8.0±0.0 bD

注：LF 和 HF 分别代表低肥力和高肥力土壤，R 和 S 分别代表根茬和茎叶。不同小写字母代表不同微生物群落之间差异显著，不同大写字母代表不同处理之间差异显著。

表 6-9　不同处理团聚体各群落微生物磷脂脂肪酸中玉米秸秆碳的含量（nmol/g）

时间	团聚体粒级	微生物群落	处理			
			LF＋R	LF＋S	HF＋R	HF＋S
150 d	>2 mm	普通直链	18.0±0.1 dB	6.5±0.6 bD	19.2±0.6 dA	7.5±0.3 bcC
		革兰氏阳性	31.5±0.3 bB	12.6±0.8 aC	35.8±0.5 aA	12.7±0.7 aC
		革兰氏阴性	32.2±0.3 aB	12.2±1.0 aC	34.6±1.3 aA	12.4±0.4 aC
		真菌	19.7±0.2 cB	6.3±0.7 bD	27.1±1.1 bA	7.9±0.5 bC
		AMF	3.5±0.1 fB	1.7±0.1 cC	4.9±0.2 eA	1.6±0.1 dC
		放线菌	16.4±0.3 eB	6.3±0.4 bC	21.2±0.4 cA	6.9±0.4 cC

（续）

时间	团聚体粒级	微生物群落	处 理			
			LF+R	LF+S	HF+R	HF+S
150 d	1~2 mm	普通直链	23.0±0.8 bA	9.1±0.5 bB	22.5±0.4 eA	9.3±0.0 bB
		革兰氏阳性	40.5±0.7 cB	17.1±0.7 aB	42.3±0.3 aA	16.6±1.7 aB
		革兰氏阴性	42.6±1.1 aA	16.9±1.1 aC	36.2±0.9 bB	15.6±1.2 aC
		真菌	26.4±0.6 dB	9.7±1.0 bB	35.3±0.8 cA	9.3±0.7 bB
		AMF	4.4±0.2 fA	2.2±0.1 cB	4.5±0.1 fA	2.1±0.2 cB
		放线菌	21.1±0.4 eB	8.9±0.4 bC	26.5±0.2 dA	8.8±0.1 bC
	0.25~1 mm	普通直链	29.8±0.7 dB	11.7±0.4 bcD	45.1±1.4 dA	14.9±0.8 bC
		革兰氏阳性	53.9±0.2 aB	22.1±0.5 aC	76.5±2.6 aA	25.1±1.7 aC
		革兰氏阴性	48.9±0.4 bB	21.2±1.0 aD	67.0±2.1 bA	23.9±0.4 aC
		真菌	34.7±0.4 cB	12.2±0.4 bD	56.5±1.0 cA	15.9±0.7 bC
		AMF	6.9±0.1 fB	2.9±0.2 dC	9.0±0.4 eA	3.3±0.1 dC
		放线菌	28.9±0.2 eB	10.9±0.7 cD	42.7±1.2 dA	13.0±0.6 cC
	<0.25 mm	普通直链	38.7±1.1 bA	14.5±0.5 cC	32.4±0.8 eB	12.2±0.4 cD
		革兰氏阳性	58.5±0.7 aB	27.1±0.4 aC	61.5±0.8 aA	21.0±0.3 aD
		革兰氏阴性	58.1±0.7 aA	24.0±0.3 bC	43.4±0.7 cB	18.9±0.4 bD
		真菌	38.8±0.7 bB	15.0±0.4 cC	49.5±0.7 bA	11.4±0.3 dD
		AMF	5.4±0.1 dB	3.7±0.1 eC	6.9±0.2 fA	2.6±0.1 eD
		放线菌	29.8±0.7 cB	12.9±0.2 dC	35.6±0.7 dA	11.0±0.2 dD
500 d	>2 mm	普通直链	9.1±0.7 dA	4.0±0.2 cC	9.3±0.9 cA	5.9±0.3 cB
		革兰氏阳性	19.0±1.1 aA	8.4±0.6 aC	18.0±1.0 aA	10.6±0.3 aB
		革兰氏阴性	15.1±0.2 bA	6.6±0.3 bD	10.4±0.8 cB	7.9±0.7 bC
		真菌	9.6±0.6 cdB	3.2±0.1 dD	12.1±0.7 bA	5.8±0.5 cC
		AMF	2.2±0.4 eA	1.0±0.0 eC	1.7±0.2 dB	1.2±0.1 dC
		放线菌	10.5±0.4 cA	4.4±0.1 cC	10.6±0.5 cA	5.6±0.4 cB
	1~2 mm	普通直链	10.1±0.3 cA	4.0±0.3 dD	9.3±0.0 bB	7.0±0.5 cC
		革兰氏阳性	19.4±0.7 aA	8.6±0.4 aD	17.1±0.7 aB	12.4±0.5 aC
		革兰氏阴性	16.7±1.2 bA	6.8±0.3 bC	10.4±0.5 bB	9.8±0.8 bB
		真菌	10.3±0.5 cB	3.3±0.3 eD	16.9±1.3 aA	5.9±1.3 cC
		AMF	1.8±0.1 dA	0.9±0.0 fC	1.7±0.2 cA	1.4±0.1 dB
		放线菌	11.0±1.0 cA	4.6±0.1 cC	10.6±0.9 bA	6.2±0.5 cB
	0.25~1 mm	普通直链	13.3±1.1 cB	5.5±0.1 cD	17.5±0.4 cdA	9.0±0.4 cC
		革兰氏阳性	26.0±1.3 aB	11.4±0.3 aD	30.2±1.2 aA	16.4±0.2 aC
		革兰氏阴性	21.5±1.7 bA	9.0±0.5 bD	19.0±0.8 cB	11.8±0.1 bC
		真菌	15.6±1.8 cB	4.6±0.2 dD	27.0±1.3 bA	8.3±0.9 cC
		AMF	2.4±0.1 dB	1.3±0.0 eD	3.3±0.2 eA	2.0±0.1 dC
		放线菌	14.4±0.8 cB	5.9±0.2 cD	16.6±0.8 dA	8.6±0.2 cC

（续）

时间	团聚体粒级	微生物群落	处 理			
			LF＋R	LF＋S	HF＋R	HF＋S
500 d	<0.25 mm	普通直链	13.4±0.2 dB	5.7±0.2 dD	14.0±0.3 bA	8.5±0.2 cC
		革兰氏阳性	24.3±0.6 aA	12.2±0.1 aC	23.8±0.4 aA	14.6±0.3 aB
		革兰氏阴性	19.3±0.3 bA	8.3±0.1 bD	14.6±0.3 bB	11.2±0.2 bC
		真菌	15.1±0.2 cB	4.6±0.1 eD	23.8±0.5 aA	8.5±0.2 cC
		AMF	2.3±0.1 eB	1.3±0.0 fD	2.4±0.0 cA	1.7±0.0 eC
		放线菌	13.8±0.2 dB	6.3±0.1 cD	14.6±0.2 bA	7.9±0.2 dC

注：LF 和 HF 分别代表低肥力和高肥力土壤，R 和 S 分别代表根茬和茎叶。不同小写字母代表不同微生物群落之间差异显著，不同大写字母代表不同处理之间差异显著。

表 6-10 不同处理团聚体中秸秆碳在各群落微生物磷脂脂肪酸中的分配（％）

时间	团聚体粒级	微生物群落	处 理			
			LF＋R	LF＋S	HF＋R	HF＋S
150 d	>2 mm	普通直链	14.8±0.1 dA	14.3±0.2 cB	13.4±0.2 eC	15.3±0.4 bcA
		革兰氏阳性	26.0±0.1 bB	27.6±0.5 aA	25.1±0.3 aB	25.8±0.9 aB
		革兰氏阴性	26.5±0.1 aA	26.7±0.5 bA	24.2±0.3 bC	25.4±0.7 bB
		真菌	16.2±0.1 cB	13.9±0.7 cC	19.0±0.2 cA	16.1±1.3 bB
		AMF	2.9±0.1 fC	3.7±0.0 dA	3.4±0.1 fB	3.3±0.1 dB
		放线菌	13.5±0.1 eC	13.8±0.4 cBC	14.9±0.1 dA	14.2±0.4 cB
	1~2 mm	普通直链	14.5±0.2 dAB	14.3±0.2 cB	13.4±0.0 eC	15.1±0.7 cA
		革兰氏阳性	25.6±0.3 bB	26.8±0.4 aA	25.3±0.3 aB	26.9±0.2 aA
		革兰氏阴性	27.0±0.1 aA	26.4±0.4 aA	21.6±0.4 bB	25.2±0.9 bC
		真菌	16.7±0.2 cB	15.1±0.8 bC	21.1±0.3 cA	15.1±0.5 cC
		AMF	2.8±0.1 fB	3.5±0.3 dA	2.7±0.0 fB	3.4±0.1 dA
		放线菌	13.3±0.1 eC	13.9±0.1 cB	15.9±0.1 dA	14.2±0.5 cB
	0.25~1 mm	普通直链	14.7±0.3 dBC	14.4±0.2 dC	15.2±0.1 dAB	15.5±0.5 bA
		革兰氏阳性	26.5±0.1 aAB	27.3±0.4 aA	25.8±0.1 aB	26.1±1.1 aAB
		革兰氏阴性	24.1±0.1 bB	26.2±0.3 bA	22.6±0.0 bC	24.9±1.0 aB
		真菌	17.1±0.2 cB	15.1±0.3 cC	19.1±0.2 cA	16.6±1.0 bB
		AMF	3.4±0.0 fB	3.6±0.1 fA	3.0±0.0 fC	3.4±0.0 dB
		放线菌	14.2±0.2 eA	13.4±0.4 eB	14.4±0.0 eA	13.5±0.4 cB
	<0.25 mm	普通直链	16.9±0.2 bA	14.9±0.2 dC	14.1±0.1 eD	15.8±0.2 cB
		革兰氏阳性	25.5±0.1 aD	27.9±0.1 aA	26.8±0.1 aC	27.2±0.1 aB
		革兰氏阴性	25.4±0.1 aA	24.7±0.2 bB	18.9±0.1 bC	24.5±0.0 bB
		真菌	16.9±0.0 bB	15.4±0.1 cC	21.6±0.1 cA	14.8±0.0 dD
		AMF	2.3±0.0 dD	3.8±0.0 fA	3.0±0.0 fC	3.4±0.0 fB
		放线菌	13.0±0.1 cD	13.3±0.0 eC	15.5±0.0 dA	14.2±0.0 eB

（续）

时间	团聚体粒级	微生物群落	处理			
			LF+R	LF+S	HF+R	HF+S
500 d	>2 mm	普通直链	14.0±0.6 eB	14.4±0.1 dB	15.0±0.8 dAB	16.0±0.5 cA
		革兰氏阳性	29.0±1.1 aB	30.6±0.7 aA	28.9±0.4 aB	28.7±0.7 aB
		革兰氏阴性	23.0±0.7 bA	24.0±0.1 bA	16.7±0.7 cC	21.3±0.9 bB
		真菌	14.6±0.6 dB	11.6±0.4 eC	19.5±1.7 bA	15.6±0.7 cB
		AMF	3.4±0.6 eA	3.5±0.0 fA	2.8±0.3 eA	3.3±0.3 dA
		放线菌	16.0±0.9 cAB	15.9±0.3 cAB	17.1±0.9 cA	15.0±0.6 cB
	1~2 mm	普通直链	14.6±1.0 dB	14.1±0.4 dB	14.1±0.6 cB	16.4±1.0 cA
		革兰氏阳性	28.0±0.2 aC	30.5±0.3 aA	25.9±0.5 aD	29.1±0.7 aB
		革兰氏阴性	24.0±0.7 bA	24.0±0.2 bA	15.8±0.4 bB	22.9±1.8 bA
		真菌	14.9±0.6 cdB	11.6±0.7 eC	25.5±0.7 aA	13.8±2.5 dBC
		AMF	2.6±0.1 eB	3.3±0.1 fA	2.6±0.4 dB	3.2±0.1 eA
		放线菌	15.9±0.7 cA	16.4±0.3 cA	16.0±0.6 bA	14.6±0.6 cdB
	0.25~1 mm	普通直链	14.2±0.1 eC	14.7±0.2 dBC	15.4±0.7 dAB	16.0±0.2 cA
		革兰氏阳性	28.0±0.6 aB	30.2±0.8 aA	26.6±0.3 aC	29.3±0.7 aA
		革兰氏阴性	23.1±0.3 bA	23.8±0.8 bA	16.7±0.5 cC	21.0±0.4 bB
		真菌	16.7±0.8 cB	12.2±0.2 eD	23.8±0.6 bA	14.8±1.2 dC
		AMF	2.6±0.1 fD	3.4±0.1 fB	2.9±0.1 eC	3.5±0.1 eA
		放线菌	15.5±0.3 dA	15.7±0.1 cA	14.6±0.5 dB	15.3±0.2 cdB
	<0.25 mm	普通直链	15.2±0.0 dB	14.9±0.3 dB	15.0±0.1 dB	16.2±0.1 cA
		革兰氏阳性	27.6±0.1 aB	31.7±0.3 aA	25.5±0.0 bC	27.8±0.1 aB
		革兰氏阴性	21.9±0.0 bA	21.6±0.0 bB	15.7±0.0 cD	21.4±0.1 bC
		真菌	17.2±0.1 eB	11.9±0.0 eD	25.6±0.1 aA	16.3±0.1 cC
		AMF	2.6±0.0 fC	3.4±0.0 fA	2.6±0.0 eC	3.2±0.0 eB
		放线菌	15.7±0.0 cB	16.4±0.1 cA	15.6±0.1 cB	15.0±0.0 dC

注：LF 和 HF 分别代表低肥力和高肥力土壤，R 和 S 分别代表根茬和茎叶。不同小写字母代表不同微生物群落之间差异显著，不同大写字母代表不同处理之间差异显著。

第四节 土壤微生物残体的累积

一、全土中微生物残体的累积

1. 土壤氨基糖含量的变化

在大多数采样时期，添加玉米秸秆的处理比相应对照处理积累更多的氨基糖（图 6-11）。高肥力处理中的氨基糖含量显著高于低肥力处理（$P<0.05$）。此外，土壤添加玉米秸秆后氨基糖含量在秸秆腐解初期迅速增加，并在第 60 天达到峰值。之后，所有添加秸秆的

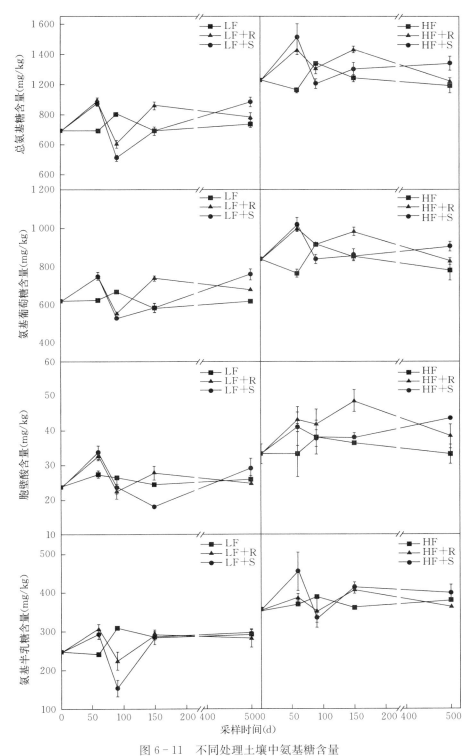

图 6-11　不同处理土壤中氨基糖含量

注：LF 和 HF 分别代表低肥力和高肥力土壤，R 和 S 分别代表根茬和茎叶；误差线为标准差。

处理中氨基糖含量急剧下降并转变为低于相应的对照处理（$P<0.05$）。添加玉米秸秆处理中的氨基糖含量在达到最小值后又逐渐增加，并持续到试验结束。此外，总体上在 90 d 和 150 d 时，添加茎叶处理的土壤氨基糖含量显著高于添加根茬处理（$P<0.05$）；但在试验结束时（500 d），添加根茬处理的氨基糖含量则高于相应的茎叶处理。同时，添加根茬处理在试验结束时的氨基糖含量较对照提高 20%（$P<0.05$），但添加茎叶处理的氨基糖含量则与对照处理相差不大（$P>0.05$）。此外，土壤肥力和植物秸秆类型对氨基葡萄糖、胞壁酸和氨基半乳糖的影响与总氨基糖基本一致。

添加玉米秸秆对氨基葡萄糖/胞壁酸比值的影响较为复杂且受土壤肥力和腐解时间的共同制约（图 6 - 12）。在 90 d 前，各处理中的氨基葡萄糖/胞壁酸比值并未呈现出明显差异（$P>0.05$）。在 90 d 之后的低肥力土壤中，添加玉米秸秆处理的氨基葡萄糖/胞壁酸比值高于相应对照处理；然而在高肥力土壤中，添加玉米秸秆处理的氨基葡萄糖/胞壁酸比值则低于相应对照处理。此外，除 150 d 根茬处理的氨基葡萄糖/胞壁酸比值高于茎叶处理外（$P<0.05$），根茬处理和茎叶处理间的氨基葡萄糖/胞壁酸比值在大多数情况下并未表现出显著差异（$P>0.05$）。

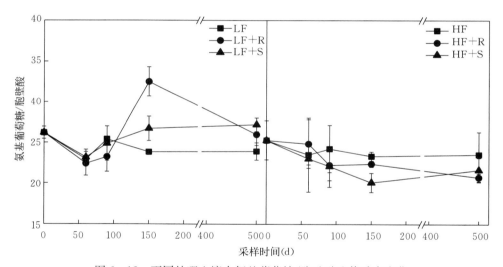

图 6 - 12　不同处理土壤中氨基葡萄糖/胞壁酸比值动态变化

注：LF 和 HF 分别代表低肥力和高肥力土壤，R 和 S 分别代表根茬和茎叶；误差线为标准差。

2. 土壤氨基糖/磷脂脂肪酸比值（AS/PF）的变化

对于总生物标识物、真菌标识物和细菌标识物，氨基糖/磷脂脂肪酸比值的范围分别为 73.1～148.9、403.7～890.9 和 2.8～7.0（图 6 - 13）。与对照相比，添加玉米秸秆处理在 60 d 后不同程度地降低了各处理中氨基糖/磷脂脂肪酸比值（$P<0.05$），但这些处理中的氨基糖/磷脂脂肪酸比值在 150 d 后均有所增加（$P<0.05$）。在高肥力土壤中，添加秸秆处理中的氨基糖/磷脂脂肪酸比值在试验结束时仍明显低于对照（$P<0.05$）；而在低肥力处理中，添加秸秆的氨基糖/磷脂脂肪酸比值则与对照已无显著差异（$P>0.05$）。此外，除 150 d 茎叶处理的氨基糖/磷脂脂肪酸比值显著高于根茬处理外（$P<0.05$），氨基糖/磷脂脂肪酸比值在大部分情况下并不受玉米秸秆类型的影响（$P>0.05$）。

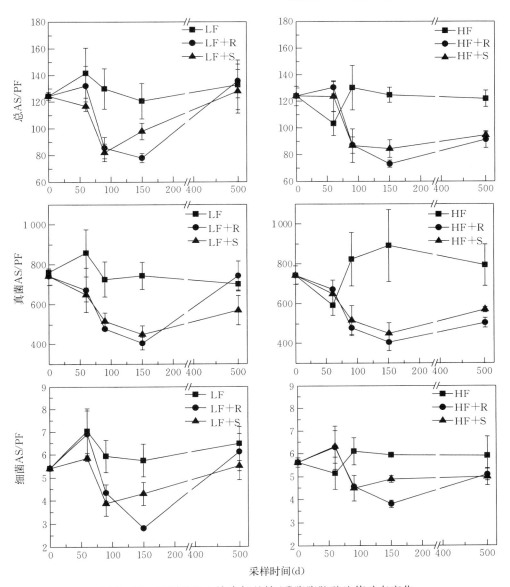

图 6-13　不同处理土壤中氨基糖/磷脂脂肪酸比值动态变化

注：LF 和 HF 分别代表低肥力和高肥力土壤，R 和 S 分别代表根茬和茎叶，AS/PF 代表氨基糖与磷脂脂肪酸的比值；误差线为标准差。

3. 添加玉米秸秆对土壤微生物残体的影响

在 500 d 时，土壤微生物残体对土壤有机碳的贡献范围平均为 47.2%～73.2%（图 6-14），其中真菌残体的贡献明显高于细菌残体。土壤肥力和植物秸秆类型均显著影响微生物残体占土壤有机碳的比例。总体上，微生物残体对土壤有机碳的贡献随时间的动态变化与氨基糖含量的变化规律一致。低肥力处理中微生物残体对土壤有机碳的贡献平均比高肥力处理高 28.4%（$P<0.05$）。试验结束时，添加玉米秸秆对低肥力和高肥力土壤中微生物残体对土壤有机碳贡献的提升幅度分别为 21.7% 和 13.8%。此外，添加玉米秸

秆对不同类群微生物残体贡献的影响是不同的，其中真菌残体对土壤有机碳贡献的增幅在低肥力土壤中更大，而细菌残体对土壤有机碳贡献的增幅在高肥力土壤中更大。真菌残体/细菌残体比值的动态变化与氨基葡萄糖/胞壁酸比值的变化模式一致，变化范围为3.9～5.2。

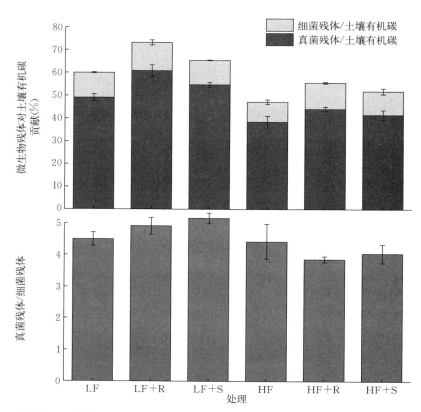

图6-14　不同处理土壤中微生物残体对土壤有机碳的贡献和真菌残体与细菌残体的比值（500 d）

注：LF 和 HF 分别代表低肥力和高肥力土壤，R 和 S 分别代表根茬和茎叶；误差线为标准差。

二、团聚体中微生物残体对玉米秸秆碳的响应

1. 添加玉米秸秆对团聚体中氨基糖含量的影响

总体上，各处理中氨基葡萄糖在氨基糖中的占比最高，平均为65%，其次为氨基半乳糖和胞壁酸（图6-15）。在添加玉米秸秆150 d后，团聚体中的总氨基糖含量及各氨基糖单体含量显著受土壤肥力、植物秸秆类型和团聚体级别的影响。与对照处理相比，添加玉米秸秆不同程度地增加了土壤中各氨基糖单体的含量。此外，高肥力土壤团聚体中的总氨基糖含量平均比低肥力土壤高30%。团聚体中的氨基糖含量随时间的动态变化因不同玉米秸秆类型而异：其中添加根茬处理中的氨基糖含量在150～500 d之间增加，而添加茎叶处理中的氨基糖含量则有所降低。换言之，添加茎叶处理中的氨基糖含量在150 d时显著大于添加根茬处理（$P<0.05$），而500 d时的规律则相反。

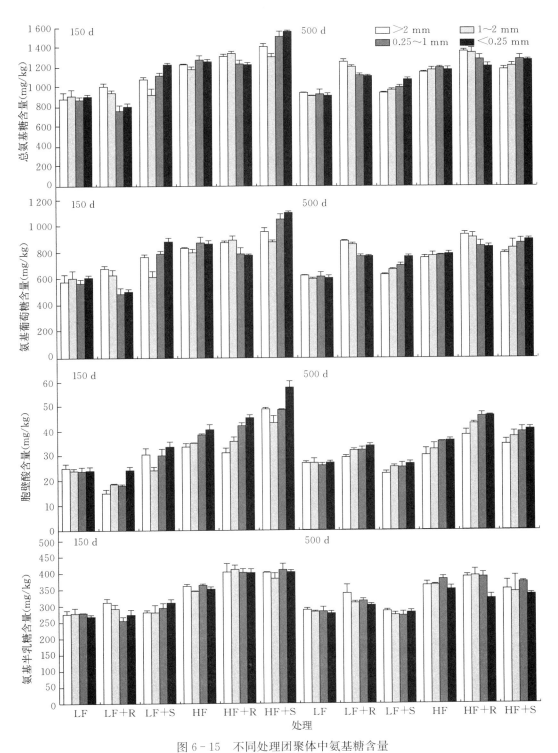

图 6-15　不同处理团聚体中氨基糖含量

注：LF 和 HF 分别代表低肥力和高肥力土壤，R 和 S 分别代表根茬和茎叶；误差线为标准差。

在添加根茬处理中，总氨基糖和氨基葡萄糖含量均随团聚体粒级的下降而下降，而胞壁酸含量则随团聚体粒级的下降而增加（$P<0.05$）。但在茎叶处理中，总氨基糖、氨基葡萄糖和胞壁酸含量在150 d随团聚体粒级的下降先下降再上升，而在500 d则表现为随团聚体粒级的下降而上升（$P<0.05$），暗示了氨基糖在不同团聚体之间的迁移。然而，即使在有植物秸秆输入的情况下，氨基半乳糖含量在不同粒级团聚体之间并未表现出明显的差异或规律性。

2. 添加玉米秸秆对团聚体中氨基葡萄糖/胞壁酸比值（GluN/MurA）的影响

和全土中一致，添加玉米秸秆在大部分情况下增加了低肥力土壤团聚体中的氨基葡萄糖/胞壁酸比值，但降低了高肥力土壤团聚体中的氨基葡萄糖/胞壁酸比值（图6-16）。此外，在大团聚体中，添加根茬处理的氨基糖葡萄糖/胞壁酸比值要高于相应的茎叶处理，而微团聚体中则相反。在低肥力土壤中（对照），氨基糖葡萄糖/胞壁酸比值并未随团聚体粒级变化而发生明显波动（$P>0.05$）；但在高肥力土壤中（对照），氨基糖葡萄糖/胞壁酸比值则随团聚体粒级的下降而降低（$P<0.05$）。对于添加根茬的处理，氨基糖葡萄糖/胞壁酸比值随团聚体粒级的下降而降低（$P<0.05$），但其在添加茎叶处理中并未受团聚体级别的影响（$P>0.05$）。

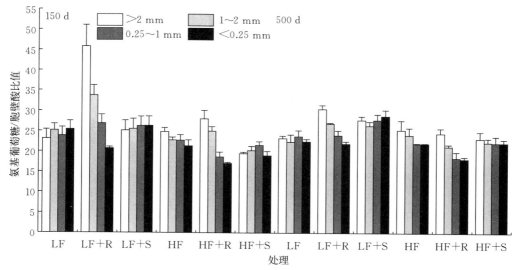

图6-16　不同处理团聚体中氨基葡萄糖/胞壁酸比值动态变化

注：LF 和 HF 分别代表低肥力和高肥力土壤，R 和 S 分别代表根茬和茎叶；误差线为标准差。

3. 添加玉米秸秆对团聚体中氨基糖/磷脂脂肪酸比值（AS/PF）的影响

土壤团聚体中氨基糖与磷脂脂肪酸标识物的比值呈现出以下顺序：胞壁酸/细菌磷脂脂肪酸比值（细菌 AS/PF）<总氨基糖/总磷脂脂肪酸比值（总 AS/PF）<氨基葡萄糖/真菌磷脂脂肪酸比值（真菌 AS/PF）（图6-17）。在添加玉米秸秆的处理中，低肥力土壤中的总氨基糖/总磷脂脂肪酸、氨基葡萄糖/真菌磷脂脂肪酸比值和胞壁酸/细菌磷脂脂肪酸比值在试验结束时均大于相应高肥力土壤。此外，添加茎叶处理在150 d时较根茬处理拥有更高的氨基糖/磷脂脂肪酸，而添加根茬处理则在500 d时较茎叶处理含有更高的氨基

糖/磷脂脂肪酸。对于不同团聚体而言，大部分处理中的氨基糖/磷脂脂肪酸比值均以较大级别团聚体中更高，但添加茎叶增加了较小级别团聚体中的总氨基糖/磷脂脂肪酸比值和胞壁酸/细菌磷脂脂肪酸比值。

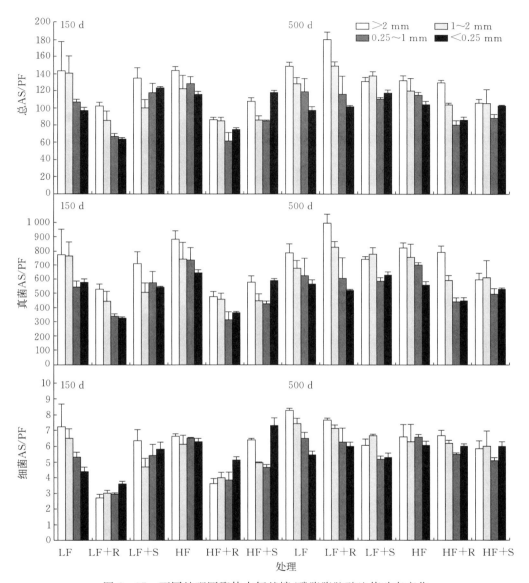

图 6-17　不同处理团聚体中氨基糖/磷脂脂肪酸比值动态变化

注：LF 和 HF 分别代表低肥力和高肥力土壤，R 和 S 分别代表根茬和茎叶，AS/PF 代表氨基糖与磷脂脂肪酸的比值；误差线为标准差。

4. 添加玉米秸秆对团聚体中微生物残体的影响

与对照相比，在 500 d 时添加玉米秸秆增加了各团聚体中（尤其是低肥力土壤）总微生物残体占有机碳的比例（图 6-18），但低肥力土壤添加茎叶则显著降低了细菌残体对有机碳的贡献（$P<0.05$）。在 150 d 时，添加茎叶处理中微生物残体对有机碳的贡献平均比添加根茬处理高 30%（$P<0.05$），但在 500 d 时低肥力土壤添加根茬处理则拥有更高的微生物残体贡献值（$P<0.05$）。此外，总微生物残体及真菌残体对土壤有机碳的贡献随团聚体粒级的变化趋势与相应的总氨基糖及氨基葡萄糖一致；但团聚体组成并不影响细菌残体对土壤有机碳的贡献（$P>0.05$）。在所有处理中，真菌残体/细菌残体比值的浮动范围为 3.1～8.9，并且呈现出与氨基糖葡萄糖/胞壁酸比值一致的变化规律（图 6-19）。

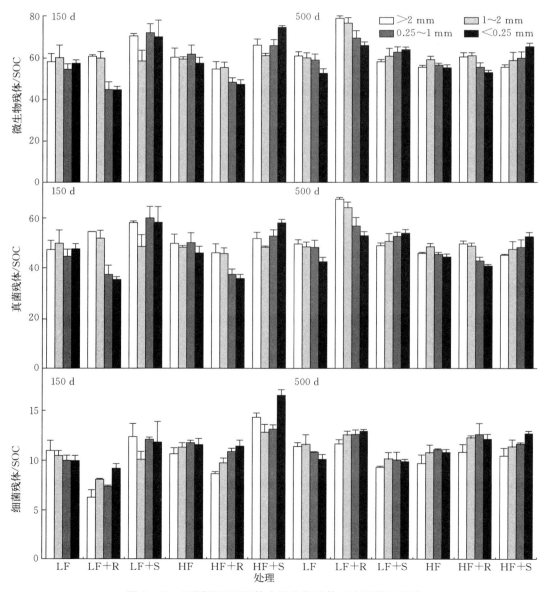

图 6-18　不同处理团聚体中微生物残体对有机碳的贡献

注：LF 和 HF 分别代表低肥力和高肥力土壤，R 和 S 分别代表根茬和茎叶；误差线为标准差。

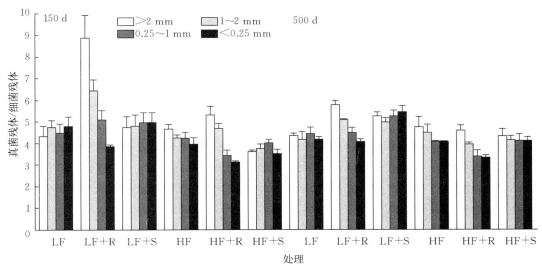

图 6-19　不同处理团聚体中真菌残体/细菌残体动态变化
注：LF 和 HF 分别代表低肥力和高肥力土壤，R 和 S 分别代表根茬和茎叶；误差线为标准差。

第五节　讨论和结论

一、土壤中微生物对玉米秸秆碳的同化

1. 土壤微生物群落的变化

在本研究中，添加玉米秸秆显著增加了土壤中磷脂脂肪酸含量，这与 Kong 等（2011）、Tavi 等（2013）和 Pan 等（2016）的研究结果一致。此外，本研究中所有处理中磷脂脂肪酸含量的峰值均出现在 150 d，但一些报道显示添加植物秸秆后的短期内（一般少于 7 d）即可达到最大值（Arcand et al.，2016；Bai et al.，2016），并将该峰值归因于植物秸秆中富集的可利用碳在腐解初期刺激了微生物的生长与繁殖（Pan et al.，2016）。由于本试验在第 60 天才进行第一次采样，所以并未观察到其他研究所显示的磷脂脂肪酸峰值。但结合本研究结果，我们推测随着腐解的进行以及相应的秸秆化学组成的变化（如难分解组分所占比例的增加）（Abiven et al.，2005），土壤微生物量可能会在不同的时期出现多次的峰值。此外，需要指出的是，在本研究中，随着每次土壤样品的采集，微区中的耕层土壤数量不断减少，这会在一定程度上影响微生物的活动和土壤碳过程，但我们尽量减少采集土壤样品的次数以及数量，以最大限度地避免因采样而造成的影响。

添加玉米秸秆显著改变了土壤微生物群落结构。与对照（未添加秸秆处理）相比，添加秸秆处理明显增加了真菌磷脂脂肪酸的比例，而降低了革兰氏阳性菌和放线菌磷脂脂肪酸的比例，说明真菌对外源有机质的输入更敏感。通常，真菌对降解玉米秸秆中纤维素和类纤维素起到关键作用（Six et al.，2006；Pan et al.，2016）。然而，需要指出的是，虽然添加玉米秸秆会引起土壤微生物群落的变化，但玉米秸秆类型并不会影响各群落的相对丰度。在本研究中，根茬虽然含有更高的木质素含量，但其碳氮比却与茎叶相似（28.8

和 31.7）。由此我们推测不同类型秸秆间的差异要远远小于土壤有机质的异质性。同时，考虑到微生物群落经过长期繁衍已经拥有很强的适应土壤有机质变异的能力（Helfrich et al.，2015），因此秸秆品质的差异可能并不足以引起微生物群落之间的竞争。此外，一些研究通过 DNA - SIP 的方法发现初始植物秸秆品质会显著地影响某些特定微生物种群的组成（España et al.，2011）。因此，秸秆品质可能仅影响较小级别微生物种群（如种、属等）的相对丰度，而不能改变较大级别类群的组成（如细菌类、真菌类等）。

本研究结果显示土壤肥力不仅影响土壤微生物磷脂脂肪酸含量，也会造成微生物群落结构的变化。在整个试验过程中，由于高肥力土壤能为微生物生长代谢提供足够的基质（Kong et al.，2011），而始终拥有较高的微生物量。此外，高肥力土壤中革兰氏阳性菌磷脂脂肪酸的比例要高于低肥力土壤，而低肥力土壤中则含有较高的革兰氏阴性菌磷脂脂肪酸比例，说明细菌群落更易受到土壤肥力的制约。Xu 等（2019）研究表明由于长期施用有机肥和化肥所产生的高肥力土壤更有利于 K 策略微生物的增长，这与本研究中的革兰氏阳性菌相对应。相反，有研究指出革兰氏阴性菌可以减轻土壤中营养物质的限制并可以消耗多种有机碳源，因此可以在低肥力土壤中富集。以上研究结果综合表明土壤自身的肥力因子要比外源有机物料性质拥有更强的调控土壤微生物群落演替的能力。

2. 土壤微生物对外源秸秆碳的同化

玉米秸秆碳以不同的比例掺入不同类群的微生物磷脂脂肪酸中，表明不同群落微生物同化外源秸秆碳的能力是不同的。其中，秸秆碳对真菌磷脂脂肪酸碳库的贡献最大（尤其是 18:2ω6c），说明真菌相对于其他群落拥有更强的同化效率。真菌可以产生多种胞外解聚酶，并通过其菌丝在土壤-残留界面吸收养分和碳源，这些特性会显著增强真菌对玉米秸秆的竞争力。然而，即使秸秆碳对真菌磷脂脂肪酸碳库的贡献最大，细菌却因其庞大的生物量而拥有最大的碳同化量——大约 50% 的同化碳分布在了细菌磷脂脂肪酸中（尤其是 i15:0）。因此，虽然单体真菌具有很强的利用玉米秸秆碳的能力，但细菌却是同化外源碳的主要群落。

有趣的是，我们在整个培养过程中发现根茬碳和茎叶碳被微生物利用的动态变化规律截然不同，这并未在其他短期培养试验中发现（Bai et al.，2016；Shahbaz et al.，2017）。其中，茎叶碳对微生物磷脂脂肪酸的贡献随时间持续下降，暗示着微生物可利用有机组分的减少。相反，根茬碳对微生物磷脂脂肪酸的贡献在前 60 d 同样出现下降，但在 60 d 后却显著上升，直到 150 d 达到峰值，之后又出现下降。添加根茬处理在 150 d 出现的峰值可能说明随着腐解的进程，秸秆中的难分解组分已经变成微生物的主要碳源。该结论为不同品质植物秸秆会产生截然不同的腐解动力学这一观点提供了新的证据。但是，本研究结果同样说明在较长的时间尺度内，植物秸秆中的易分解组分和难降解组分均可以较大程度地被土壤微生物同化。本研究并不支持传统所认为的植物茎叶更易被微生物同化这一观点（Rubino et al.，2010；Cotrufo et al.，2015）。因此，我们在未来的研究中不能单纯地通过植物秸秆的初始化学组成推断其被微生物利用的程度。

此外，在田间自然条件下，Williams 等（2006）和 Kong 等（2011）也发现了类似的规律（根茬碳被微生物同化量更大）。作物生长期间会有大量的根际分泌物和脱落的根细胞输入到土壤中，因此他们将产生这种现象的原因归结为土壤微生物对与根系相关的基质的偏好利用，这暗示了微生物群落会对其生活环境进行适应性调整。因而，我们可以推测，土壤微生物在作物生长期间可能主要由那些可以适应以根系相关基质为食物的群落构成，这可能是产生本研究结果的另外一个潜在原因。总之，尽管在传统理念中，植物根茬所具有的抗降解特征对于其在土壤中的固定具有重要的意义（Puget and Drinkwater，2001；Abiven et al.，2005），但我们的研究结果证实根茬在土壤中的长期稳定并不能用其生物化学特性来解释。同时，本研究支持了土壤有机碳周转受微生物的可及性调控而非有机组分的顽固性控制的理论（Dungait et al.，2012）。我们有必要强调，考虑到微生物的强大同化能力，通过微生物合成作用而在土壤中积累的根茬碳可能是其稳定性的重要潜在机制。

然而，植物秸秆碳在微生物群落中的分配并不受秸秆类型的影响。通常，植物秸秆由一系列不同抗降解程度的生物聚合物组成（Pan et al.，2016）。而土壤微生物同样由具有分解不同有机物质的众多群落构成，因而这些微生物之间的协调合作有能力利用不同植物秸秆中的碳源（根茬或茎叶）（Helfrich et al.，2015）。同时，本研究中添加根茬和茎叶处理之间的微生物群落并未发生明显的变化，这可能也是导致相似的秸秆碳分配的原因。这些结果表明，不同微生物群落之间的协同作用会缓和不同类型秸秆碳在各类群磷脂脂肪酸分布的差异。

玉米秸秆碳对低肥力土壤磷脂脂肪酸的贡献显著高于高肥力土壤。这支持了本研究团队以往通过氯仿熏蒸法所提取微生物量及^{13}C所得到的结果（An et al.，2015）。低肥力土壤由于有机组分及养分的匮乏，微生物更容易处于"饥饿"的状态，当有外源有机物料输入后，可以提供大量可利用基质（Fontaine et al.，2003），因而微生物会被迅速地激活并迅速同化植物秸秆碳来满足自身的生长需求。相反，高肥力土壤中的微生物则有丰富且多元的碳源选择，而并不会依赖外源有机物料的输入；土壤原有机碳被微生物较大幅度地同化势必会对植物秸秆碳的贡献产生稀释效应（Moore - Kucera and Dick，2008）。另外，本试验位点中的低肥力土壤含有相对较高的黏粒含量，这会在一定程度上增加基质与微生物之间的接触，从而有利于秸秆碳的微生物固定。这些结果表明处于较低肥力土壤中的微生物更偏好同化吸收植物秸秆碳。

尽管植物秸秆碳对高肥力土壤磷脂脂肪酸的贡献更低，但高肥力土壤由于含有较高的微生物量从而提高外源碳同化总量。因此，在前 90 d，两种肥力水平土壤中的外源碳同化总量并未出现明显差异，且在 150 d 时，高肥力土壤中的根茬碳同化量要显著高于低肥力土壤。所以需要指出的是秸秆碳参与磷脂脂肪酸的合成过程与土壤初始有机碳水平密切相关，其中处于碳匮乏状态的低肥力土壤微生物更偏好利用外源秸秆作为碳源，但碳含量较为丰富的高肥力土壤却可能将更多的秸秆碳同化固定。

3. 秸秆碳转化过程与微生物利用

在传统理论中，植物根茬由于含有更多的难分解组分而比茎叶碳矿化速率更慢（Abiven et al.，2005）。本研究在 500 d 的结果支持传统的分解模型。但是，在试验结束时（500 d），根茬和茎叶的碳总矿化率差异并不显著。一个可能的原因是茎叶秸秆中的可利用组分减少得更快，这可以从该处理中持续减少的微生物同化碳看出。相反，根茬中所富含的难分解组分可能在秸秆腐解后期会持续地为微生物提供碳源，因此，根茬处理的累积矿化率逐渐和茎叶处理持平。

此外，研究结果显示低肥力处理中的秸秆碳矿化率在 500 d 前高于高肥力处理。与秸秆碳对微生物磷脂脂肪酸的贡献类似，低肥力土壤碳源和养分不足以满足自身的能量需求，因而微生物会偏向于选择新输入的植物秸秆作为基质。而在高肥力土壤中，即使有外源秸秆的输入，土壤中原本丰富的有机组分仍然在微生物的代谢过程中扮演着重要的角色。综合秸秆碳矿化与微生物同化外源碳的结果，我们强调位于低肥力土壤中的微生物更偏好利用植物秸秆碳，无论是用来合成代谢（生物合成，如磷脂脂肪酸），还是用来分解代谢（产生能量并释放 CO_2）。然而，在试验结束时，低肥力土壤和高肥力土壤中的秸秆碳矿化总量相似，可能是由于当植物秸秆中可利用组分逐渐耗尽时低肥力土壤中较低的微生物量和微生物活性限制了其分解代谢过程。

总体而言，土壤因子（肥力）和植物秸秆因子（品质）可以调控大部分秸秆矿化过程，但玉米秸秆碳在土壤中赋存的最终表观阈值并不取决于这两个因素。然而，值得注意的是，虽然根茬和茎叶处理最终的矿化（固定）率类似，但通过微生物同化的结果可以推测出，两者在土壤中的固定机理并不一致，其中，根茬更有利于以微生物产物的形式贡献于土壤有机质。以往研究显示玉米地上部分比根茬会更倾向于以活性组分（如颗粒有机碳）在土壤中累积（Ghafoor et al.，2017），因而我们推测茎叶碳中可能会有相当一部分直接以可溶性碳的形式在土壤中沉积，而非通过微生物合成途径。这些结果为我们理解不同肥力土壤中根茬和茎叶碳的固定过程及其与微生物代谢的关系提供了新的见解。

二、团聚体介导下微生物对玉米秸秆碳的同化

1. 不同微生物群落对玉米秸秆碳的同化

添加玉米秸秆增加了所有粒级团聚体中的微生物量，并改变了土壤微生物群落结构，显示了土壤碳的可利用性调控土壤微生物代谢的重要作用（Williams et al.，2006）。通过植物秸秆的补充而引起的土壤基质可利用性的提高会直接转化为微生物量的增长（包括磷脂脂肪酸的生物合成）（An et al.，2015；Pan et al.，2016）。此外，添加玉米秸秆土壤中真菌磷脂脂肪酸相对丰度的增加伴随着放线菌磷脂脂肪酸比例的降低，暗示了微生物群落的重新分配及对土壤碳源的权衡，同时强调了真菌对植物秸秆腐解的重要影响（Kong et al.，2011；Chen et al.，2014；Pan et al.，2016）。通过以往研究（Schmatz et al.，2016；Xu et al.，2019）及本研究中全土磷脂脂肪酸动态变化结果综合表明，我们对土壤团聚体中微生物群落进行分析时（150 d）已经进入植物秸秆的慢速腐解阶段。因此，在这一阶段，玉米秸秆可能激活了一些特殊的真菌种群，且这些真菌种群能够释放更广泛的胞外酶用于分解秸秆中的木质素等顽固性碳（Moore‐Kucera and Dick，2008）。

[13]C 在微生物磷脂脂肪酸中的富集情况表明所有类群微生物均参与到玉米秸秆的腐解过程中，但不同微生物群落的同化效率也有所不同。同全土中的数据一致，玉米秸秆碳对各粒级团聚体中真菌磷脂脂肪酸碳库的贡献最大，但细菌群落由于其生物量显著高于真菌，所以大部分被同化的外源碳均进入了细菌磷脂脂肪酸中，证明细菌在秸秆腐解过程起到了主导作用。虽然本研究结果再一次肯定了真菌偏好利用植物秸秆碳的现象（Denef et al.，2007），但它与传统的微生物分解模型不同——细菌控制秸秆腐解的早期阶段，而真

菌则在后期占主导地位（Müller et al.，2017）。这种差异可能由以下两个原因引起：①据报道，一些机会主义真菌会依赖不稳定的碳源，并且仅参与植物秸秆碳的初始腐解阶段（Arcand et al.，2016；Bai et al.，2016）。这些真菌类群在分解过程中会随着时间的推移而逐渐消失（Denef et al.，2007），而细菌则能够不断地从植物秸秆中或新形成的微生物死亡残体中捕获碳（Denef et al.，2007；Lemanski and Scheu，2014）。②玉米植株的根系在整个生长季节都会产生易于微生物利用的底物（例如根系分泌物），这在一定程度上阻碍了细菌群落向真菌群落的演替（Kong et al.，2011）。并且传统的集约耕作制度也可能因土壤扰动而减少真菌生物量，并导致细菌群落占据优势地位，从而在同化土壤碳源方面具有很高的竞争力（Six et al.，2006；Kong et al.，2011）。

在传统认知中，植物秸秆还田后的较短时间尺度内就会发生明显的微生物演替现象（Arcand et al.，2016），但我们没有观察到微生物群落结构和玉米秸秆碳在不同磷脂脂肪酸的分布在 150～500 d 之间发生变化。这些结果综合表明，依赖秸秆中不稳定碳进行代谢的早期微生物类群会相对不稳定，而后期腐解阶段则反映了磷脂脂肪酸中更多顽固性秸秆碳的贡献，因此，可以推测后期微生物群落主要由那些易于使碳同化和将微生物代谢保持稳定状态的种群主导。此外，玉米秸秆碳在微生物群落中的分布不变并不意味着真菌和细菌利用的碳源是相同的，因为细菌能够从土壤碳库中持续地同化^{13}C，包括源自微生物死亡残体的^{13}C（Lemanski and Scheu，2014），而真菌则更多地直接依赖于植物秸秆。

2. 土壤团聚体介导玉米秸秆碳的同化

通常，土壤中的微生物群落结构以高度动态的状态存在，并受微生物生境（团聚体组成）的显著影响（Blaud et al.，2012；Wang et al.，2017）。我们的数据表明，与较小粒级团聚体相比，较大粒级团聚体具有更高的革兰氏阳性菌磷脂脂肪酸和较低的真菌磷脂脂肪酸比例。这些结果表明，较小粒级团聚体也可以为真菌代谢创造有利环境。这可能是由于它们的代谢需求、细胞容量和土壤基质条件的差异等综合因素引起的（Wang et al.，2017；Zhang et al.，2020）。前人研究证据表明真菌所具有的丝状结构可以促进其向基质中渗透并缓解营养物质的缺乏，而细菌仅能附着在基质表面（Denef et al.，2007；Zhang et al.，2020）。然而，Schutter 和 Dick（2002）认为团聚体粒级对不同团聚体中微生物群落组成的影响很小，Petersen 等（1997）则认为团聚体级别不会对微生物组成产生影响。相反，还有一些研究发现真菌和放线菌会优先在大团聚体中富集（Helgason et al.，2010；Kong et al.，2011；Wang et al.，2017）。不同研究所得出结果的这种变异性可能是由于很多其他因素（例如土地利用、土壤管理措施或农业机械干扰）的变异掩盖了团聚体与微生物之间的真实联系。因此，土壤中微生物群落在不同空间分布的高度异质性可能会受到团聚体组成与其他环境因素之间相互作用的影响。

研究结果显示玉米秸秆碳在不同微生物群落磷脂脂肪酸中的分配并不受土壤团聚体粒级的影响（或存在一些无规则性的波动），这表明由团聚体组成引起的微生物群落的分化并没有反馈到微生物对玉米秸秆碳的利用。尽管微生物群落受到了团聚体的影响，但它们仍会将外源碳以相似的比例分配给各个类群，这可能是微生物群落之间相互合作和调节的一种内在机制。此外，微生物功能冗余和土壤基质的复杂性可能是造成不同团聚体中玉米秸秆碳在微生物群落间的分配出现一些无规则变化的原因。本研究提供的数据表明，不同团聚体中的微生物群落会尽量确保外源碳同化和分配的一致性。

本研究还显示磷脂脂肪酸含量、玉米秸秆碳对磷脂脂肪酸碳库的贡献和磷脂脂肪酸中秸秆碳的含量（同化量）均随团聚体的减小而增加，这意味着每单位质量的微团聚体在玉米秸秆分解的后期会为秸秆碳的同化提供更多的"热点"。该结论也可以通过玉米秸秆碳含量随团聚体的减小而增加的趋势证实，秸秆碳在微团聚体的富集可以为微生物的代谢提供大量的可用底物（Chen et al.，2014）。由于微团聚体中的有机碳具有较强的抗干扰性和稳定性，因而微团聚体内的微生物最有可能处于碳缺乏状态（Puget et al.，2001；Wang et al.，2017）。因此，微团聚体中较丰富的玉米秸秆可能会提高底物与微生物接触性，并成为其食物来源。更重要的是，本研究的发现强调土壤团聚体的动态、活跃的特性可作为有机碳（微生物残体）形成及周转的场所，而不能仅仅局限于传统认知中将团聚体作为限制有机物料分解的场所。因此，我们进一步推测微生物同化的大量玉米秸秆碳而产生的微生物源有机碳的富集可能引发微团聚体中碳的高稳定性（Miltner et al.，2012；Zhang et al.，2020）。

此外，经典的土壤团聚化模型理论（Oades，1984；Six et al.，2004；Li et al.，2016）表明，植物秸秆还田后将优先作为"临时胶结剂"与大团聚体结合，并成为微团聚体形成的"核"。然后，在这些大团聚体中分解的植物秸秆、微生物产物和其他胶结物质的存在会促进有机物和黏土颗粒之间的固相反应，从而导致微团聚体的形成。在此基础上，我们的结果进一步表明，这些微团聚体和其中所包含的植物残留物会与大团聚体逐渐分离（Oades，1984），而独立出来的微团聚体在第150天可能成为微生物腐解植物秸秆的主要场所。这一结果支持了土壤有机碳形成的新兴观点，即土壤有机碳的形成会逐渐由植物秸秆向相对分子质量较小的矿物结合态组分转变（Lehmann and Kleber，2015）。但是，我们还发现不同团聚体中秸秆碳含量的差异在第500天明显减小，微生物对秸秆碳的同化呈现出类似的趋势。由于与大团聚体相比，微团聚体通过微生物呼吸而较多地损失碳的可能性较小，因此我们假设经过微生物代谢后的部分外源碳还会随着团聚化过程再次结合到大聚集体中。因此，植物秸秆碳和微生物产物能在不同团聚体之间持续迁移，并在不同的秸秆分解阶段参与到团聚体的形成或破碎等过程中。这些过程不仅表明微生物介导的秸秆分解和团聚体周转之间存在密切关系，而且还强调了通过微生物同化-有机质稳定化过程将植物秸秆碳固定这一途径的重要性（Cotrufo et al.，2013），即微生物合成代谢和团聚体周转过程导致土壤中秸秆碳的稳定。

土壤肥力明显改变了微生物群落结构，暗示了微生物群落对长期施肥的适应性相关的演替过程。与高肥力土壤相比，低肥力土壤中增加了革兰氏阴性菌磷脂脂肪酸的比例，但降低了革兰氏阳性菌磷脂脂肪酸的比例，表明革兰氏阴性菌具有较强的适应碳匮乏环境的能力。一个可能的原因是革兰氏阴性菌可以减轻养分的限制并能够消耗各种类型有机碳源（Tavi et al.，2013）。同时，低肥力土壤中玉米秸秆碳在革兰氏阴性菌磷脂脂肪酸中的分配也高于高肥力土壤。上述发现表明同化进入磷脂脂肪酸中的玉米秸秆碳状况与土壤初始有机碳含量和微生物状况密切相关。此外，鉴于革兰氏阴性菌所产生的胞外多糖在土壤团聚化中的重要作用（Blaud et al.，2012），可以推测增加革兰氏阴性菌的比例和秸秆碳同化量对改善低肥力土壤结构具有重要意义。

与全土中数据一致，高肥力土壤中玉米秸秆碳对磷脂脂肪酸碳库的贡献低于低肥力土壤。高肥力土壤中的高养分含量和碳可利用性可以减少微生物对外源有机物料的需求，并对微生物同化的外源碳造成稀释作用（Fontaine et al.，2003；Moore‐Kucera and Dick，2008）。相反，在初始碳含量较低的情况下，低肥力土壤更有可能处于碳亏缺状态。因此，玉米秸秆输入后，低肥力土壤中的微生物将从饥饿状态中被激活，然后优先降解秸秆（作为替代库）以满足其生长需求（Fontaine et al.，2003）。然而，高肥力土壤由于具有较高的微生物量，其对玉米秸秆碳的同化总量可能会超过低肥力土壤。因此，位于低肥力土壤中的微生物量对外部有机物料输入更为敏感，而高肥力土壤因其较高的植物秸秆碳同化量而能产生更多土壤有机碳形成的前体，这对土壤碳固定具有重要意义。

有趣的是，不同玉米秸秆类型并未影响微生物群落组成，但却影响了玉米秸秆碳在不同微生物类型磷脂脂肪酸中的分布。因此，根茬与茎叶品质的差异并不足以引起土壤微生物群落的变化，而土壤微生物群落具有很强的适应性，可以在长期不断繁殖后保持其种群间的协调性和稳定性（Kong et al.，2011；Helfrich et al.，2015）。此外，玉米茎叶碳在AMF中的分配比例高于根茬碳，但在真菌中观察到相反的趋势，表明真菌和AMF在分解玉米秸秆中的作用有所不同。其他研究表明，由于AMF的生活习性（为满足养分需求，植物会向根际AMF投入更多的不稳定碳），导致它们更多地依赖于品质较高（易分解）的有机碳，（Lemanski and Scheu，2014）。然而真菌更易利用低品质的有机碳，这可能是由于菌丝的作用导致（Müller et al.，2017）。

值得注意的是，与添加茎叶的处理相比，所有添加根茬处理均具有较高的磷脂脂肪酸含量和秸秆碳同化量，暗示了微生物对根茬源碳的依赖性。这些结果与传统的秸秆分解理论相反，即品质较低的植物秸秆很难被微生物同化并增加微生物的生物量（Shahbaz et al.，2017；Moore‐Kucera and Dick，2008；Müller et al.，2017）。在玉米秸秆分解的150 d后，秸秆中的不稳定有机组分似乎已耗尽，而一些顽固成分（例如木质素和纤维素）可能成为微生物利用的主要底物（Majumder and Kuzyakov，2010）。因此，根茬碳在此时被微生物快速选择性地吸收并促进了微生物的生长。这些结果表明，低品质的植物秸秆也可能会积极地参与微生物的合成代谢过程，但这取决于腐解时间。同时，土壤中根茬碳稳定的原因和机制不仅取决于其顽固特性（Shahbaz et al.，2017），而且还可能与高效率地合成微生物细胞组分密切相关。

三、土壤中微生物残体对玉米秸秆碳的响应

1. 土壤氨基糖含量的动态变化

试验表明，细菌磷脂脂肪酸在微生物群落中占主导地位，而真菌来源的氨基葡萄糖则是氨基糖的主要成分，表明真菌细胞聚合物相对稳定，并在土壤有机碳的积累过程发挥更重要的作用（Zhang and Amelung，1996；Li et al.，2015）。然而胞壁酸较低的含量反映了细菌细胞快速的周转速率，这可能和细菌的细胞壁相对较薄有关（Cui et al.，2020），因此细菌残体很可能在土壤活性有机组分中富集（Liang et al.，2007）。此外，真菌还可以同化细菌的次生代谢产物，导致碳从细菌产物流向真菌同化产物。综合以上结果表明，具有更大生物量和快速周转速率的细菌可能对基质碳的同化作用更为重要，而真菌残体更

有利于土壤有机碳的稳定。

我们最初预测即使在添加植物秸秆的情况下，土壤氨基糖含量也将随时间的延长保持相对稳定（Ding et al.，2010）。然而，结果表明在添加植物秸秆处理中，所有氨基糖标志物均随时间发生明显波动，表明了植物秸秆输入对微生物残体动力学变化的巨大影响。实际上，氨基糖并不是完全惰性的，而是会积极地参与到土壤碳循环中，并起到向活体微生物供应碳源的作用（He et al.，2011；Liu et al.，2019）。因此，氨基糖的最终积累效果是微生物残体的分解与生产之间的平衡，并且受到田间管理（例如植物秸秆还田）的调节（Liu et al.，2019）。在本研究中，玉米秸秆还田提供了丰富的可利用底物并刺激了土壤微生物的活性（Cui et al.，2018；Tavi et al.，2013）。随着微生物量繁衍—死亡的不断迭代过程，微生物细胞组分逐渐以微生物残体的形式在土壤中积累（Liang et al.，2017），因此土壤氨基糖含量在 60 d 前显著增加。然而，有趣的是所有添加植物秸秆处理中的氨基糖含量在第 90 天迅速下降，这意味着微生物残体的生产量不足以抵消其降解量。我们不能把产生这种现象的原因归因于玉米的生长过程或环境的变化，因为对照处理中的氨基糖并未出现类似的减少。在这种情况下，我们推测加入玉米秸秆可能也会对土壤微生物残体产生正激发效应（Bingeman et al.，1953），但这在以往研究中尚未引起足够的重视。以往研究（Cui et al.，2020）发现，微生物残体的大量积累会导致降解它们的微生物类群达到峰值，这支持了我们的结果。此外，本研究中植物秸秆对微生物残体的激发作用比之前报道的对土壤"老"碳的激发作用发生的时间晚很多（Shahbaz et al.，2017）。本研究中强烈的氨基糖矿化量可能不仅由于腐解初期微生物活性的增加（即共代谢）引起（Kuzyakov et al.，2000），还可能是因为 K 策略微生物的增加（如真菌）所致。本研究进一步表明，仅当满足某些特定条件时，添加植物秸秆才会对微生物残体产生激发作用，但需要进一步探索这种激发作用的机理及其定量化。

与以往的研究一致（Ding et al.，2013；Zhu et al.，2019），高肥力土壤对所有氨基糖（氨基葡萄糖、胞壁酸和氨基半乳糖）的累积均有积极作用，印证了氨基糖积累由土壤基质的丰度和有效性决定的理论（Liang et al.，2007）。高肥力土壤含有更高的有机碳含量、全氮含量和微生物量，这会增加土壤微生物的活性。而这些增加的微生物量将促进微生物残体的产生和沉积（Ding et al.，2013；Li et al.，2019）。相反，低肥力土壤中碳或养分的匮乏会限制微生物的生长。因此，高肥力土壤比低肥力土壤能更有效地通过微生物合成代谢途径累积有机碳，这对土壤有机碳的固定和稳定过程至关重要。

此外，添加茎叶处理在 90～150 d 之间比添加根茬处理更有利于氨基糖的累积，而添加根茬处理中的氨基糖含量在试验结束时显著高于茎叶处理，表明植物秸秆腐解过程中微生物残体动态变化与基质质量的变化密切相关。随着植物秸秆中易分解组分的逐渐消耗，剩余的抗降解组分（Shahbaz et al.，2017）似乎已成为微生物代谢的主要碳源，随后加速了微生物繁殖，该推测可以通过本研究中磷脂脂肪酸的变化和微生物对植物秸秆碳的同化数据印证。这可能是在 150 d 后根茬处理中氨基糖快速积累的重要原因，这在一定程度上说明微生物残体累积量取决于土壤中活体微生物量的周转。此外，考虑到试验结束时添加茎叶处理的氨基糖含量与对照处理差异不大，因此我们预测只有在每年持续进行植物秸秆还田（尤其对于茎叶部分而言）才能显著提高微生物残体的含量。尽管我们缺乏 500 d

以上的数据，但就目前的结果而言，根茬还田对于长期微生物残体的积累更为重要。此外，这也说明传统观点所认为的根茬比茎叶对土壤有机碳固定更重要的理论不仅是由于其化学惰性（Puget and Drinkwater，2001），还与根茬对微生物来源碳的促进作用密切相关。

2. 不同微生物标识物比例的动态变化

本研究中各处理氨基葡萄糖/胞壁酸比值较大的变化表明添加玉米秸秆强烈地影响微生物残体的组成，且与土壤肥力因子关系密切。在 90 d 前，添加玉米秸秆并未影响土壤的氨基葡萄糖/胞壁酸比值，结合真菌磷脂脂肪酸/细菌磷脂脂肪酸比值的变化，综合说明微生物残体组成的变化远远滞后于微生物群落结构的变化。有趣的是，在 90 d 后，添加玉米秸秆增加了低肥力土壤中的氨基葡萄糖/胞壁酸比值，但降低了高肥力土壤中的氨基葡萄糖/胞壁酸比值。低肥力土壤中氨基葡萄糖/胞壁酸比值的增加很可能是由于真菌在利用植物秸秆方面较强的竞争力，以及真菌残体较细菌残体更稳定的特性（Liu et al.，2019）。同时，不能排除一部分细菌来源的胞壁酸可能被微生物再次降解以满足碳匮乏土壤中微生物对碳的需求，这也会增加氨基糖葡萄糖/胞壁酸比值（He et al.，2011）。Khan 等（2016）指出，AMF 对真菌群落的贡献度越高，固定的真菌残体就越多。本研究中的低肥力土壤确实比高肥力土壤具有更高的 AMF 比例，这可能是另一个潜在原因。这些结果证明添加植物秸秆对低肥力土壤真菌残体的积累有更积极的作用。

但是，高肥力处理的结果似乎暗示了更大比例的真菌残体被矿化，换言之，由于添加植物秸秆引起的真菌磷脂脂肪酸比例增加并未转化为真菌残体比例增加。这与先前的研究结果所认为的微生物残体含量与活体微生物的丰度呈正相关关系不一致（Huang et al.，2019）。因此，在某些情况下土壤碳过程的短期动态无法解释微生物群落和死亡残体组成的一致性，这也凸显了土壤微生物繁殖对人为干扰的敏感性。本研究结果的一个潜在原因是，高肥力土壤中较高的微生物量和活性（Cui et al.，2018）为重新代谢真菌残体创造了合适的环境，但这不适用于低肥力土壤。但是，考虑到土壤团聚体的物理保护是胞壁酸累积而不是氨基葡萄糖累积的主导原因（Li et al.，2019），具有更高大团聚体比例的高肥力土壤可能会更大程度上保护胞壁酸免受微生物分解。因此，细菌和真菌残体碳被微生物非同步性再利用过程可能在调控微生物残体动态中起到重要作用。目前的结果表明，在有植物秸秆还田的情况下，高肥力土壤对细菌残体的续埋能力的提升比低肥力土壤更大。

与对照相比，添加玉米秸秆降低了所有处理（尤其是高肥力土壤）中氨基糖/磷脂脂肪酸比值，表明外源有机物料输入强烈地改变了微生物源碳产生和降解之间的平衡。该结果主要归因于微生物量迅速扩增及其微生物残体降解速率的相对增加（He et al.，2011；Zhu et al.，2019），因此，活体微生物细胞转化为死亡残体的表观效率有所降低。这一结果再次证实了以下观点：微生物死亡残体的再循环是控制微生物代谢和碳循环的重要机制（Cui et al.，2020）。试验结束时，低肥力土壤中的氨基糖/磷脂脂肪酸比值已回归到对照处理的水平，反映了低肥力土壤减缓添加玉米秸秆对氨基糖/磷脂脂肪酸比值负面影响的强大能力。这主要由于低肥力土壤所处的碳匮乏状态可以提供更多的碳固定位点，并增加对新形成的微生物残体的保存。这可能是通过作物秸秆还田提升贫瘠土壤肥力的重要内在机制。

然而，本研究显示玉米秸秆类型并不影响真菌磷脂脂肪酸/细菌磷脂脂肪酸比值、氨基糖葡萄糖/胞壁酸比值和氨基糖/磷脂脂肪酸比值。这与以往的观点不一致，即基质组成（质量）是影响微生物竞争和群落结构的关键决定因素（Liang et al.，2007；Shahbaz et al.，2017）。该结果可能是由多种因素造成的。首先，根茬和茎叶相似的碳氮比表明研究中采用的秸秆的品质差异可能不足以改变微生物组成。其次，真菌在秸秆分解中起主要作用（Six et al.，2006）。但一些研究进一步表明，在慢速腐解阶段，真菌产生氨基糖的过程相对于细菌更不受植物秸秆品质的制约（Waldrop and Firestone，2004）。此外，尽管微生物群落对添加植物秸秆非常敏感，但微生物群落具有迅速适应周围环境并利用各种底物然后保持恒定组成的能力（Liang et al.，2007；Shao et al.，2019；Xu et al.，2020）。总体而言，目前的结果表明农作物秸秆类型对微生物残体积累（即数量）的影响比对微生物残体组成（即品质）的影响更大。

3. 微生物残体对土壤有机碳的贡献

本研究显示微生物残体占土壤有机碳的比例范围与以往农田土壤的变化范围一致（40%~70%）（Huang et al.，2019；Liang et al.，2019；Luo et al.，2020），证实了微生物残体是土壤稳定有机碳库的主要组成部分这一观点。添加玉米秸秆在500 d时增加了所有处理中微生物残体对土壤有机碳的贡献。这一现象主要由添加农作物秸秆后微生物量的增加所致，这表明在农业生态系统中，植物秸秆还田能促进植物源碳向微生物源碳的转化，从而改变了土壤有机碳的组成和质量（Luo et al.，2020）。

尽管高肥力土壤比低肥力土壤含有更多的氨基糖，但微生物残体对土壤有机碳的贡献并未随肥力的增加而增加。高肥力土壤中更丰富的碳库可能是主要原因（Huang et al.，2019）。除有机肥输入的碳外，高肥力处理还增加了地上作物的生物量，进而将更多的光合产物（例如根系和分泌物）输送到土壤中，从而对微生物残体丰度产生稀释作用。此外，我们发现添加植物秸秆后，低肥力土壤中微生物残体比例的增加幅度大于高肥力土壤中微生物残留比例的增加幅度。实际上，低肥力土壤更有可能让土壤微生物处于碳限制状态，不稳定的植物秸秆会通过引起休眠微生物的活化而使其在很大程度上转化为微生物量及残体（Huang et al.，2019）。因此，在添加植物秸秆的条件下，低肥力土壤中微生物残体的贡献会很高。添加植物秸秆对低肥力土壤中通过合成代谢途径累积微生物源有机碳具有重要意义。

四、团聚体中微生物残体对玉米秸秆碳的响应

1. 玉米秸秆类型影响微生物残体在土壤团聚体中的累积

添加玉米秸秆可以不同程度地促进土壤团聚体中氨基糖的积累。该结果主要归因于外源有机物料输入后微生物生长和增殖的增加（Blaud et al.，2012；Cui et al.，2018），然后促进了微生物源碳向土壤中的输入（Liang et al.，2007；Ding et al.，2010）。此外，据报道，微生物残体比活体微生物对土壤团聚体形成和稳定的影响更大（Tisdall and Oades，1982）。因此，本研究添加植物秸秆处理>2 mm 的团聚体比例和平均重量直径值的增加也可能与微生物残体的积累有关，这些微生物秸秆充当了形成大型团聚体的胶结剂

（Ding et al.，2015）。

在 150 d 时，添加茎叶处理的氨基糖含量大于添加根茬处理，而在 500 d 时则相反，说明植物秸秆品质是影响微生物死亡残体累积的重要因素。这一动态变化是与磷脂脂肪酸一致的，表明微生物量的变化可能通过其对微生物产物的遗留效应而影响土壤有机碳的固定。通常，含有更多不稳定有机组分的茎叶分解较快，而含有更多木质素的根茬则分解较慢（Abiven et al.，2005）。在这种情况下，易分解有机物—微生物这一碳周转途径可能在玉米秸秆分解的早期发生（Cotrufo et al.，2015），因此茎叶碳以较高的比例进入微生物，从而在 150 d 之前有效地促进了微生物残体的沉积。然而，我们的数据证实，在较长时间尺度内茎叶并不会导致微生物产物的持续较高水平的累积，这与 Cotrufo 等（2013，2015）的研究不一致。在第四章中，我们发现在分解的后期植物秸秆中的易降解组分消耗完后，其中的难降解组分同样能成为微生物的主要碳源，这会导致根茬处理中微生物残体的快速增加。以往研究表明土壤微生物可以逐渐适应土壤中所存在的各种基质，或者在某种植物秸秆持续存在的情况下，则可以发展出专门的分解者以加速附近植物秸秆的分解（Li et al.，2020），这支持我们的结果。考虑到微生物残体在土壤有机碳固定中的重要作用，我们推测添加植物根茬在提升土壤有机碳长期稳定性方面较茎叶具有更大的作用。

据报道，微生物残体和土壤团聚体之间的相互作用相对稳定。然而我们发现添加玉米秸秆会重新分配不同粒级团聚体中的氨基糖。在添加玉米秸秆处理中，较小粒级团聚体中的胞壁酸高于较大粒级团聚体，这主要归因于较小粒级团聚体在采样时已成为微生物同化植物秸秆碳的主要位点。另一个可能的原因是细菌残体在土壤中的固存与黏粉粒含量密切相关（Zhang et al.，1999；Ding et al.，2015）。鉴于较小粒级团聚体中较高的黏粒含量，细菌残体可以较好地吸附在矿物表面并得以保存。此外，胞壁酸在较小粒级团聚体中的富集也可能是由于大团聚体的破碎，导致细菌残体由大团聚体向微团聚体的迁移。

与茎叶处理相比，根茬处理中大团聚体中的氨基葡萄糖含量更高，而茎叶处理中氨基葡萄糖则在较小粒级团聚体中富集。鉴于真菌所处的生态位及其生长方式（Denef et al.，2001；Ding et al.，2019）及真菌较细菌会经历更多的外部环境波动（Denef et al.，2001），真菌残体在团聚体中的动态变化比细菌更复杂。此外，与细菌残体相似，真菌残体也可能在团聚体颗粒破碎的过程中逐渐转化为与黏粒结合的较小碎片。因此，随着时间的推移，新形成的真菌残体会发生由大团聚体到微团聚体的迁移。该推论可以由本研究中氨基葡萄糖在 150 d 时富集在 >2 mm 团聚体和 <0.053 mm 团聚体，而在 500 d 时只在 <0.053 mm 团聚体富集（茎叶处理）而得到验证。这些数据也驳斥了有关真菌残体主要集中在大团聚体中的理论（Ding et al.，2015）。我们强调真菌残体也可以随着团聚体的周转而移动，其中外源有机物的输入可能是重要的驱动因素。但是，在根茬处理中并未发现相似的规律，表明有机物输入的类型在很大程度上决定了微生物在调节土壤碳在团聚体分配中的作用。这些差异可能是由于植物秸秆分解动力学、团聚化过程和微生物群落功能之间复杂的相互作用所致（Helfrich et al.，2015；Wang et al.，2017）。以上结果表明，植物秸秆输入在重塑微生物残体在不同团聚体中的分配方面意义重大。

在本研究中，添加根茬处理中大团聚体的氨基葡萄糖/胞壁酸比值高于添加茎叶处理，而微团聚体中氨基葡萄糖/胞壁酸比值的趋势则相反。以往研究显示植物秸秆输入会改变土壤碳的质量和养分可利用性，从而导致微生物量和群落的级联反应（Blaud et al.，2012；Lemanski et al.，2014；Helfrich et al.，2015；Cui et al.，2018）。因此，可以合理地预期添加玉米秸秆会进而影响微生物残体的组成。然而，本研究并未发现真菌磷脂脂肪酸/细菌磷脂脂肪酸比值及氨基葡萄糖/胞壁酸比值在团聚体尺度内相应的变化，这支持以往的发现（Kandelaer et al.，2000），即微生物残体自身的降解和迁移才是决定其在团聚体中分配的主导因素。基于本研究结果，我们强调玉米根茬会增强真菌残体在大团聚体中的富集，而玉米茎叶输入则会增加真菌残体在微团聚体中的累积。因此，在今后对于在添加植物秸秆情况下的土壤碳循环模型建立过程中，非常有必要将团聚体尺度内微生物同化累积过程考虑进来。

氨基糖/磷脂脂肪酸比值可用来比较不同团聚体中微生物生物量碳转化为微生物残体的效率（Wang et al.，2020）。研究发现大团聚体中的氨基糖/磷脂脂肪酸比值明显大于微团聚体，表明微团聚体中的微生物残体回收效率更低。这可能是由于部分微生物残体参与到团聚化过程中（Tisdall and Oades，1982；Ding et al.，2015）。此外，即使微团聚体中包含相对稳定的碳，其中的微生物残体也被视为潜在的微生物利用基质（Zhang et al.，1999）。氨基糖/磷脂脂肪酸比值受植物秸秆类型的影响与氨基糖含量一致，表现为150 d时茎叶处理中微生物残体的回收效率更高，而500 d时则相反。

和全土规律一致，在试验结束时，添加根茬处理中微生物残体对土壤有机碳的贡献明显大于添加茎叶处理，表明更多的微生物积极地参与到同化根茬碳的过程中。如前所述，该结果再次证明植物根茬的添加对微生物死亡残体的累积和农田土壤有机碳质量的改善具有重要意义。

2. 土壤肥力影响微生物残体对玉米秸秆输入的响应

总体上，高肥力处理各团聚体中的氨基糖含量显著高于相应低肥力处理，这与全土的规律一致，主要归因于高肥力土壤中较高的有机碳背景值、养分含量和微生物量。此外，添加玉米秸秆增加了低肥力土壤中的氨基葡萄糖/胞壁酸比值，但降低了高肥力土壤中的氨基葡萄糖/胞壁酸比值。首先，低肥力土壤中的这种变化可能由于在植物秸秆输入后真菌对外源碳较强的竞争能力（Six et al.，2006）。此外，细菌的代谢比真菌更易受到环境的可利用养分影响。因此，低肥力土壤中较低的磷、钾含量会限制细菌的增殖。同时，有报道指出在植物秸秆存在的情况下，氮匮乏的土壤更有利于菌根真菌的生长，而菌根真菌对细菌残体进行降解以满足自身的养分需求（He et al.，2011；Ding et al.，2019）。因此，本结果支持了土壤碳、氮条件影响土壤微生物残体组成的理论，并且进一步表明，由于真菌残体占比的增加，新固定在低肥力土壤中的碳可能比高肥力土壤更稳定。

在低肥力土壤（对照处理）中，氨基糖含量并不受团聚体粒级的影响，而在高肥力土壤中，胞壁酸随团聚体级别的下降而增加，这导致了高肥力土壤大团聚体较低肥力土壤有更高的氨基葡萄糖/胞壁酸比值。这种不一致的微生物残体累积模式反映了不同肥力土壤中截然不同的碳固定机制。低肥力土壤团聚体中的氨基糖分布暗示了不同团聚体中微生物相似的代谢过程，这可能与低肥力土壤缺乏碳源的背景有关（Ding et al.，2015）。但高肥力土壤促进了细菌残体在微团聚体中的累积，证明微团聚体中的微生物源碳可能比大团聚体优先达到饱和值（Ding et al.，2015）。然而，在添加玉米秸秆的处理中，氨基糖含量和氨基葡萄糖/胞壁酸比例随团聚体的变化只取决于玉米秸秆类型而非土壤肥力状况，证明了外源有机物料输入调控微生物残体空间分布的强大能力。

低肥力土壤在添加玉米秸秆后不仅增加了微生物残体对土壤有机碳的贡献，并且比高肥力土壤拥有更高的微生物残体净增加量（数据未显示），证明低肥力土壤微生物会将更多的外源碳分配到合成代谢过程中，或低肥力土壤对新合成的微生物产物有更强的固存能力。而高肥力土壤中较高的碳含量不仅会削弱微生物对外源碳的竞争能力，还会对微生物残体的贡献产生稀释作用（Zhang et al.，1999；Wang et al.，2020）。综上，土壤肥力水平和添加玉米秸秆均会改变土壤有机碳的组成（植物源和微生物源），而碳匮乏的土壤在植物秸秆还田后更有利于土壤碳稳定性的提升。

综上，土壤微生物在玉米残体碳的腐解转化过程中发挥着重要作用，且微生物介导的外源碳周转过程受到植物残体类型、土壤肥力状况及团聚体组成的共同调控。具体结论主要包含以下方面：

（1）不同类群微生物同化玉米残体碳的能力有所差异。[13]C 在微生物磷脂脂肪酸中的富集情况表明所有类群微生物均参与到玉米残体的腐解过程中，但不同微生物群落同化外源残体碳的能力是不同的。在所有微生物类群中，土壤真菌对玉米残体添加的响应更敏感，表现为真菌磷脂脂肪酸丰度的增加及真菌磷脂脂肪酸中来自玉米残体碳更高的比例。但细菌（包括革兰氏阳性菌和革兰氏阴性菌）由于其较高的微生物量而拥有更高的玉米残体碳同化量，成为将植物源碳转化为微生物源有机组分的最重要的微生物类群。

（2）玉米残体品质影响外源碳的微生物利用过程。在 150 d 以前，添加玉米茎叶处理比根茬处理更有利于微生物残体的累积，这与茎叶中较丰富的易降解组分有关。而在试验后期，根茬碳不仅更大程度地参与到微生物同化代谢过程，还更有效地促进了土壤中微生物残体的形成和累积，且较添加茎叶处理更有利于增加微生物残体对土壤有机碳的贡献。因此，该结果证明根茬碳同样可以作为微生物的主要碳来源，但取决于植物残体腐解的时期。此外，根茬碳较茎叶碳可能更多地通过微生物同化合成的方式贡献于土壤有机碳库，在提升土壤微生物源碳的长期固定方面发挥着更为显著的作用。但是，玉米残体类型之间的差异却不足以引起土壤微生物群落结构的改变和微生物残体组成的改变。同时，玉米残体碳在土壤中的最终矿化量（500 d）并不取决于玉米残体类型。

（3）初始肥力水平较低的土壤在玉米残体还田后更有利于微生物残体的累积。虽然在低肥力和高肥力土壤中添加玉米残体均增加了真菌磷脂脂肪酸的比例，但微生物残体组成的变化随土壤肥力的变化并未表现出一致的规律。通过氨基葡萄糖/胞壁酸比值和微生物残体占土壤有机碳比例的结果综合表明，在低肥力土壤中进行玉米残体还田更有助于促进真菌残体的累积，而在高肥力土壤中则更有利于促进细菌残体的累积。考虑到真菌残体的难降解特质，添加玉米残体可能对提升低肥力土壤有机碳的稳定性具有更大的潜在价值。此外，虽然高肥力土壤中含有更高的活体微生物量和微生物残体，但低肥力土壤中微生物残体对土壤有机碳的贡献显著高于高肥力土壤。不仅如此，在玉米残体还田后，低肥力土壤中的净微生物残体增加量及微生物残体对土壤有机碳贡献增加量均高于高肥力土壤，再次表明玉米残体还田是提升低肥力土壤有机碳质量和稳定性的有效措施。

（4）土壤团聚体是影响植物残体腐解和碳固定的重要因素。原位培养 150 d 后，较小粒级团聚体（0.25～1 mm 和<0.25 mm）具有更高的玉米残体碳含量、磷脂脂肪酸含量、磷脂脂肪酸中来自玉米残体碳的比例和残体碳同化量，表明较小级别团聚体已经成为微生物同化固定残体碳的主要场所。同时，添加玉米残体改变了微生物残体在不同团聚体中的分配。从氨基葡萄糖/胞壁酸比值的结果可以看出，添加玉米根茬更有利于真菌残体在大团聚体中累积，而茎叶添加更有利于真菌残体在微团聚体中富集。此外，无论是添加根茬还是茎叶，均促进了细菌残体在微团聚体中富集。

第七章

玉米秸秆碳对土壤有机碳的
激发效应及其温度敏感性

　　土壤碳库不仅是陆地生态系统最大的碳储存库，同时也是大气中 CO_2 的主要排放源。据有关统计数据显示，农业碳排放对全球人为碳排放贡献高达 30%。因此，添加作物秸秆对土壤有机碳的影响也会影响到整个生态系统的碳平衡。作物秸秆是农田土壤有机碳提升的重要来源之一，秸秆还田之后土壤有机碳周转会在短期内发生强烈变化，这一现象是外源有机碳转化与土壤元素自然循环交互作用的结果。关于这种交互作用展开的研究由于试验条件不同所得的结果也大不相同。这些促进土壤原有有机碳矿化的交互作用就属于"激发效应"。外源有机物质可以促进原有土壤有机碳的分解，但外源碳并不会被微生物完全分解释放到空气中，仍会有一部分难分解成分残留于土壤中，可以补偿因激发效应引起的碳损失，这种损失与补偿直接的相对比例决定了土壤有机碳的净累积量（Ohm et al.，2007；Qiao et al.，2014）。激发效应受到众多因素和试验方法的影响，至今为止尚未有研究可以准确完整地解释激发效应的产生机理及调控机制。这严重影响了人们对作物残体还田后土壤有机碳周转及平衡的变化机理的认识。温度和土壤肥力水平是影响土壤有机碳矿化的重要环境因素之一，主要通过影响土壤养分的含量、微生物的活性、微生物的数量和优势菌群最终影响土壤呼吸过程。在作物秸秆还田背景下，明确温度和土壤肥力对秸秆碳进入土壤后的影响效应是深入理解农田土壤有机碳影响机制和土壤培肥的重要过程。本章主要通过利用碳稳定同位素示踪技术，通过室内培养试验，研究玉米秸秆碳对不同肥力土壤有机碳变化的影响，即土壤有机碳矿化量的贡献率、激发效应以及土壤呼吸的温度敏感性，定量区分并评估秸秆碳源和土壤来源碳的有机碳矿化的差异性和温度敏感差异性，以期深入理解玉米秸秆还田对土壤碳排放过程的影响及其培肥土壤的调控机理。

第一节　材料与方法

一、供试材料

　　供试土壤采自沈阳农业大学棕壤长期定位试验站（试验站介绍见第三章第一节）。本研究供试土壤选择其中 2 种施肥处理：高肥土壤、低肥土壤。其中，高肥处理土壤为每年施用含氮 270 kg/hm² 的腐熟猪厩肥（有机质含量为 150 g/kg 左右，全氮为 10 g/kg 左右），所用肥料均作为基肥施入土壤（徐英德 等，2017）。低肥土壤为不施肥处理的土壤（表 7-1）。

表 7 - 1　供试土壤的基本性质（2017 年）

肥力水平	施肥处理	有机碳（g/kg）	全氮（g/kg）	全磷（g/kg）	全钾（g/kg）	碳氮比	pH（H₂O）	δ^{13}C 值（‰）
低肥	不施肥	10.70	1.10	1.25	14.79	9.73	6.44	−18.47
高肥	有机肥	17.03	1.96	3.06	14.83	8.69	6.39	−18.82

供试^{13}C标记秸秆于 2016 年在田间利用原位脉冲标记获得。方法是在玉米生长最旺盛期进行^{13}CO$_2$原位脉冲多次（4～6 次）标记（谢柠桧 等，2016；安婷婷 等，2013），玉米成熟后收获植株，105 ℃杀青 30 min 后 60 ℃烘干 8 h。将烘干植物粉碎过 0.425 mm 筛保存在密闭干燥的容器中备用。取少量粉碎后的植物样品再用球磨仪（Retsch MM200，德国）进行粉碎，利用元素分析-同位素比例质谱联用仪（EA - IRMS，德国）测定玉米秸秆含碳量和δ^{13}C 值。其含碳量为 416.26 g/kg，全氮为 11.60 g/kg，δ^{13}C 值为 161.72‰。

二、试验设计

本试验共设计 8 个处理：①25 ℃（微生物适宜温度）＋高肥土壤＋^{13}C 标记秸秆；②25 ℃＋高肥土壤；③25 ℃＋低肥土壤＋^{13}C 标记秸秆；④25 ℃＋低肥土壤；⑤18 ℃（当地作物生长季平均温度）＋高肥土壤＋^{13}C 标记秸秆；⑥18 ℃＋高肥土壤；⑦18 ℃＋低肥土壤＋^{13}C 标记秸秆；⑧18 ℃＋低肥土壤。

培养土壤预处理：2017 年 9 月玉米收获后，在试验站所选的高肥和低肥处理土壤表层用土钻采集 0～20 cm 土层的土壤作为供试土样。每个重复小区按五点法随机采集后按四分法进行混合，作为 1 个重复，共设置三次重复。将土样带回实验室挑除土壤中小石块和动植物残体等后自然风干，过 2 mm 筛备用。取相当于 120 g 烘干土重的风干土于 1 L 培养瓶中，调节含水量为田间持水量的 40%，分别在 25 ℃±1 ℃（微生物适宜温度）和 18 ℃±1 ℃（当地作物生长季平均温度）的恒温培养箱中预培养 1 周以恢复土壤微生物活性。

正式培养阶段：按照烘干土重的 5% 添加^{13}C 标记的玉米秸秆，根据称重法定期补水调节含水量至田间持水量 60%。每个处理三次重复，随机排列。将装有土壤样品的培养瓶（用连接两根胶管的瓶盖封口，每根胶管外端均连接一个三通阀，一个用于连接换气装置、一个用于采集气体样品）分别置于 25 ℃±1 ℃和 18 ℃±1 ℃培养箱中进行避光密闭培养，每隔 3～5 d 进行补水换气，为微生物提供充足的氧气。补水换气是在每次气体采集完毕后进行，步骤是先称重补水再换气。补水后，立即密闭培养瓶，连接气体交换装置（一根胶管连接装置，另一根胶管打开三通阀用于瓶内气体交换），即连接一个气体换气泵，一端进入空气，中间连接碱柱吸收装置，可以吸收进入空气中的 CO$_2$，另一端连接的是培养瓶，以保证进入培养瓶的气体是没有 CO$_2$ 的空气，每次换气 1 h 保证换气完毕后培养瓶的 CO$_2$ 浓度达到 10 mL/m^3 以下，关闭两根胶管三通阀，停止换气，继续培养试验。此外每个温度每个肥力处理另配备 3 个环境 CO$_2$ 及其δ^{13}C 值误差校正瓶，即装 120 g 石英砂，按相应处理补水量进行补水。

样品采集与测定：在第 5 天、第 60 天、第 140 天、第 300 天、第 360 天、第 450 天进行气体样品采集，将其中一根胶管的三通阀（另一根胶管三通阀关闭）连接螺旋注射器和气袋，进行气体样品采集。将采集后的气体样品用气相色谱-同位素比例质谱联用仪（GC - IRMS，德国）测定 CO_2 含量及其 $\delta^{13}CO_2$ 值。

三、计算方法

土壤矿化速率的计算：

$$Rr = \frac{C \times V \times M}{22.4 \times W \times t}$$

式中，Rr [$\mu g/(g \cdot d)$] 为土壤矿化 $CO_2 - C$ 速率；C（mL/m^3）为采集气体样品的浓度；V（L）为培养瓶上部空间体积（0.75 L）；M 为碳原子的摩尔质量（12 g/mol）；W（g）为培养瓶中烘干土重（120 g）；t 为密闭时间（d）。

秸秆碳对土壤矿化的贡献比（F_{maize}，%）的计算：

$$F_{maize} = \frac{\delta^{13}C_{sample} - \delta^{13}C_{control}}{\delta^{13}C_{maize0} - \delta^{13}C_{control}} \times 100$$

式中，$\delta^{13}C_{sample}$ 和 $\delta^{13}C_{control}$ 分别代表秸秆添加和不添加处理 CO_2 的 $\delta^{13}C$ 值（‰），$\delta^{13}C_{maize0}$ 代表培养前添加秸秆的 $\delta^{13}C$ 值（‰）。由此，秸秆添加处理中来自原土壤有机碳的 CO_2 贡献比可计算为 F_{soil}（%）= $100 - F_{maize}$。相应地，来自秸秆碳和原土壤有机碳的 $CO_2 - C$ 矿化速率通过 Rr 与相应贡献比乘积得到。

激发效应（PE）及激发程度（$Relative\ PE$）的计算（宫超，2018）：

$$PE = C_1 - C_2$$

$$Relative\ PE\ (\%) = \frac{C_1 - C_2}{C_2} \times 100\%$$

式中，C_1 和 C_2 分别表示秸秆添加和不添加处理来自土壤原有机碳的矿化速率。

土壤碳矿化温度敏感性（Q_{10}）的计算：

$$Q_{10} = \frac{R_T}{R_0}^{\frac{10}{(T - T_0)}}$$

式中，R_0 是 T_0 参考温度（18 ℃）下矿化速率，R_T 是 T（25 ℃）温度下矿化速率，Q_{10} 是随温度升高的土壤碳矿化速率变化的温度敏感程度（Troy et al.，2013）。

此外，各指标累积量的计算通过按时间进行梯形积分而得到（宫超，2018）。

四、数据处理与分析

采用 Excel 2016 进行数据处理、绘制图表，SPSS 19.0 统计分析软件进行多因素分析和显著性检验（$P < 0.05$），Origin 2018 进行累积量梯形积分计算。

第二节 土壤总有机碳的矿化

一、肥力和温度对土壤总有机碳矿化速率的影响

各个处理土壤总有机碳矿化速率均呈现随培养时间逐渐下降的趋势（图 7 - 1）。高肥土壤添加秸秆后，0～60 d，25 ℃条件下土壤总矿化速率大于 18 ℃条件下土壤总矿化速率；60～450 d，25 ℃条件下土壤总矿化速率小于 18 ℃条件下。低肥土壤添加秸秆后，

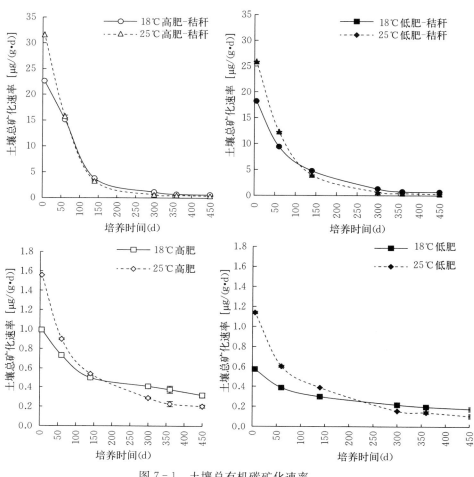

图 7-1　土壤总有机碳矿化速率

0～100 d，25 ℃条件下土壤总矿化速率大于 18 ℃条件下土壤总矿化速率；100～450 d，25 ℃条件下土壤总矿化速率小于 18 ℃条件下。不添加秸秆的高肥土壤，0～140 d，25 ℃条件下土壤总矿化速率大于 18 ℃条件下土壤总矿化速率；140～450 d，25 ℃条件下土壤总矿化速率小于 18 ℃条件下。不添加秸秆的低肥土壤，0～240 d，25 ℃条件下土壤总矿化速率大于 18 ℃条件下土壤总矿化速率；240～450 d，25 ℃条件下土壤总矿化速率小于 18 ℃条件下。18 ℃培养条件下，高肥土壤中添加玉米秸秆后土壤总矿化速率比不添加秸秆处理高，低肥土壤添加玉米秸秆条件下土壤总矿化速率比不添加玉米秸秆处理高。25 ℃培养条件下，高肥土壤和低肥土壤总矿化速率与 18 ℃培养条件下表现一致，均呈现添加玉米秸秆处理较未添加玉米秸秆处理的土壤总矿化速率高。

同一培养温度下，添加玉米秸秆后高肥土壤总矿化速率高于低肥土壤总矿化速率（培养 140～300 d 高肥土壤总矿化速率低于低肥土壤）。同一培养温度条件下，不添加玉米秸秆条件下，高肥土壤矿化速率高于低肥土壤。

方差分析表明（表 7-2），肥力水平和玉米秸秆添加显著影响了土壤总矿化速率（$P<0.05$）。

表 7-2　多因素方差分析

因素	自由度	土壤矿化速率	土壤累积矿化量	$\delta^{13}C$ 值
培养温度（T）	1	0.324	<0.000 1	0.005
肥力水平（F）	1	0.003	<0.000 1	0.811
玉米秸秆（M）	1	<0.000 1	<0.000 1	<0.000 1
$T \times F$	1	0.065	0.029	0.068
$T \times M$	1	0.421	<0.000 1	0.455
$F \times M$	1	0.528	<0.000 1	0.151
$T \times F \times M$	1	0.926	0.618	0.901

注：$P<0.05$ 为差异显著，$P<0.01$ 为差异非常显著，$P<0.001$ 为差异极显著。

二、肥力和温度对土壤总有机碳累积矿化量的影响

各个处理条件下，土壤总有机碳累积矿化量随着培养时间逐渐增加，增加的幅度逐渐减小（图 7-2）。高肥土壤和低肥土壤添加玉米秸秆后 25 ℃培养下土壤总有机碳的累积矿化量要高于 18 ℃，不添加玉米秸秆的高肥土壤和低肥土壤也呈现出 25 ℃培养下土壤总有

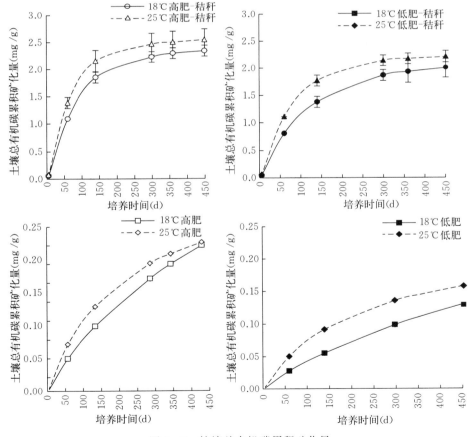

图 7-2　棕壤总有机碳累积矿化量

机碳的累积矿化量高于 18 ℃。添加玉米秸秆与否，均呈现出高肥土壤的累积矿化量高于低肥土壤。秸秆添加显著增加了高肥土壤和低肥土壤的累积矿化量。

方差分析显示（表 7-2），肥力水平、秸秆添加和培养温度对棕壤总有机碳累积矿化量的影响均达到差异极显著水平（$P<0.001$），各因素之间也存在差异显著的交互作用（$P<0.05$）。

第三节　玉米秸秆和土壤来源碳的矿化及激发效应

一、肥力和温度对 $\delta^{13}CO_2 - C$ 的影响

添加玉米秸秆后高肥土壤和低肥土壤的 $\delta^{13}CO_2 - C$ 值（高肥 25 ℃除外）呈现出先增加（高肥 25 ℃除外，高肥土壤 0～60 d，低肥土壤 0～140 d）后减少的趋势（高肥土壤 60～450 d，低肥土壤 140～450 d）（图 7-3）。未添加玉米秸秆的高肥土壤和低肥土壤的 $\delta^{13}CO_2 - C$ 值变化不明显。18 ℃条件下添加玉米秸秆后高肥土壤 $\delta^{13}CO_2 - C$ 值在 0～60 d

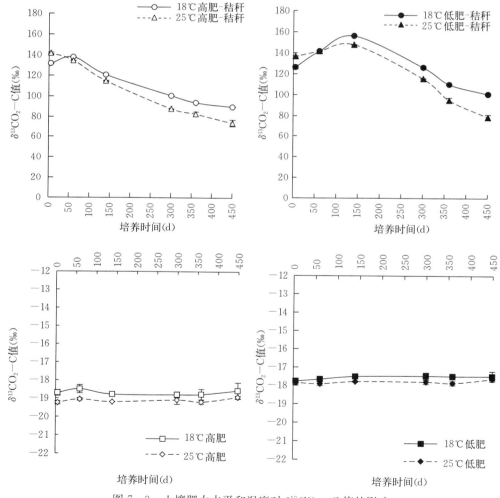

图 7-3　土壤肥力水平和温度对 $\delta^{13}CO_2 - C$ 值的影响

低于 25 ℃培养下，而在 60～450 d 18 ℃条件下添加玉米秸秆后高肥土壤 $\delta^{13}CO_2 - C$ 值高于 25 ℃培养下。18 ℃条件下添加玉米秸秆后低肥土壤 $\delta^{13}CO_2 - C$ 值在 0～60 d 低于 25 ℃培养下，而在 60～450 d，18 ℃条件下添加玉米秸秆后低肥土壤 $\delta^{13}CO_2 - C$ 值高于 25 ℃培养下。未添加秸秆处理，18 ℃条件下高肥土壤和低肥土壤 $\delta^{13}CO_2 - C$ 值高于 25 ℃培养下。

同一培养温度条件下，均呈现出添加秸秆处理的 $\delta^{13}CO_2 - C$ 值高于未添加秸秆处理。其中，添加玉米秸秆条件下低肥土壤 $\delta^{13}CO_2 - C$ 值高于高肥土壤，未添加玉米秸秆条件下低肥土壤 $\delta^{13}CO_2 - C$ 值同样高于高肥土壤。

方差分析显示（表 7 - 2），培养温度和秸秆添加对 $\delta^{13}CO_2 - C$ 的值的影响均达到差异显著水平（$P < 0.05$）。

二、肥力和温度对秸秆来源碳和原土壤有机碳矿化速率的影响

各个处理均呈现来源于玉米秸秆的碳矿化速率和来源于土壤的碳矿化速率随培养时间逐渐降低趋于水平趋势（图 7 - 4）。0～60 d，25 ℃条件下添加玉米秸秆的高肥土壤的玉

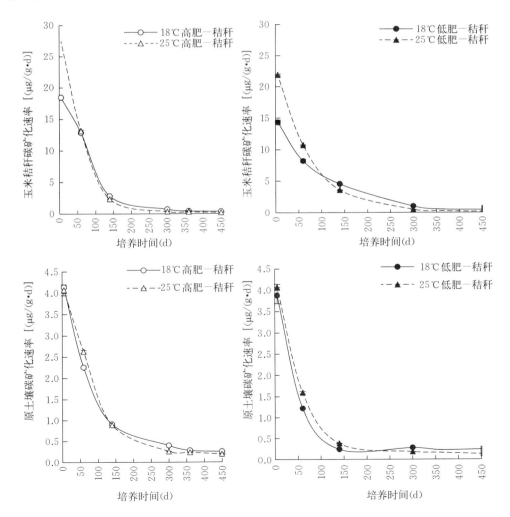

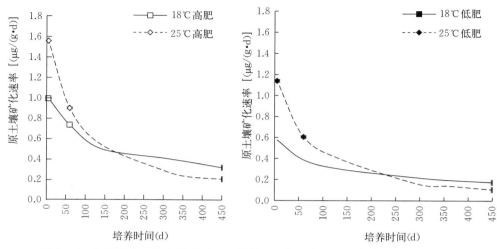

图 7-4 土壤肥力水平和温度对玉米秸秆碳矿化速率和原土壤碳矿化速率的影响

米秸秆碳矿化速率高于 18 ℃培养条件下玉米秸秆碳的矿化速率；60～450 d，呈现相反趋势。0～140 d，25 ℃条件下添加玉米秸秆的低肥土壤的玉米秸秆碳矿化速率总体上高于 18 ℃培养条件下玉米秸秆碳的矿化速率；140～450 d，呈现相反趋势。0～140 d，25 ℃条件下添加玉米秸秆的高肥土壤原土壤碳矿化速率高于 18 ℃培养条件下原土壤碳的矿化速率；140～450 d，呈现相反趋势。0～200 d，25 ℃条件下添加玉米秸秆的低肥土壤原土壤碳矿化速率高于 18 ℃培养条件下原土壤碳的矿化速率；200～450 d，呈现相反趋势。0～140 d，25 ℃条件下高肥土壤原土壤碳矿化速率高于 18 ℃培养条件下土壤碳的矿化速率；140～450 d，呈现相反趋势。0～200 d，25 ℃条件下低肥土壤原土壤碳矿化速率高于 18 ℃培养条件下原土壤碳的矿化速率；200～450 d，呈现相反趋势。

同一培养温度条件下，高肥土壤和低肥土壤添加玉米秸秆后原土壤碳矿化速率大于未添加玉米秸秆原土壤碳矿化速率。其中，添加玉米秸秆条件下，高肥土壤玉米秸秆碳矿化速率高于低肥土壤。相同培养温度添加玉米秸秆条件下，高肥原土壤碳矿化速率高于低肥土壤。相同培养温度不添加秸秆，也呈现高肥土壤原土壤碳矿化速率高于低肥土壤。

方差分析显示（表 7-3），培养温度和肥力水平对玉米秸秆碳矿化速率和原土壤碳矿化速率的影响均达到差异极显著水平（$P<0.001$）。

表 7-3 多因素方差分析

因素	自由度	玉米秸秆碳矿化率	原土壤碳矿化率	玉米秸秆碳矿化贡献率	土壤碳矿化贡献率
培养温度（T）	1	<0.000 1	0.063	<0.000 1	<0.000 1
肥力水平（F）	1	<0.000 1	<0.000 1	<0.000 1	<0.000 1
$T×F$	1	0.725	0.126	0.203	0.203
培养时间（S）$×T×F$	5	<0.000 1	0.261	0.06	0.06

注：$P<0.05$ 为差异显著，$P<0.01$ 为差异非常显著，$P<0.001$ 为差异极显著。

三、肥力和温度对秸秆来源碳和原土壤有机碳累积矿化量的影响

各个处理均呈现玉米秸秆碳累积矿化量和原土壤碳有机碳累积矿化量随培养时间逐渐增加并最终趋于水平的趋势（图 7-5）。

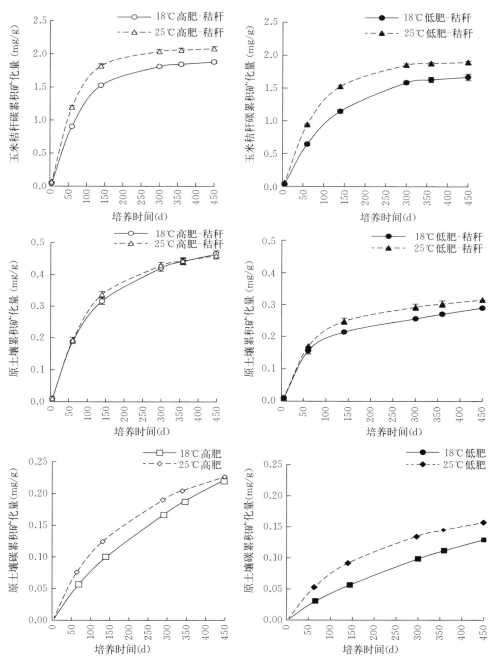

图 7-5　土壤肥力水平和温度对玉米秸秆碳累积矿化量和原土壤碳累积矿化量的影响

199

25 ℃培养条件下，添加玉米秸秆的高肥土壤和低肥土壤玉米秸秆碳累积矿化量高于18 ℃培养条件下。25 ℃培养条件下，添加玉米秸秆的高肥土壤和低肥土壤原土壤有机碳累积矿化量高于18 ℃培养条件下。25 ℃培养条件下，未添加玉米秸秆的高肥土壤和低肥土壤玉米秸秆碳累积矿化量高于18 ℃培养条件下。

同一培养温度条件下，高肥土壤和低肥土壤添加玉米秸秆后原土壤碳累积矿化量大于未添加玉米秸秆原土壤碳累积矿化量。其中，添加玉米秸秆条件下，高肥土壤玉米秸秆碳累积矿化量高于低肥土壤。相同培养温度添加玉米秸秆条件下，高肥土壤原土壤碳累积矿化量高于低肥土壤。相同培养温度不添加玉米秸秆，也呈现高肥土壤原土壤碳累积矿化量高于低肥土壤。

四、肥力和温度对不同来源碳释放贡献率的影响

18 ℃培养条件下，高肥土壤玉米秸秆碳矿化贡献率随培养时间呈先增加（0～60 d）后降低（60～450 d）的趋势。低肥土壤玉米秸秆碳矿化贡献率随培养时间呈现先增加（0～140 d）后降低（140～450 d）的趋势。18 ℃培养条件下，高肥土壤原土壤有机碳矿化贡献率随培养时间呈先降低（0～60 d）后增加（60～450 d）的趋势。低肥土壤原土壤有机碳矿化贡献率随培养时间呈现先降低（0～140 d）后增加（140～450 d）的趋势（图7-6）。

18 ℃条件下高肥土壤玉米秸秆碳矿化贡献率在0～60 d低于25 ℃培养下；而在60～450 d，18 ℃条件下高肥土壤玉米秸秆碳矿化贡献率高于25 ℃培养下。18 ℃条件下低肥土壤玉米秸秆碳矿化贡献率在0～60 d低于25 ℃培养下；而在60～450 d，18 ℃条件下低肥土壤玉米秸秆碳矿化贡献率高于25 ℃培养下。18 ℃条件下高肥土壤原土壤碳矿化贡献率在0～60 d高于25 ℃培养下；而在60～450 d，呈相反趋势。18 ℃条件下低肥土壤原土壤碳矿化贡献率在0～60 d高于25 ℃培养下；而在60～450 d，呈相反趋势。相同培养温度条件下，低肥土壤玉米秸秆碳矿化贡献率高于高肥土壤，低肥土壤原土壤碳矿化贡献率低于高肥土壤。

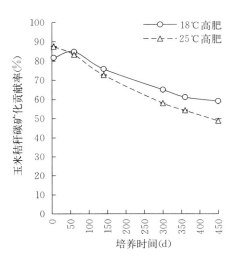
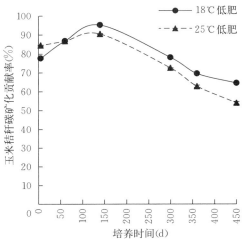

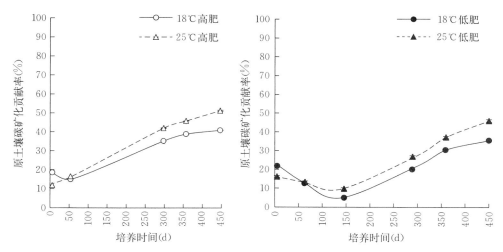

图 7-6　土壤肥力水平和温度对玉米秸秆碳矿化贡献率和原土壤碳矿化贡献率的影响

方差分析显示（表 7-3），培养温度和肥力水平对玉米秸秆碳矿化贡献率和原土壤有机碳矿化贡献率的影响均达到差异极显著水平（$P < 0.001$）。

五、肥力和温度对土壤有机碳激发效应程度的影响

秸秆添加后低肥土壤激发效应程度变化大于高肥土壤，高肥土壤呈现总体下降趋势（25 ℃高肥土壤 0～60 d 先升高），在 300 d 以后呈现负激发效应略升高变化；而低肥土壤 0～140 d 也呈总体下降的趋势，但在 140～250 d 期间内呈现较长的负激发效应，之后表现出较平缓的正激发效应（图 7-7）。

图 7-7 反映各采样时期的累积激发效应程度。培养期内，高肥土壤总体呈现出 0～300 d 累积激发效应增加随后降低，而低肥土壤呈现持续上升趋势。

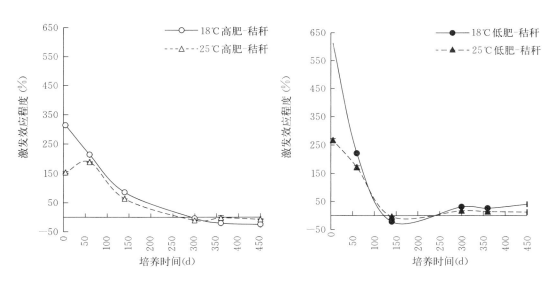

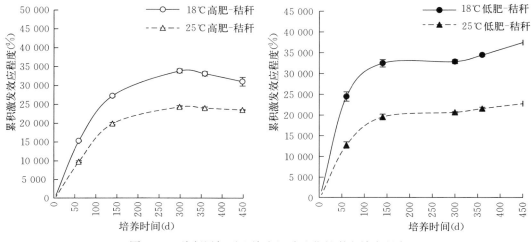

图 7-7　秸秆添加后土壤有机碳矿化的激发效应程度

方差分析表明（表 7-4），肥力水平显著影响了激发效应程度和累积激发效应（P＜0.05），影响因素之间存在着显著的交互影响作用（P＜0.05）。

表 7-4　多因素方差分析

因素	自由度	玉米秸秆累积矿化量	土壤累积矿化量	激发效应程度	累积激发效应程度
培养温度（T）	1	＜0.000 1	＜0.000 1	0.028	0.093 8
肥力水平（F）	1	＜0.000 1	＜0.000 1	0.036	0.045
T×F	1	＜0.000 1	＜0.000 1	0.047	0.014 6

注：P＜0.05 为差异显著，P＜0.01 为差异非常显著，P＜0.001 为差异极显著。

六、不同肥力土壤有机碳矿化的温度敏感性

培养期内，添加和未添加秸秆条件下高肥和低肥土壤均呈下降趋势（图 7-8）。未添

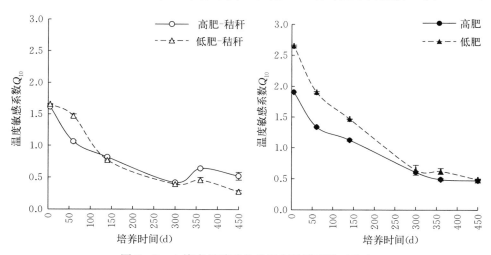

图 7-8　土壤有机碳矿化的温度敏感系数（Q_{10}）

加秸秆条件下，低肥土壤的 Q_{10} 高于高肥土壤，且 300 d 后均呈平缓趋势；而添加秸秆后两个肥力土壤的 Q_{10} 较不添加秸秆均表现为降低趋势，呈现出 0～140 d 低肥大于高肥土壤，而后高肥大于低肥土壤的变化趋势，并在 300 d 后呈现先升高再降低的趋势。

方差分析显示（表 7-5），肥力水平和玉米秸秆添加对土壤 Q_{10} 的影响均达到差异极显著水平（$P<0.001$），各因素之间也存在差异极显著的交互作用（$P<0.001$）。

表 7-5　多因素方差分析

因素	自由度	温度敏感系数	玉米秸秆碳温度敏感系数	土壤原有碳温度敏感系数
肥力水平（F）	1	<0.000 1	<0.000 1	<0.000 1
玉米秸秆（M）	1	<0.000 1	—	—
F×M	1	<0.000 1	—	—

注：$P<0.05$ 为差异显著，$P<0.001$ 为差异非常显著，$P<0.001$ 为差异极显著，"—" 为没做方差分析。

七、不同肥力土壤有机碳矿化中不同来源碳的温度敏感性

培养期内高肥和低肥土壤中玉米秸秆碳矿化 Q_{10} 呈总体下降趋势（图 7-9），其中 140 d 前呈现出低肥高于高肥的趋势，而后表现为相反趋势，且 300 d 后呈现出略升高后降低的变化。图 7-9 表示添加秸秆后高肥和低肥土壤原土壤有机碳矿化 Q_{10} 变化，总体呈现先增加后降低趋势，其中 300 d 以前呈现低肥土壤显著高于高肥土壤的趋势，但最高值的出现晚于高肥土壤，而 300 d 后呈现略升高后降低的趋势，且低肥土壤低于高肥土壤。

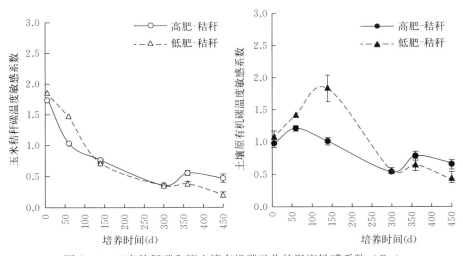

图 7-9　玉米秸秆碳和原土壤有机碳矿化的温度敏感系数（Q_{10}）

方差分析显示（表 7-5），肥力水平对玉米秸秆碳矿化 Q_{10} 的影响达到差异极显著水平（$P<0.001$）。

第四节　讨论和结论

一、肥力和温度对土壤中玉米秸秆碳和原土壤碳矿化速率的影响

本试验中，高肥土壤和低肥土壤上玉米秸秆碳矿化速率和土壤碳矿化速率均随培养时间呈现出迅速下降又趋于平缓的趋势。吕真真等（2019）得到了同样的结论：培养第 1 天，土壤有机碳矿化率最高，然后逐渐下降，直至达到稳定。前期，土壤中存在易分解的糖类和蛋白质等有机物，能快速分解释放能量，为微生物代谢提供充足的养分，随着可供微生物代谢的易分解有机碳的矿化，养分不断减少，营养物的供给逐渐成为限制微生物活性的关键因素，有机碳的矿化速率下降，直至相对稳定。刘玉槐等（2017）采用碱液吸收法也得到：土壤有机碳矿化速率逐日下降，培养 21 d 后矿化速率趋于平缓，土壤活性碳、氮含量是影响其矿化的主要因素，因此，整个培养实验中，早期土壤易矿化的有机碳较多，且已被微生物分解，受到可利用碳含量的限制，培养中后期土壤碳矿化减少，微生物开始转向难矿化有机碳，使得分解速率下降，CO_2 释放量开始降低。

土壤有机碳矿化过程产生的 CO_2 释放，加剧了大气温室效应，气温升高反过来又会促进土壤有机碳的矿化（杨开军 等，2017），形成碳循环。Karhu（2014）同样认为，土壤有机碳矿化速率会随着温度的升高增加。大多数研究（Wang et al.，2010；Arnold et al.，2015）表明，有机碳矿化速率随温度上升而增大。但本试验中，不同处理条件下，早期均呈现出高温培养条件下土壤碳矿化速率和玉米秸秆碳矿化速率高于低温培养条件下土壤碳矿化速率和玉米秸秆碳矿化速率，但随着培养时间的延长，温度升高对土壤碳的矿化和玉米秸秆碳矿化速率没有明显的促进作用。温度对矿化的复杂影响表明，其决定因素的调节作用随培养时期的延长而发生变化，这可能由于土壤微生物的复杂反应机理和不同培养阶段土壤基质的组成成分导致的（Conant et al.，2008；Cooper et al.，2011）。在培养初期，温度对土壤微生物活性有很好的刺激作用，土壤中的不稳定有机质为土壤微生物提供了充足的食物（Hamdi，2013），有助于有机碳矿化速率的升高。一定的温度范围内，有机碳矿化数量随着温度的升高显著增大，后期呈现相反趋势，可能是玉米秸秆难分解部分所致。黄耀等（2002）在不同温度、湿度及土壤质地下对小麦、水稻秸秆及其根进行了栽培试验，研究温度对土壤有机碳分解的影响，研究也得出：0～30 d 温度升高对有机碳的分解释放有明显的促进作用，但后期温度升高对有机碳的分解和释放没有明显的促进作用。在较低培养温度下，土壤有机碳的矿化速率较低，较高温度（≥25 ℃）时，有机碳矿化速率较高，前期有机碳中活性组分消耗的速率较快，随着培养时间增加，活性碳的含量逐渐降低，矿化速率最终趋于稳定。在较高温度的培养条件下，提升温度会削弱有机碳矿化的促进作用（黄耀 等，2002）。

长期施肥通过影响土壤氧化还原环境、土壤团聚体稳定性、粒级分布和养分含量等进而影响土壤有机碳的矿化（Haynes，1998）。相同培养温度条件下，高肥土壤矿化速率和玉米秸秆碳矿化速率均高于低肥土壤矿化速率和玉米秸秆碳矿化速率，施肥可能会通过改变土壤微生物群落结构、数量及活性进而影响土壤有机碳的矿化过程（李顺姬 等，2010）。同时，在相同温度条件下，土壤基质中微生物的数量和活性本身差异较大，同样

是影响碳矿化的重要因子。苗淑杰等（2009）在长期定位施肥试验中同样发现：施有机肥能显著提高土壤总有机碳矿化速率。卢韦等（2019）采用碱液吸收法，模拟不同温度（10 ℃、20 ℃）的室内培养试验，研究表明：20 ℃培养条件下表现为施有机肥和有机肥化肥配施处理显著高于单施化肥和不施肥处理。原因是有机肥中含有大量有机碳源和其他营养物质，微生物可以吸收利用这些养分，促进其生长繁殖（王莲阁，2016）。

有机碳矿化过程会受到外源有机物输入的强烈影响，外源有机物的分解会向土壤中每年转移约 50 Gt 的有机碳，对养分归还土壤具有重要意义（Palviainen et al.，2004）。本试验中在秸秆添加条件下，高肥土壤和低肥土壤碳矿化速率显著高于未还田土壤。秸秆施入土壤后，在土壤中的矿化可分为三个阶段，即早期快速矿化，然后逐渐缓慢，最后达到一个相对平衡的状态，这可能与秸秆的化学组成成分有关。秸秆中的有机碳可分为易分解部分（如淀粉、葡萄糖）和难分解部分（如木质素）（Goh et al.，2003），在培养的初期添加大量易分解碳源，刺激了土壤微生物的生长，大大增加了 CO_2 释放量，随着培养的进行，易分解组分被消耗殆尽，微生物开始分解秸秆中较难分解的成分（张向茹，2014），其代谢活动会逐渐受到养分含量的限制，因此，外源碳矿化速率降低并趋于稳定。马力等（2011）通过长期施肥和秸秆还田对红壤水稻土有机碳矿化的影响的研究表明：在整个培养期内，秸秆还田处理土壤的有机碳矿化速率均高于对照土壤，秸秆明显提高了土壤有机碳的矿化速率，土壤呼吸作用明显高于对照，他认为秸秆的投入可以通过增加土壤微生物群落的活性，增强土壤呼吸，同时增强土壤中养分供应。张鹏（2011）研究也得到，秸秆还田显著提高了表层土壤碳矿化速率和累积矿化量。狄丽燕（2019）通过室内培养试验，研究外源物分解对土壤有机碳矿化的影响。结果表明，外源有机物的添加提高了土壤有机碳矿化速率。

二、肥力和温度对土壤中玉米秸秆碳和土壤碳累积矿化的影响

各处理不同温度条件下，玉米秸秆累积矿化量和土壤碳累积矿化量均呈现出随培养时间逐渐增加。张丽娟等（2010）基于淮北黑土小麦、玉米试验地研究同样得出：培养期间，不同温度条件下，土壤有机碳矿化累积量具有相同的动态变化，有机碳矿化累积量随着培养时间的延长持续增加。

土壤有机碳累积矿化量表现为随温度升高而上升，即相同处理在 25 ℃条件下土壤有机碳累积矿化量高于 18 ℃，25 ℃参与呼吸作用的微生物数量和种类显著增加，可以促进更多碳分解酶（如纤维素分解酶）的产生，从而导致土壤有机碳的矿化速率加快；另外，25 ℃有利于促进土壤缓效碳转化为活性碳，增加活性碳库含量和比例（樊金娟 等，2016），从而促进有机碳矿化速率，与卢韦（2019）等人的研究一致。葛序娟（2015）在 5 ℃、15 ℃、25 ℃和 35 ℃下，对水稻土进行了室内培养，研究不同温度下土壤有机碳矿化特征，同样表明：土壤有机碳矿化速率和累积矿化量均随培养温度的升高而增大；5 ℃时，矿化速率和累积矿化量出现最低值，35 ℃出现最高值，这表明温度升高有利于土壤有机碳累积矿化量，与林杉等（2014）的研究结果一致。

相同培养温度条件下，添加玉米秸秆后，高肥土壤玉米秸秆碳矿化量和土壤碳累积矿化量均高于低肥土壤，未添加玉米秸秆条件下，也呈现出高肥土壤碳累积矿化量高于低肥

土壤，是由于长期施用有机肥提高了土壤养分（段建南 等，2002），与王兴凯等（2019）研究结果一致。Ghosh 等（2016）对印度地区酸性土壤进行研究表明，长期施有机肥显著提高土壤中有机碳累积矿化量。王雪芬等（2012）认为有机肥显著提高土壤有机碳的周转速率，缩短周转的半衰期。吴萌（2016）观察到长期施肥和秸秆还田配施化肥与对照相比提高了土壤有机碳的累积矿化量，同时加快了有机碳的周转速率，长期施用有机肥增加土壤有机碳含量，同时增大土壤活性有机碳量（Sun et al.，2013），增加了土壤中矿化底物；另外，施入的有机肥本身含有大量有机质和微生物、酶等多样的生物活性物质，加速土壤中新输入和原有机碳分解（Paterson et al.，2013）。

相同培养温度条件下，高肥土壤和低肥土壤均呈现出添加玉米秸秆条件下土壤碳累积矿化量高于不添加玉米秸秆，玉米秸秆的添加也显著增加了土壤有机碳累积矿化量，与王莲阁等（2015）结论相似。张继旭等（2016）通过室内好氧培养试验，研究了玉米秸秆对土壤有机碳矿化的影响，研究得出：土壤有机碳矿化速率及其累积矿化量均呈现为玉米秸秆大于对照，可能是玉米秸秆中易分解组分含量较高所致。

三、肥力和温度对 $\delta^{13}CO_2$ 值的影响

土壤 CO_2 的 $\delta^{13}CO_2$ 值主要取决于土壤有机碳分解程度、植物根系呼吸速率和大气中混入的 CO_2 的 $\delta^{13}CO_2$ 值（李正才 等，2007），本试验中无植物根系的呼吸和大气中混入的 CO_2 的干扰，所以影响土壤 CO_2 的 $\delta^{13}CO_2$ 值的主要因素是标记秸秆碳和土壤有机碳的分解程度。低肥土壤中 $\delta^{13}CO_2$ 值高于高肥土壤，高、低肥土壤自身基质不同，在实验室培养中，MacDonald 等（1995）发现活性碳含量随着土壤温度的升高明显增加，可以通过活性土壤微生物群落的结构和大小的变化来解释（Ellert et al.，1992），微生物在一定程度上倾向于优先使用 ^{12}C，剩余的 ^{13}C 富集在土壤有机质中（Blair et al.，1985）。Agren 等（1996）利用连续质量理论（Agren et al.，1996；Bosatta et al.，1999）证明分解过程中的同位素差异是由初始底物和微生物特性共同决定的，并且生成的 CO_2 的同位素组成随微生物活性的不同而变化。

影响气体交换代谢过程的环境因子也会影响 $\delta^{13}CO_2$ 值，如土壤湿度（Madhavan et al.，1991）、温度（Panek et al.，1997）等。土壤呼吸和植物呼吸的 $\delta^{13}CO_2$ 值受到外界环境影响显著，并存在一定的滞后效应（孙伟 等，2008）。本试验中，总体来看，添加秸秆条件下 18 ℃条件下土壤 CO_2 的 $\delta^{13}CO_2$ 值高于 25 ℃，与 Guillemettem（2001）研究结果一致。与王玉涛（2008）等研究指出植物 $\delta^{13}CO_2$ 值与温度呈显著负相关相似，因为呼吸作用与气孔所需的最佳温度一致；钟海秀（2018）等发现，随着气温升高，CO_2 浓度升高，$\delta^{13}CO_2$ 值显著降低，因为呼吸作用过程需要酶的参与来完成，因此温度是影响呼吸作用的重要因素之一。

四、不同肥力土壤有机碳激发效应程度

本研究中采用室内培养实验，土壤水分条件相同，且外源添加物均为等量 ^{13}C 标记的玉米秸秆，因此导致激发效应差异的主要因素是长期不同施肥引起的土壤肥力差异和培养温度不同对微生物群落活性的影响。

　　同一培养温度下，低肥土壤中添加^{13}C标记的玉米秸秆后，前期产生了正激发效应程度降低趋势，这种现象是由于低肥土壤肥力水平相对较低且土壤有机碳含量低，使微生物长期处于"饥饿"状态（Kuzyakov et al.，2006），微生物活动所需的养分受到限制，而外源玉米秸秆的添加使土壤中这部分微生物活化，刺激微生物分泌更多的胞外酶，同时加速对土壤原有机碳的矿化，产生正激发效应。随有机物质矿化速率减慢，激发效应的程度也降低。Fontaine（2003）也得出相同结论：养分含量低的土壤中微生物会分解更多的土壤有机质来获取营养元素，更容易发生正激发效应；培养中期各个处理均出现负激发效应，后期低肥土壤又出现正激发效应，Benjamin 等（2013）原生演替的研究也发现相同变化，有机物料添加后土壤激发效应随着培养的进行呈现 U 形变化趋势（初期与演替的后期呈现正激发效应，中期呈现负激发效应）。他认为出现这种变化模式是因为初期土壤受土壤氮素可利用性的限制，而演替后期的土壤则受土壤磷可利用性的限制，处于演替中期的土壤相比之下，受这两种元素的限制并不明显。高肥土壤在培养后期依然呈现负激发效应，可能的原因是微生物分解土壤中有机肥和土壤中的易分解物质引起的，且高肥土壤碳、氮、磷、钾元素含量均长期高于低肥土壤，使碳、氮等处于富营养状态，抑制了土壤原有机碳的矿化（袁淑芬 等，2015）。

　　此外，温度差异是土壤碳周转的一个重要主导因素，且随着温度的增加，土壤碳矿化的速度也会加快。温度会影响土壤中的微生物活性及微生物群落结构，进而影响土壤的激发效应（Luo et al.，2016）。高肥土壤中添加玉米秸秆后 0～300 d 18 ℃培养条件下激发效应的程度比 25 ℃高，而 300～450 d 相反。低肥土壤添加玉米秸秆后 250 d 之前表现出 18 ℃与 25 ℃激发效应程度交替变化，而之后基本稳定在 18 ℃比 25 ℃高的趋势。这种现象可以用以下机理解释：激发效应通过激活微生物活性来释放出更多胞外酶来促进原有土壤有机碳分解（Thiessen et al.，2013）；而升高温度通过降低土壤有机碳的活化能也会使土壤有机碳分解加快。这两种效应处于此消彼长的状态，加强其中一种作用机理，必然会削弱另一种。

　　18 ℃培养下低肥土壤累积激发效应高于高肥土壤，主要由于培养初期低肥土壤正激发效应比高肥土壤高 49%。而 18 ℃培养下低肥土壤正激发效应较高的原因是低肥土壤有机碳含量低，有研究在青藏高原高寒草地的表土层和下层两种土壤中输入外源碳，结果显示在两个土层均出现正激发效应，但下层土壤的激发效应显著高于表土层土壤，可能下层土壤有机碳含量更低，相对而言输入的外源有机碳量高一些，下层基质引起的有机碳损失的脆弱性更高（Jia et al.，2017）。25 ℃培养下（300～450 d）低肥土壤累积激发效应低于高肥土壤，主要原因是低肥土壤较早出现负激发效应，与前期正激发效应综合后，得出 25 ℃培养下低肥土壤累积激发效应最低；另外，25 ℃培养条件下秸秆促进低肥土壤矿化速率增加 0.3～6 倍，而对高肥的促进作用只有 0.03～1.6 倍。添加玉米秸秆条件下，高肥土壤累积激发效应最高值出现在 300 d 左右而低肥土壤出现在 450 d 左右，产生的原因也是由于低肥土壤负激发效应程度小，高肥土壤养分含量较高，低肥土壤易分解物质相对较少（袁淑芬 等，2015）。

五、不同肥力土壤有机碳矿化的温度敏感性

　　在不同生态系统中，温度升高对微生物群落的代谢影响不同，导致土壤 Q_{10} 对增温的

响应不同（Troy et al.，2013；Billings et al.，2013）。一般研究认为，随着温度的增加，土壤有机碳矿化速率增加（Karhu，2014），但其 Q_{10} 结果不一致，有增加（Sjogersten，2002）、减少（Fan et al.，2016）和无明显变化（Maria，2007）。

当培养温度升高后，土壤有机碳分解速率增快，表现为对增温的响应更敏感，Q_{10} 值更高。但一些试验表明 Q_{10} 值随温度的升高而降低（Raich et al.，1998；Kirschbaum，2004）。本试验中，温度升高，Q_{10} 值降低，主要是 25 ℃培养条件下土壤矿化速度下降更快，同时底物供应不足。Verburg 等（2004）在培养试验中控制温度和水分条件，发现土壤呼吸存在季节性变化，是底物供应的季节变化引起的，这说明了底物的供应对温度敏感性有着重要影响，当土壤中底物供应减少时，土壤微生物活性降低，同时因缺少呼吸底物衰弱甚至死亡，Q_{10} 值会随着底物的减少而降低。添加玉米秸秆条件下，低肥土壤在 0～140 d 温度敏感性高于高肥土壤，由于长期低肥力水平，玉米秸秆的添加刺激土壤中微生物活化，刺激微生物分泌更多的胞外酶，同时加速土壤呼吸速率，Q_{10} 值随着底物的增加而增加；但随着培养时间的增加，底物逐渐被分解消耗使得 Q_{10} 值逐渐降低，而施有机肥土壤本身含有较多有机质提供给微生物利用，添加玉米秸秆后 Q_{10} 值随着底物的增加而增加，但其增加幅度低于玉米秸秆低肥土壤 Q_{10} 值增加的幅度，但同样随培养时间的增加易利用有机物逐渐被分解消耗使得 Q_{10} 值逐渐降低，直至 300 d 易利用有机物消耗完毕；300～360 d Q_{10} 值呈上升趋势，微生物群落开始转向难分解有机物质，难分解有机物质分解慢消耗时间长（袁淑芬 等，2015）。Gren 等（2002）从微生物酶促动力学角度研究温度敏感性与底物质量的关系，认为复杂的有机化合物一般具有较低的分解速度和较高的活化能，随着土壤有机质相对分子质量和分子结构复杂性的增加，促使其生化反应所需的能量也增加，因而对温度的敏感性也相应地增加。360～450 d Q_{10} 值又趋于下降，是由于难分解有机物随培养时间而减少。培养 300～450 d 微生物可能转向复杂的有机化合物，高肥土壤 Q_{10} 值大于低肥土壤，是因为相对于低肥土壤添加玉米秸秆，添加玉米秸秆的高肥土壤复杂的有机化合物较多，土壤呼吸速率增强 Q_{10} 值升高，与 Knorr（2005）结论一致，土壤有机碳的难分解组分比易分解组分具有更高的温度敏感性。本研究中，在不添加玉米秸秆条件下，0～360 d Q_{10} 值随培养时间的增加而逐渐降低，是因为土壤易利用有机物质随培养时间的增加而逐渐被消耗，土壤呼吸速率也随土壤可溶性有机物质的降低而降低，与 Verburg（2004）的结论一致。低肥土壤 Q_{10} 值要高于高肥土壤，易分解有机碳输入提高了土壤有机碳中的活性碳库（Allison et al.，2010），根据酶动力学理论，低肥土壤有机质具有较高活化能，其温度敏感性应更大（Verburg et al.，2004）。此外，添加秸秆比不添加秸秆处理低肥土壤 Q_{10} 值低，可能导致的原因是外源有机碳的加入，土壤碳矿化温度敏感性呈下降趋势（袁淑芬 等，2015）。因此，如何细致且更好地解释这些波动变化的微生物学机制是今后应深入研究的方向。

六、不同肥力土壤有机碳矿化中不同来源碳的温度敏感性

玉米秸秆碳和原土壤有机碳的温度敏感性是肥力和温度影响下微生物对新、老碳消减利用的反应。图 7-9 表示玉米秸秆碳温度敏感系数变化情况，与图 7-8 的变化趋势一致。培养 0～140 d 玉米秸秆碳 Q_{10} 值随培养时间的增加而逐渐降低，这和 Michaelis -

Menten 方程的机理解释是一致的（袁淑芬 等，2015）。0～140 d 低肥土壤玉米秸秆碳 Q_{10} 值高于高肥土壤，是由于长期不施肥土壤中养分含量较低，加入新碳后，释放 CO_2 速率快，Q_{10} 值高。140 d 后高肥土壤玉米秸秆碳 Q_{10} 值更高，是因为施肥对 Q_{10} 具有促进作用（袁淑芬 等，2015）。300 d 后高肥和低肥土壤呈现先升高后降低趋势，是由于 300 d 后微生物转向土壤中较难分解状态的有机质，难分解物质会引起土壤呼吸速率增强、Q_{10} 值升高（Knorr et al.，2005），随底物的消耗，土壤呼吸速率降低，Q_{10} 值又呈现下降趋势。图 7 - 9 是添加玉米秸秆条件下，土壤原有机碳对温度的敏感系数变化情况，图 7 - 8 与图 7 - 9 均显示低肥土壤原有机碳 Q_{10} 值高于高肥土壤，有研究发现施肥不仅不会增加土壤呼吸作用反而会导致其下降（孙园园 等，2007）。添加秸秆后 300 d 之前低肥土壤原有机碳 Q_{10} 值比高肥土壤高，之后相反。300 d 之前可能低肥土壤中微生物可利用有机物质逐渐被消耗，微生物转向难分解养分，高肥土壤中复杂养分较多（Cusack et al.，2010），Q_{10} 值较高。300～360 d Q_{10} 值略呈升高趋势，可利用养分被消耗微生物转向较难分解的养分，难分解的养分使得土壤呼吸速率增强，Q_{10} 值上升（Knorr et al.，2005）。图 7 - 9 中，低肥土壤在 0～140 d Q_{10} 值先增加 140～300 d 又降低，高肥土壤 0～60 d Q_{10} 值也呈现增加趋势 60～300 d 又呈现降低趋势，300～360 d 土壤原有机碳 Q_{10} 值又增加，360～450 d 又趋于下降趋势，可能的原因是培养初期添加玉米秸秆后由于微生物的作用使得玉米秸秆中的碳分解与土壤团聚体结合进入土壤中使土壤中新碳与老碳相互结合，微生物可利用养分增加，土壤本身底物增加，土壤碳 Q_{10} 值随之增加，随后新加入的碳源被微生物消耗完毕又转向土壤中原有有机碳的消耗，所以随着土壤中原有机碳的消耗土壤碳 Q_{10} 值也随之逐渐降低，符合 Michaelis - Menten 方程的原理（袁淑芬 等，2015）。300～360 d 微生物转向土壤中复杂的有机化合物，Q_{10} 值缓慢增加，360 d 后随底物的减少，微生物活性较弱，土壤呼吸速率减慢，Q_{10} 值逐渐降低。

综上，本研究通过添加 ^{13}C 标记秸秆研究温度和肥力对土壤碳矿化和其对温度敏感性的影响。结果总体反映出室内培养条件下，土壤有机碳的矿化、激发效应、温度敏感性显著受秸秆添加、肥力水平（有机碳的差异）、温度高低的综合影响。结论如下：

（1）添加玉米秸秆可以显著增加玉米秸秆碳矿化速率和原土壤碳矿化速率；高肥土壤来源玉米秸秆碳矿化速率和原土壤碳矿化速率高于低肥土壤；在培养前期，温度升高促进玉米秸秆碳矿化速率和原土壤碳矿化速率，后期则无明显促进作用。

（2）添加玉米秸秆可以显著增加原土壤有机碳和玉米秸秆碳的累积矿化量；高肥土壤中原土壤有机碳和玉米秸秆碳累积矿化量高于低肥土壤；升高温度可以显著增加原土壤有机碳和玉米秸秆碳的累积矿化量。

（3）低肥土壤激发效应高于高肥土壤，升温降低了土壤有机碳正激发效应。18 ℃ 培养条件下土壤累积激发效应程度高于 25 ℃，其中低肥土壤的总体变化大于高肥土壤。

（4）玉米秸秆碳加入，降低了高肥和低肥土壤有机碳矿化的温度敏感性，表现出与秸秆碳温度敏感性变化较为一致的变化趋势，而原土壤有机碳矿化的温度敏感性呈现较大差异变化，140 d 和 300 d 是其变化的重要转折时期。

此外，土壤有机碳矿化、激发效应、温度敏感性受多因素综合调控，其内在微生物学过程是重要的调节泵，需要今后进行细致研究。

参　考　文　献

安婷婷，2015. 利用¹³C标记方法研究光合碳在植物-土壤系统的分配及其微生物的固定. 沈阳：沈阳农业大学.

安婷婷，汪景宽，李双异，2007. 施肥对棕壤团聚体组成及团聚体中有机碳分布的影响. 沈阳农业大学学报，38（3）：407-409.

安婷婷，汪景宽，李双异，等，2013. 用¹³C脉冲标记方法研究施肥与地膜覆盖对玉米光合碳分配的影响. 土壤学报，50（5）：948-955.

把余玲，田霄鸿，万丹，等，2013. 玉米植株不同部位还田土壤活性碳、氮的动态变化. 植物营养与肥料学报，195：1166-1173.

蔡道基，毛伯清，1980. 紫云英对土壤有机质分解和积累的影响. 土壤通报（3）：19-23.

陈恩凤，周礼恺，武冠云，1994. 微团聚体的保肥供肥性能及其组成比例在评断土壤肥力水平中的意义. 土壤学报，31（1）：18-25.

陈建国，田大伦，闫文德，等，2011. 土壤团聚体固碳研究进展. 中南林业科技大学学报，31（5）：74-80.

陈立新，李刚，刘云超，等，2017. 外源有机物与温度耦合作用对红松阔叶混交林土壤有机碳的激发效应. 林业科学研究，30（5）：797-804.

陈晓芬，吴萌，江春玉，等，2019. 不同培养温度下长期施肥红壤水稻土有机碳矿化特征研究. 土壤，51（5）：864-870.

陈振武，李真，王岩，等，2012. 大垄深耕整秆深还田对耐密玉米氮磷钾积累分配的影响. 玉米科学，20（2）：115-118.

程曼，解文艳，杨振兴，等，2019. 黄土旱塬长期秸秆还田对土壤养分、酶活性及玉米产量的影响. 中国生态农业学报（中英文），27（10）：1528-1536.

迟凤琴，1999. 有机物料在风沙土中的腐解规律及土壤有机质调控的研究. 黑龙江农业科学（5）：1-4.

迟凤琴，匡恩俊，宿庆瑞，等，2010. 不同还田方式下有机物料有机碳分解规律研究. 东北农业大学学报，41（2）：60-65.

仇建飞，窦森，2009. 添加玉米秸秆培养对土壤团聚体中腐殖质组成和性质的影响. 土坡资源持续利用与生态环境安全学术会议论文集，516-527.

崔俊涛，窦森，张伟，等，2005. 玉米秸秆对土壤微生物性质的影响. 吉林农业大学学报，27（4）：424-428.

代静玉，周江敏，秦淑平，2004. 几种有机物料分解过程中溶解性有机物质化学成分的变化. 土壤通报，35（6）：724-727.

邓智惠，刘新梁，李春阳，等，2015. 深松及秸秆还田对表层土壤物理性状及玉米产量的影响. 作物杂志（6）：117-120.

狄丽燕，孔范龙，王森，等，2019. 胶州湾滨海湿地凋落物分解对土壤有机碳矿化的影响. 生态学报，39（22）：8483-8493.

窦森，Litchfouse E，Mariotti A，1995. 土壤有机质的δ¹³C研究. 农业持续发展的土壤培肥研究. 沈阳：

东北大学出版社.

窦森, 张晋京, 2005. 长期施肥对土壤有机质 δ^{13}C 值影响的初步研究. 首届全国农业环境科学学术研讨
会论文集: 279-284.

窦森, 张晋京, Lichtfouse E, 等. 2003. 用 δ^{13}C 方法研究玉米秸秆分解期间土壤有机质数量动态变化.
土壤学报, 40 (3): 328-334.

段建南, 赵丽兵, 王改兰, 2002. 长期定位试验条件下土地生产力和土壤肥力的变化. 湖南农业大学学
报 (6): 479-482.

樊金娟, 李丹丹, 张心昱, 等, 2016. 北方温带森林不同海拔梯度土壤碳矿化速率及酶动力学参数温度
敏感性. 应用生态学报 (1): 17-24.

范围, 吴景贵, 李建明, 等, 2018. 秸秆均匀还田对东北地区黑钙土土壤理化性质及玉米产量的影响.
土壤学报, 55 (4): 835-846.

傅敏, 郝敏敏, 胡恒宇, 等, 2019. 土壤有机碳和微生物群落结构对多年不同耕作方式与秸秆还田的响
应. 应用生态学报, 30 (9): 3183-3194.

高盼, 徐莹莹, 杨慧莹, 等, 2017. 玉米秸秆不同还田方式对黑钙土物理性质和产量的影响. 黑龙江农
业科学 (4): 31-34.

高天平, 张春, 刘文涛, 等, 2019. 秸秆还田方式与灌溉量对土壤碳水环境和玉米产量的影响. 山东农
业科学, 51 (6): 108-112.

葛序娟, 潘剑君, 邬建红, 等, 2015. 培养温度对水稻土有机碳矿化参数的影响研究. 土壤通报, 46
(3): 562-569.

宫超, 2018. 改变碳输入对沼泽湿地碳排放的影响及其微生物学机制研究. 北京: 中国科学院大学.

公华锐, 李静, 马军花, 等, 2019. 秸秆还田配施有机无机肥料对冬小麦土壤水氮变化及其微生物群落
和活性的影响. 生态学报, 39 (6): 2203-2214.

宫再英, 2016. 秸秆残体还田对黄瓜幼苗生长及土壤微生物菌群的影响. 哈尔滨: 东北农业大学.

顾鑫, 2013. 新加入有机碳在棕壤不同团聚体中分配与周转规律的研究. 沈阳: 沈阳农业大学.

关松, 窦森, 2006. 不同二氧化碳浓度对玉米秸秆分解期间土壤微生物生物量碳的影响. 吉林农业科学,
31 (3): 44-47.

关松, 窦森, 胡永哲, 等, 2010. 添加玉米秸秆对黑土团聚体碳氮分布的影响. 水土保持学报, 24 (4):
187-191.

韩锦泽, 2017. 玉米秸秆还田深度对土壤有机碳组分及酶活性的影响. 哈尔滨: 东北农业大学.

贺美, 2016. 秸秆还田对黑土有机质变化的影响效应. 北京: 中国农业科学院.

黄耀, 刘世梁, 沈其荣, 等, 2002. 环境因子对农业土壤有机碳分解的影响. 应用生态学报, 13 (6):
709-714.

黄毅, 邹洪涛, 闫洪亮, 等, 2013. 玉米秸秆深还剂量对土壤水分的影响. 水土保持研究, 20 (4):
61-63.

匡恩俊, 迟凤琴, 宿庆瑞, 等, 2010. 砂滤管条件下不同有机物料的分解规律. 黑龙江农业科学, 4:
45-48.

冷延慧, 汪景宽, 李双异, 2008. 长期施肥对黑土团聚体分布和碳储量变化的影响. 生态学杂志, 27
(12): 2171-2177.

李海波, 韩晓增, 尤孟阳, 2012. 不同土地利用与施肥管理下黑土团聚体颗粒有机碳分配变化. 水土保
持学报, 26 (1): 184-189.

李鹤, 张恒芳, 秦治家, 等, 2014. 低温秸秆降解菌的研究进展. 中国农学通报, 30 (33): 116-119.

李江涛, 张斌, 彭新华, 等, 2004. 施肥对红壤性水稻土颗粒有机物形成及团聚体稳定性的影响. 土壤

学报，41（6）：912-917.

李恋卿，潘根兴，张旭辉，2000.太湖地区几种水稻土的有机碳储存及其分布特性.科技通报，11（6）：421-426.

李玲，肖和艾，童成立，等，2008.培养条件下旱地和稻田土壤活性有机碳对外源有机底物的响应.生态学杂志，27（12）：2178-2183.

李世朋，蔡祖聪，杨浩，等，2009.长期定位施肥与地膜覆盖对土壤肥力和生物学性质的影响.生态学报，29（5）：2489-2498.

李淑香，尹云锋，杨玉盛，等，2013.黑碳添加对土壤活性有机碳和原有机碳的影响.土壤，45（1）：79-83.

李顺姬，邱莉萍，张兴昌，2010.黄土高原土壤有机碳矿化及其与土壤理化性质的关系.生态学报，30（5）：1217-1226.

李万良，刘武仁，2007.玉米秸秆还田技术研究现状及发展趋势.吉林农业科学，32（3）：32-34.

李玮，乔玉强，陈欢，等，2014.秸秆还田和施肥对砂姜黑土理化性质及小麦—玉米产量的影响.生态学报，34（17）：5052-5061.

李伟群，张久明，迟凤琴，等，2019.秸秆不同还田方式对土壤团聚体及有机碳含量的影响.黑龙江农业科学（5）：27-30.

李晓庆，2018.秸秆添加对黑土有机碳库的影响.哈尔滨：东北农业大学.

李晓庆，赵承森，孟雨田，等，2018.玉米秸秆对不同有机碳含量的黑土有机碳库的影响.华南农业大学学报，39（6）：39-46.

李霄云，王益全，孙慧敏，等，2011.有机污染型灌溉水对土壤团聚体的影响.土壤学报，48（6）：1125-1131.

李艳，李玉梅，刘峥宇，等，2019.秸秆还田对连作玉米黑土团聚体稳定性及有机碳含量的影响.土壤与作物，8（2）：129-138.

李奕霏，2019.长期施肥处理下不同深层稻田土壤有机碳周转特征.长沙：中南林业科技大学.

李正才，徐德应，傅懋毅，等，2007.北亚热带土地利用变化对土壤有机碳垂直分布特征及储量的影响.林业科学研究（6）：744-749.

梁爱珍，张晓平，申艳，等，2008.东北黑土水稳性团聚体及其结合碳分布特征.应用生态学报，19（5）：1052-1057.

梁卫等，袁静超，张洪喜，等，2016.东北地区玉米秸秆还田培肥机理及相关技术研究进展.东北农业科学，41（2）：44-49.

林杉，陈涛，赵劲松，等，2014.不同培养温度下长期施肥水稻土的有机碳矿化特征.应用生态学报，25（5）：1340-1348.

林心雄，程励励，徐宁，等，1981.田间测定植物残体分解速率的砂滤管法.土壤学报，18（1）：97-102.

刘莉，1997.玉米秸秆还田效果的同位素示踪研究.辽宁农业科学（6）：26-29.

刘玉槐，严员英，张艳杰，等，2017.不同温度条件下亚热带森林土壤碳矿化对氮磷添加的响应.生态学报，37（23）：7994-8004.

刘中良，宇万太，2011.土壤团聚体中有机碳研究进展.中国生态农业学报，19（2）：447-455.

陆水凤，王呈玉，王天野，等，2019.玉米秸秆配施菌剂还田对土壤养分及腐殖质组成的影响.江苏农业学报，35（4）：834-840.

卢韦，2019.不同温度下长期施肥黄壤有机碳的矿化及动力学特征.贵州：贵州大学.

卢韦，王小利，邬磊，等，2019.长期施肥条件下黄壤有机碳矿化对温度变化的响应.中国农学通报，

35 (25)：101 - 107.

吕元春，薛丽佳，尹云峰，等，2013. 外源新碳在不同类型土壤团聚体中的分配规律. 土壤学报，50
　（3）：534 - 539.

吕真真，刘秀梅，仲金凤，等，2019. 长期施肥对红壤性水稻土有机碳矿化的影响. 中国农业科学，52
　（15）：2636 - 2645.

马慧娟，2016. 秸秆还田不同年限对土壤生化性状及玉米生长发育的影响研究. 长春：吉林大学.

马力，杨林章，肖和艾，等，2011. 施肥和秸秆还田对红壤水稻土有机碳分布变异及其矿化特性的影响.
　土壤，43（6）：883 - 890.

马天娥，魏艳春，杨宪龙，等，2016. 长期施肥措施下土壤有机碳矿化特征研究. 中国生态农业学报，
　24（1）：8 - 16.

马永良，师宏奎，张书奎，等，2003. 玉米秸秆整株全量还田土壤理化性状的变化及其对后茬小麦生长
　的影响. 中国农业大学学报，8（S1）：42 - 46.

孟向东，张平究，李泽熙，2011. 生态恢复下湿地土壤微生物研究进展. 云南地理环境研究，23（4）：
　101 - 105.

苗淑杰，乔云发，王文涛，等，2019. 添加玉米秸秆对黄棕壤有机质的激发效应. 土壤，51（3）：
　622 - 626.

苗淑杰，周连仁，乔云发，等，2009. 长期施肥对黑土有机碳矿化和团聚体碳分布的影响. 土壤学报，
　46（6）：1068 - 1075.

牛芬菊，张雷，李小燕，等，2014. 旱地全膜双垄沟播玉米秸秆还田对玉米生长及产量的影响. 干旱地
　区农业研究，32（3）：161 - 165.

潘根兴，李恋卿，郑聚锋，等，2008. 土壤碳循环研究及中国稻田土壤固碳研究的进展与问题. 土壤学
　报，45（5）：901 - 914.

裴久渤，2015. 玉米残体碳在东北旱田土壤中的转化与固定. 沈阳：沈阳农业大学.

朴河春，余登利，刘启明，等，2000. 林地变为玉米地后土壤轻质部分有机碳的$^{13}C/^{12}C$ 比值的变化. 土
　壤与环境，9（3）：218 - 222.

戚瑞敏，赵秉强，李娟，等，2016. 添加牛粪对长期不同施肥潮土有机碳矿化的影响及激发效应. 农业
　工程学报，32（S2）：118 - 127.

邱琛，韩晓增，陆欣春，等，2020. 东北黑土区玉米秸秆还田对土壤肥力及作物产量的影响. 土壤与作
　物，9（3）：277 - 286.

荣国华，2018. 秸秆还田对土壤酶活性、微生物量及群落功能多样性的影响. 哈尔滨：东北农业大学.

史奕，张璐，鲁彩艳，等，2003. 不同有机物料在潮棕壤中有机碳分解进程. 生态环境，12（1）：
　56 - 58.

宋日，刘利，马丽艳，等，2009. 作物根系分泌物对土壤团聚体大小及其稳定性的影响. 南京农业大学
　学报，32（3）：93 - 97.

苏弘治，2019. 秸秆还田对黑钙土性质的影响和黑钙土肥力质量综合评价. 沈阳：辽宁大学.

隋鹏祥，张心昱，温学发，等，2016. 耕作方式和秸秆还田对棕壤土壤养分和酶活性的影响. 生态学杂
　志，35（8）：2038 - 2045.

孙宝玉，韩广轩，陈亮，等，2016. 模拟增温对黄河三角洲滨湿地非生长季土壤呼吸的影响. 植物生态
　学报，40（11）：1111 - 1123.

孙伟，Williams D，2008. 利用稳定性同位素区分河岸 C4 草地生态系统夜晚碳通量. 湿地科学，6（2）：
　271 - 277.

孙园园，李首成，周春军，等，2007. 土壤呼吸强度的影响因素及其研究进. 安徽农业科学（6）：

1738 -1739.

汪景宽,李丛,于树,等,2008.不同肥力棕壤溶解性有机碳、氮生物降解特性.生态学报,28(12):
　　6165 - 6171.

汪景宽,刘顺国,李双异,2006.长期地膜覆盖及不同施肥处理对棕壤无机氮和氮素矿化率的影响.水
　　土保持学报,20(6):107 - 110.

王恩姮,赵雨森,陈祥伟,2010.季节性冻融对典型黑土区土壤团聚体特征的影响.应用生态学报,21
　　(4):889 - 894.

王金达,刘淑霞,刘景双,等,2005.用 δ^{13} C 法研究黑土添加有机物料后有机碳的变化规律.土壤通
　　报,36(3):333 - 336.

王莲阁,2016.温度变化对土壤有机碳矿化及其动力学特征的影响.重庆:西南大学.

王莲阁,高岩红,梁颖涛,2015.油菜秸秆生物质炭对紫色土有机碳矿化和累积效应的影响.水土保持
　　学报,29(6):172 - 177.

王宁,闫洪奎,王君,等,2007.不同量秸秆还田对玉米生长发育及产量影响的研究.玉米科学,15
　　(5):100 - 103.

王清奎,汪思龙,2005.土壤团聚体形成与稳定机制及影响因素.土壤通报,36(3):415 - 421.

王兴凯,徐明岗,王小利,2019.长期施肥对褐土有机碳矿化的影响.河南农业科学,48(6):81 - 86.

王秀颖,高晓飞,刘和平,等,2011.土壤水稳性大团聚体测定方法综述.中国水土保持科学,9(3):
　　106 - 113.

王旭东,陈鲜妮,王彩霞,等,2009.农田不同肥力条件下玉米秸秆腐解效果.农业工程学报,25
　　(10):252 - 257.

王雪芬,胡锋,彭新华,等,2012.长期施肥对红壤不同有机碳库及其周转速率的影响.土壤学报,49
　　(5):954 - 961.

王玉涛,李吉跃,程炜,等,2008.北京城市绿化树种叶片碳同位素组成的季节变化及与土壤温湿度和
　　气象因子的关系.生态学报,28(7):3143 - 3151.

王玉玺,解运杰,王萍,2002.东北黑土区水土流失成因分析.水土保持应用技术,3:27 - 29.

王志明,朱培立,黄东迈,1998. ^{14} C 标记秸秆碳素在淹水土壤中的转化与平衡.江苏农业学报,14
　　(2):112 - 117.

王志明,朱培立,黄东迈,等,2003.秸秆碳的田间原位分解和微生物量碳的周转特征.土壤学报,40
　　(5):446 - 453.

魏圆云,崔丽娟,张曼胤,等,2019.外源碳输入对华北平原农田和湿地土壤有机碳矿化及其温度敏感
　　性的影响.中国生态农业学报,27(10):1463 - 1471.

邬建红,潘剑君,葛序娟,等,2015.不同土地利用方式下土壤有机碳矿化及其温度敏感性.水土保持
　　学报,29(3):130 - 135.

吴萌,李忠佩,冯有智,等,2016.长期施肥处理下不同类型水稻土有机碳矿化的动态差异.中国农业
　　科学,49(9):1705 - 1714.

谢佳贵,侯云鹏,尹彩侠,等,2014.施钾和秸秆还田对春玉米产量、养分吸收及土壤钾素平衡的影响.
　　植物营养与肥料学报,20(5):1110 - 1118.

谢锦升,杨玉盛,陈光水,等,2009.土壤颗粒有机质研究进展.亚热带资源与环境学报,4(4):
　　43 -52.

谢柠桧,安婷婷,李双异,等,2016.外源新碳在不同肥力土壤中的分配与固定.土壤学报,(4):
　　942 -950.

辛景树,汪景宽,薛彦东,2017.东北黑土区耕地质量评价.北京:中国农业出版社.

徐虎，张敬业，张菊，2015. 外源有机物料碳氮在红壤团聚体中的残留特征. 中国农业科学，48（23）：4660-4668.

徐英德，孙良杰，汪景宽，等，2017. 还田秸秆氮素转化及其对土壤氮素转化的影响. 江西农业大学学报，39（5）：859-870.

徐英德，汪景宽，王思引，等，2018. 玉米残体分解对不同肥力棕壤团聚体组成及有机碳分布的影响. 中国生态农业学报，26（7）：1029-1037.

徐莹莹，王俊河，刘玉涛，等，2018. 秸秆不同还田方式对土壤物理性状、玉米产量的影响. 玉米科学，26（5）：78-84.

徐忠山，刘景辉，逯晓萍，等，2019. 秸秆颗粒还田对黑土土壤酶活性及细菌群落的影响. 生态学报，39（12）：4347-4355.

薛菁芳，2007. 棕壤有机质组分及转化的研究——^{13}C 和 ^{15}N 双标记法. 沈阳：沈阳农业大学.

薛菁芳，汪景宽，李双异，等，2006. 长期地膜覆盖和施肥条件下玉米生物产量及其构成的变化研究. 玉米科学，14（5）：66-70.

杨开军，杨万勤，贺若阳，等，2017. 川西亚高山 3 种典型森林土壤碳矿化特征. 应用与环境生物学报，23（5）：851-856.

杨庆朋，徐明，刘洪升，等，2011. 土壤呼吸温度敏感性的影因素和不确定性. 生态学报，31（8）：2301-2311.

杨如萍，郭贤仕，吕军峰，等，2010. 不同耕作和种植模式对土壤团聚体分布及稳定性的影响. 水土保持学报，24（1）：252-256.

杨艳华，苏瑶，何振超，等，2019. 还田秸秆碳在土壤中的转化分配及对土壤有机碳库影响的研究进展. 应用生态学报，30（2）：668-676.

尹云锋，蔡祖聪，2007. 利用 δ^{13}C 方法研究添加玉米秸秆下红壤总有机碳和重组有机碳的分解速率. 土壤学报，11（6）：1022-1027.

尹云锋，蔡祖聪，钦绳武，2005. 长期施肥条件下潮土不同组分有机质的动态研究. 应用生态学报，16（5）：96-99.

于贵瑞，王绍强，陈泮勤，等，2005. 碳同位素技术在土壤碳循环研究中的应用. 地球科学进展，20（5）：568-577.

于寒，梁烜赫，张玉秋，等，2015. 不同秸秆还田方式对玉米根际土壤微生物及酶活性的影响. 农业资源与环境学报，32（3）：305-311.

袁淑芬，汪思龙，张伟东，2015. 外源有机碳和温度对土壤有机碳分解的影响. 土壤通报，46（4）：916-922.

战秀梅，李秀龙，韩晓日，等，2012. 深耕及秸秆还田对春玉米产量、花后碳氮积累及根系特征的影响. 沈阳农业大学学报，43（4）：461-466.

战秀梅，宋涛，冯小杰，等，2017. 耕作及秸秆还田对辽南地区土壤水分及春玉米水分利用效率的影响. 沈阳农业大学学报，48（6）：666-672.

张超，刘国彬，薛萐，等，2011. 黄土丘陵区不同植被类型根际土壤微团聚体及颗粒分形特征. 中国农业科学，44（3）：507-515.

张锋，2019. 不同秸秆还田方式对玉米生长发育及耕层土壤性质的影响. 哈尔滨：东北农业大学.

张继旭，张继光，申国明，等，2016. 不同类型秸秆还田对烟田土壤碳氮矿化的影响. 烟草科技，49（3）：10-16.

张金波，宋长春，杨文燕，2005. 三江平原沼泽湿地开垦对表土有机碳组分的影响. 土壤学报，42（5）：155-157.

张晋京，窦森，江源，等，2000. 玉米秸秆分解期间土壤中有机碳数量的动态变化研究. 吉林农业大学学报，22（3）：67-72.

张晋京，窦森，张大军，2006. 长期施肥对土壤有机碳 $\delta^{13}C$ 值影响的初步研究. 农业环境科学学报，25（2）：382-387.

张久明，迟凤琴，宿庆瑞，等，2014. 不同有机物料还田对土壤结构与玉米光合速率的影响. 农业资源与环境学报，31（1）：56-61.

张军科，江长胜，郝庆菊，等，2012. 耕作方式对紫色水稻土轻组有机碳的影响. 生态学报，32（14）：4379-4387.

张丽娟，2010. 砂姜黑土玉米秸秆碳、氮矿化特征研究. 合肥：安徽农业大学.

张鹏，李涵，贾志宽，等，2011. 秸秆还田对宁南旱区土壤有机碳量及土壤碳矿化的影响. 农业环境科学学报，30（12）：2518-2525.

张庆忠，吴文良，王明新，2005. 秸秆还田和施氮对农田土壤呼吸的影响. 生态学报，25（11）：2883-2887.

张向茹，程曼，祝飞华，等，2014. 宁南山区半干旱草原典型植物立枯物的碳矿化特征. 草地学报，22（2）：277-282.

张雪，韩士杰，王树起，等，2016. 长白山白桦林不同演替阶段土壤有机碳组分的变化. 生态学杂志，35（2）：282-289.

张学彩，袁红莉，高旺盛，2004. 秸秆还田量对土壤 CO_2 释放和土壤微生物量的影响. 应用生态学报，15（3）：469-472.

赵家煦，2017. 东北黑土区秸秆还田深度对土壤水分动态及土壤酶、微生物 C、N 的影响. 哈尔滨：东北农业大学.

赵小军，李志洪，刘龙，等，2017. 种还分离模式下玉米秸秆还田对土壤磷有效性及其有机磷形态的影响. 水土保持学报，31（1）：243-247.

钟海秀，伍一宁，许楠，等，2018. 大气 CO_2 浓度升高对三江平原湿地小叶章叶片稳定碳同位素组成的影响. 国土与自然资源研究（1）：88-90.

周怀平，解文艳，关春林，等，2013. 长期秸秆还田对旱地玉米产量、效益及水分利用的影响. 植物营养与肥料学报，19（2）：321-330.

邹洪涛，马迎波，徐萌，等，2012. 辽西半干旱区秸秆深还田对土壤含水量、容重及玉米产量的影响. 沈阳农业大学学报，43（4）：494-497.

邹文秀，韩晓增，陆欣春，等，2018. 玉米秸秆混合还田深度对土壤有机质及养分含量的影响. 土壤与作物，7（2）：139-147.

Abiven S，Recous S，Reyes V，et al.，2005. Mineralisation of C and N from root，stem and leaf residues in soil and role of their biochemical quality. Biology and Fertility of Soils，42：119-128.

Agren G I，Bosatta E，Balesdent J，1996. Isotope discrimination during decomposition of organic matter：a theoretical analysis. Soil Science Society of America Journal，60：1121-1126.

Allison S D，Wallenstein M D，Bradford M A，2010. Soil-carbon response to warming dependent on microbial physiology. Nature Geoscience，3（5）：336-340.

An T，Schaeffer S，Li S，et al.，2015. Carbon fluxes from plants to soil and dynamics of microbial immobilization under plastic film mulching and fertilizer application using ^{13}C pulse-labeling. Soil Biology and Biochemistry，80：53-61.

Angers D A，Recous S，Aita C，1997. Fate of carbon and nitrogen in water-stable aggregates during decomposition of $^{13}C^{15}N$-labelled wheat straw in situ. European Journal of Soil Science，48：295-300.

Aoyama M，Angers D A，N'Dayegamiye A，et al.，2000. Metabolism of ^{13}C – labeled glucose in aggregates from soils with manure application. Soil Biology and Biochemistry，32（3）：295 – 300.

Arcand M M，Helgason B L，Lemke R L，2016. Microbial crop residue decomposition dynamics in organic and conventionally managed soils. Applied Soil Ecology，107：347 – 359.

Arnold C，Ghezzehei T A，Berhe A A，2015. Decomposition of distinct organic matter pools is regulated by moisture status in structured wetland soils. Soil Biology and Biochemistry，81：28 – 37.

Atkin O K，Edwards E J，Loveys B R，2000. Response of root respiration to changes in temperature and its relevance to global warming. New Phytologist，147：141 - 154.

Aye N S，Butterly C R，Sale P W G，et al.，2018. Interactive effects of initial pH and nitrogen status on soil organic carbon priming by glucose and lignocellulose. Soil Biology and Biochemistry，123：33 – 44.

Bach E M，Baer S G，Meyer C K，et al.，2010. Soil texture affects soil microbial and structural recovery during grassland restoration. Soil Biology and Biochemistry，42：2182 – 2191.

Bai Z，Liang C，Bodé S，et al.，2016. Phospholipid ^{13}C stable isotopic probing during decomposition of wheat residues. Applied Soil Ecology，98：65 – 74.

Balesdent J，1996. The significance of organic separates to carbon dynamics and its modeling in some cultivated soils. European Journal of Soil Science，47：48 – 49.

Balesdent J，Chenu C，Balabane M，2000. Relationship of soil organic matter dynamics to physical protection and tillage. Soil & Tillage Research，53（3 – 4）：215 – 230.

Balesdent J，Mariotti A，Boisgontier D，1990. Effect of tillage on soil organic mineralization estimated from ^{13}C abundance in maize fields. European Journal of Soil Science，41（4）：587 – 596.

Barea J M，1991. Vesicular – arbuscular mycorrhizae as modify of soil fertility. Advance in Soil Science，15：1 – 10.

Barral M T，Arias M，Guerif J，1998. Effects of iron and organic matter on the porosity and structural stability of soil aggregates. Soil and Tillage Research，46：261 – 272.

Bastida F，Torres I F，Hernández T，et al.，2013. Can the labile carbon contribute to carbon immobilization in semiarid soils? Priming effects and microbial community dynamics. Soil Biology and Biochemistry，57：892 – 902.

Bayer C L，Martin N，Mielniczuk J，et al.，2001. Changes in soil organic matter fractions under subtropical no – tillage cropping system. Soil Science Society of America Journal，65：1473 – 1478.

Billings S A，Ballantyne F，2013. How interactions between microbial resource demands，soil organic matter stoichiometry，and substrate reactivity determine the direction and magnitude of soil respiratory responses to warming. Global Change Biology，19：90 – 102.

Bingeman C W，Varner J E，Martin W P，1953. The effect of the addition of organic materials on the decomposition of an organic soil. Soil Science Socienty of America Journal，17：34 – 38.

Blagodatskaya E，Khomyakov N，Myachina O，et al.，2014. Microbial interactions affect sources of priming induced by cellulose. Soil Biology and Biochemistry，74：39 – 49.

Blagodatskaya E，Kuzyakov Y，2008. Mechanisms of real and apparent priming effects and their dependence on soil microbial biomass and community structure：critical review. Biology and Fertility of Soils，45（2）：115 – 131.

Blagodatskaya E，Yuyukina T，Blagodatsky S，et al.，2011. Three – source – partitioning of microbial biomass and of CO_2 efflux from soil to evaluate mechanisms of priming effects. Soil Biology and Biochemistry，43（4）：778 – 786.

Blagodatskaya E，Yuyukina T，Blagodatsky S，et al.，2011. Turnover of soil organic matter and of microbial biomass under C3 – C4 vegetation change：consideration of ^{13}C fractionation and preferential substrate utilization. Soil Biology and Biochemistry，43：159 – 166.

Blair N，Leu A，MunÄ oz. E，et al.，1985. Carbon isotopic fractionation in heterotrophs microbial metabolism. Applied Environmental Microbiology，50：996 – 1001.

Blaud A，Lerch T Z，Chevallier T，et al.，2012. Dynamics of bacterial communities in relation to soil aggregate formation during the decomposition of ^{13}C – labelled rice straw. Applied Soil Ecology，53（1）：1 – 9.

Bore E K，Kuzyakov Y，Dippold M A，2019. Glucose and ribose stabilization in soil：Convergence and divergence of carbon pathways assessed by position – specific labeling. Soil Biology and Biochemistry，131：54 – 61.

Bosatta E，Agren G I，1999. Soil organic matter quality interpreted thermo dynamically. Soil Biology and Biochemistry，31（13）：1889 – 1891.

Bossio D A，Scow K M，1995. Impact of carbon and flooding on the metabolic diversity of microbial communities in soils. Applied and Environmental Microbiology，61：4043 – 4050.

Bossuyt H，Six J，Hendrix P F，2002. Aggregate protected carbon in no – tillage and conventional tillage agro – ecosystems using ^{14}C labeled plant residue. Soil Science Society of America Journal，66：1965 – 1973.

Buyanovsky G，Aslam M，Wagner G，1994. Carbon turnover in soil physical fractions. Soil Science Society of America Journal，58（4）：1167 – 1173.

Cambardella C A，Elliott E T，1992. Particulate soil organic matter changes across a grassland cultivation sequence. Soil Science Society of American Journal，56：777 – 783.

Cambardella C A，Elliott E T，1994. Carbon and nitrogen dynamics of some fraction from cultivated grassland soils. Soil Science Society of America Journal，58：123 – 130.

Chen H，Fan M，Billen N，2009. Effect of land use types on decomposition of ^{14}C – labelled maize residue（Zea mays L.）. European Journal of Soil Biology，45（2）：123 – 130.

Chen X，Li Z，Liu M，et al.，2014. Microbial community and functional diversity associated with different aggregate fractions of a paddy soil fertilized with organic manure and/or NPK fertilizer for 20 years. Journal of Soils and Sediments，15：292 – 301.

Chigineva N I，Aleksandrova A V，Tiunov A V，2009. The addition of labile carbon alters litter fungal communities and decreases litter decomposition rates. Applied Soil Ecology，42（3）：264 – 270.

Chivenge P，Vanlauwe B，Gentile R，et al.，2011. Organic resource quality influences short – term aggregate dynamics and soil organic carbon and nitrogen accumulation. Soil Biology and Biochemistry，43（3）：657 – 666.

Christensen B T，1992. Physical fraction of soil and organic matter in primary particle size and density separates. Advance in Soil Science，20：20 – 29.

Christensen B T，2001. Physical fractionation of soil and structural and functional complexity in organic matter turnover. European Journal of Soil Science，52：345 – 353.

Chu H，Lin X，Fujii T，et al.，2007. Soil microbial biomass，dehydrogenase activity，bacterial community structure in response to long – term fertilizer management. Soil Biology and Biochemistry，39（11）：2971 – 2976.

Clemente J S，Simpson M J，Simpson A J，et al.，2013. Comparison of soil organic matter composition after incubation with maize leaves，roots and stems. Geoderma，192：86 – 96.

Conant R T，Drijber R A，Haddix M L，et al.，2008. Sensitivity of organic matter decomposition to warming varies with its quality. Global Change Biochemistry，14（4）：868 - 877.

Conant R T，Paustian K，Elliott E T，2001. Grassland management and conversion into grassland：effects on soil carbon. Ecological Applications，11：343 - 355.

Conant R T，Ryan M G，Agren G I，et al.，2011. Temperature and soil organic matter decompositionrats - synthesis of current knowledge and a way forward. Global Change Biology，17（11）：3392 - 3404.

Condron L，Stark C，O'Callaghan M，et al.，2010. The role of microbial communities in the formation and decomposition of soil organic matter. Springer Netherlands.

Cooper J M，Burton D，Daniell T J，et al.，2011. Carbon mineralization kinetics and soil biological characteristics as influenced by manure addition in soil incubated at a range of temperatures. European Journal Soil Biology，47（6）：392 - 399.

Coplen T B，2011. Guidelines and recommended terms for expression of stable - isotope - ratio and gas - ratio measurement results. Rapid Communications in Mass Spectrometry，25：2538 - 2560.

Cosentino D，Chenu C，Le Bissonnais Y，2006. Aggregate stability and microbial community dynamics under drying - wetting cycles in a silt loam soil. Soil Biology and Biochemistry，38（8）：2053 - 2062.

Cotrufo M F，Soong J L，Horton A J，et al.，2015. Formation of soil organic matter via biochemical and physical pathways of litter mass loss. Nature Geoscience，8：776 - 779.

Cotrufo M F，Wallenstein M D，Boot C M，et al.，2013. The Microbial Efficiency - Matrix Stabilization （MEMS）framework integrates plant litter decomposition with soil organic matter stabilization：do labile plant inputs form stable soil organic matter? Global Change Biology，19：988 - 995.

Cui J，Zhu Z，Xu X，et al.，2020. Carbon and nitrogen recycling from microbial necromass to cope with C：N stoichiometric imbalance by priming. Soil Biology and Biochemistry，142：107720.

Cui S Y，Liang S W，Zhang X K，et al.，2018. Long - term fertilization management affects the C utilization from crop residues by the soil micro - food web. Plant and Soil，429：335 - 348.

Cusack D F，Torn M S，Mc Dowell W H，et al.，2010. The response of heterotrophic activity and carbon cycling to nitrogen additions and warming in two tropical soils. Global Change Biology，16（9）：2555 - 2572.

Dalal R C，Chan K Y，2001. Soil organic matter in rain field cropping systems of the Australian cereal belt. Australian Journal of Soil Research，39：435 - 464.

Dalal R C，Mayer R J，1986. Long term trends in fertility of soils under continuous cultivation and cereal cropping in southern Queensland. IV. Loss of organic carbon from different density functions. Australia Journal of Soil Research，24：301 - 309.

Davidson E A，Janssens I A，Luo Y Q，2006. On the variability of respiration in terrestrial ecosystems：moving beyond Q10. Global Change Biology，12（2）：154 - 164.

De Gryze S，Six J，Brits C，et al.，2005. A quantification of short - term macroaggregate dynamics：influences of wheat residue input and texture. Soil Biology and Biochemistry，37（1）：55 - 66.

Denef K，Six J，Paustiana K，et al.，2001. Importance of macroaggregate dynamics in controlling soil carbon stabilization：short - term effects of physical disturbance induced by dry - wet cycles. Soil Biology and Biochemistry，33：2145 - 2153.

Denef K，Bubenheim H，Lenhart K，et al.，2007. Community shifts and carbon translocation within metabolically - active rhizosphere microorganisms in grasslands under elevated CO_2. Biogeosciences Discussions，4：769 - 779.

De Troyer I，Amery F，Van Moorleghem C，et al.，2011. Tracing the source and fate of dissolved organic matter in soil after incorporation of a ^{13}C labelled residue：A batch incubation study. Soil Biology and Biochemistry，43（3）：513 - 519.

Ding F，Sun W，Huang Y，et al.，2018. Larger Q_{10} of carbon decomposition in finer soil particles does not bring long - lasting dependence of Q_{10} on soil texture. European Journal of Soil Science，69（2）：336 -347.

Ding X，Chen S，Zhang B，et al.，2019. Warming increases microbial residue contribution to soil organic carbon in an alpine meadow. Soil Biology and Biochemistry，135：13 - 19.

Ding X，Han X，Zhang X，et al.，2013. Continuous manuring combined with chemical fertilizer affects soil microbial residues in a Mollisol. Biology and Fertility of Soils，49：387 - 392.

Ding X，Liang C，Zhang B，et al.，2015. Higher rates of manure application lead to greater accumulation of both fungal and bacterial residues in macroaggregates of a clay soil. Soil Biology and Biochemistry，84：137 - 146.

Ding X，Zhang X，He H，et al.，2010. Dynamics of soil amino sugar pools during decomposition processes of corn residues as affected by inorganic N addition. Journal of Soils and Sediments，10：758 - 766.

Dorodnikov M，Kuzyakov Y，Fangmeier A，et al.，2011. C and N in soil organic matter density fractions under elevated atmospheric CO_2：Turnover vs. stabilization. Soil Boilogy and Biochemistry，43：578 - 589.

Dungait J A J，Hopkins D W，Gregory A S，et al.，2012. Soil organic matter turnover is governed by accessibility not recalcitrance. Global Chang Biology，18（6）：1781 - 1796.

Duval B D，2016. Biogeochemical consequences of regional land use change to a biofuel crop in the southeastern United States. Ecosphere，6（12）：1 - 14.

Edwards A P，Brernner J M，1967. Micro - aggregates in soils. Journal of Soil Science，18：64 - 73.

Ellert B H，Bettany J R，1992. Temperature dependence of ne nitrogen and sulfur mineralization. Soil Science Society of America Journal，56：1133 - 1141.

Elliott E T，1986. Aggregate structure and carbon，nitrogen，and phosphorus in native and cultivated soils. Soil Science Society of America Journal，50（3）：627 - 633.

España M，Rasche F，Kandeler E，et al.，2011. Assessing the effect of organic residue quality on active decomposing fungi in a tropical Vertisol using [15]N - DNA stable isotope probing. Fungal Ecology，4：115 -119.

Falchini L，Naumova N，Kuikman P J，et al.，2003. CO_2 evolution and denaturing gradient gelectrophoresis profiles of bacterial communities in soil following addition of low molecular weight substrates to stimulate root exudation. Soil Biology and Biochemistry，36：775 - 782.

Fan J J，Li D D，Zhang X Y，et al.，2016. Temperature sensitivity of soil organic carbon mineralization and β - glucosidase enzyme kinetics in the northern temperature forests at different altitudes，China. Chinese Journal of Applied Ecology，27（1）：17 - 24.

Farres P J，Cousen S M，1985. An improved method of aggregate stability measurement. Earth Surface Proceses and Landforms，10：321 - 329.

Fierer N，Craine J M，McLauchlan K，et al.，2005. Litter quality and the temperature sensitivity of decomposition. Ecology，86（2）：320 - 326.

Fontaine M，Aerts R，Küradzkan，et al.，2007. Elevation and exposition rather than soil types determine communities and site suitability in Mediterranean mountain forests of southern Anatolia，Turkey. Forest Ecology and Management，247（1 - 3）：1 - 25.

Gershenson A，Bader N E，Cheng W X，2009. Effects of substrate availability on the temperature sensitivity of soil organic matter decomposition. Global Change Biology，15（1）：176 - 183.

Ghee C，Neilson R，Hallett P D，et al.，Priming of soil organic matter mineralisation is intrinsically insensitive to temperature. Soil Biology and Biochemistry，2013，66：20 − 28.

Giardina C P，Ryan M G，2000. Evidence that decomposition rates of organic carbon in mineral soil do not vary with temperature. Nature，404：858 − 860.

Goh K M，Kumar K，2003. Nitrogen release from crop residues and organic amendments as affected by biochemical composition. Communications in Soil Science and Plant Analysis，34（17）：2441 − 2460.

Fontaine S，Bardoux G，Abbadie L，et al.，2004. Carbon input to soil may decrease soil carbon content. Ecology Letters，7：314 − 320.

Fontaine S，Mariotti A，Abbadie L，2003. The priming effect of organic matter：a question of microbial competition? Soil Biology and Biochemistry，35：837 − 843.

Gerzabek M H，Haberhauer G，Kirchmann H，2001. Soil organic matter pools and carbon − 13 natural abundances in particle − size fractions of a long − term agricultural field experiment receiving organic amendments. Soil Science Society of American Journal，65（2）：352 − 358.

Geyer K M，Kyker − Snowman E，Grandy A S，et al.，2016. Microbial carbon use efficiency：accounting for population，community，and ecosystem − scale controls over the fate of metabolized organic matter. Biogeochemistry，127（2 − 3）：173 − 188.

Ghafoor A，Poeplau C，Kätterer T，2017. Fate of straw − and root − derived carbon in a Swedish agricultural soil. Biology and Fertility of Soils，53：257 − 267.

Ghosh A，Bhattacharyya R，Dwivedi B S，et al.，2016. Temperature sensitivity of soil organic carbon decomposition as affected by long − term fertilization under a soybean based cropping system in a subtropical Alfisol. Agriculture Ecosystems & Environment，233：202 − 213.

Golchin A，Oades J M，Skjemstad J O，et al.，1994. Soil structure and carbon cycling. Australian Journal of Soil Science，32（5）：1043 − 1068.

Greenland D J，Ford G W，1964. Separation of partially humified organic materials by ultrasonic dispersion. International Society of Soil Science. Eighth International Congress of Soil Science. Bucharest，Romania，Transaction，3：137 − 148.

Gren G I，Bosatta E，2002. Reconciling differences in predictions of temperature response of soil organic matter. Soil Biology and Biochemistry，34（1）：129 − 132.

Guillemettem S，2001. Carbon isotopes in ombrogenic peatbog plantsas climatic indicators：calibration from an altitudinal transect in Switzerland. Organic Geochemistry，32：233 − 245.

Hagedorn F，Saure M，Blaser P，2004. A ^{13}C tracer study to identify the origin of dissolved organic carbon in forested mineral soils. European Journal of Soil Science，55（1）：91 − 100.

Hagedorn F，Spinnler D，Bundt M，et al.，2003. The input and fate of new C in two forest soils under elevated CO_2. Global Change Biology，9（6）：862 − 872.

Hallam M J，Bartholomew W V，1953. Influence of rate of plant residue addition in accelerating the decomposition of soil organic matter. Soil Science Society of America Journal，17（4）：365 − 368.

Hamdi S，Moyano F，Sall S，et al.，2013. Synthesis analysis of the temperature sensitivity of soil respiration from laboratory studies in relation to incubation methods and soil conditions. Soil Biology and Biochemistry，58：115 − 126.

Hamer U，Marschner B，2004. Priming effects in different soil types induced by fructose，alanine，oxalic acid and catechol additions. Soil Biology and Biochemistry，37（3）：445 − 454.

Hassink J，1995. Decomposition rate constants of size and density fractions of soil organic matter. Soil Science Society of America Journal，59：1631－1635.

Hassink J，1997. The capacity of soils to preserve organic C and N by their association with clay and silt particles. Plant and Soil，191（1）：77－87.

Hassink J，Whitmore A P，1997. A model of the physical protection of organic matter in soils. Soil Science Society of American Journal，61：131－139.

Haynes R J，Naidu R，1998. Influence of lime，fertilizer and manure applications on soil organic matter content and soil physical conditions：a review. Nutrient Cycling in Agroecosystems，51（2）：123－137.

He H，Zhang W，Zhang X，et al.，2011. Temporal responses of soil microorganisms to substrate addition as indicated by amino sugar differentiation. Soil Biology and Biochemistry，43：1155－1161.

Helfrich M，Ludwig B，Potthoff M，et al.，2008. Effect of litter quality and soil fungi on macroaggregate dynamics and associated partitioning of litter carbon and nitrogen. Soil Biology and Biochemistry，40（7）：1823－1835.

Helfrich M，Ludwig B，Thoms C，et al.，2015. The role of soil fungi and bacteria in plant litter decomposition and macroaggregate formation determined using phospholipid fatty acids. Applied Soil Ecology，96：261－264.

Helgason B L，Walley F L，Germida J J，2010. No－till soil management increases microbial biomass and alters community profiles in soil aggregates. Applied Soil Ecology，46：390－397.

Hoff J H，Lehfeldt R A，1899. Lectures on theoretical and physical chemistry. Nature，April：13.

Huang S，Rui W，Peng X，et al.，2010. Organic carbon fractions affected by long－term fertilization in a subtropical paddy soil. Nutrient Cycling in Agroecosystems，86（1）：153－160.

Huang Y，Liang C，Duan X，et al.，2019. Variation of microbial residue contribution to soil organic carbon sequestration following land use change in a subtropical karst region. Geoderma，353：340－346.

Huang Y，Zou J，Zheng X，et al.，2004. Nitrous oxide emissions as influenced by amendment of plant residues with different C：N ratios. Soil Biology and Biochemistry，36（6）：973－981.

Jangid K，Williams M A，Franzluebbers A J，et al.，2008. Relative impacts of land－use，management intensity and fertilization upon soil microbial community structure in agricultural systems. Soil Biology and Biochemistry，40（11）：2843－2853.

Janzen H H，Campbell C A，Brandt S A，et al.，1992. Light fraction organic matter in soils from long term crop rotations. Soil Science Society of America Journal，56：1799－1806.

Jastrow J D，Boutton T W，Miller R M，1996. Carbon dynamics of aggregate－associated organic matter estimated by carbon－13 natural abundance. Soil Science Society of America Journal，60（3）：801－807.

Jennifer L E，Fernandez I J，Lindsey E R，et al.，2001. Methods for evaluating carbon fractions in forest soils：A Review. Technical Bulletin，178：12－18.

Jia J，Feng X J，He J S，et al.，2017. Comparing microbial carbon sequestration and priming in the subsoil versus topsoil of a Qinghai－Tibetan alpine grassland. Soil Biology and Biochemistry，104（141）：141－151.

Jiao Y，Cody G D，Harding A K，et al.，2010. Characterization of extracellular polymeric substances from acidophilic microbial biofilms. Applied and Environmental Microbiology，76（9）：2916.

Jin X X，An T T，Gall A R，et al.，2018. Enhanced conversion of newly－added maize straw to soil microbial biomass C under plastic film mulching and organic manure management. Geoderma，313：154－162.

Joyce S C，Myrna J S，Andre J S，2013. Comparison of soil organic matter composition after incubation with maize leaves，roots and stems. Geoderma，192（1）：86－96.

Juarez S，Nunan N，Duday A C，et al.，2013. Effects of different soil structures on the decomposition of native and added organic carbon. European Journal of Soil Science，58：81－90.

Kalbitz K，Schwesig D，Rethemeyer J，et al.，2005. Stabilization of dissolved organic matter by sorption to the mineral soil. Soil Biology and Biochemistry，37：1319－1331.

Kantola I B，Masters M D，DeLucia E H，2017. Soil particulate organic matter increases under perennial bioenergy crop agriculture. Soil Biology and Biochemistry，113：184－191.

Karhu K，Auffret M D，Dungait J A J，et al.，2014. Temperature sensitivity of soil respiration rates enhanced by microbial community response. Nature，513：81－84.

Khan S A，Mulvaney R L，Ellsworth T R，et al.，2007. The myth of nitrogen fertilization for soil carbon sequestration. Journal of Environmental Quality，36：1821－1832.

Kirschbaum M U F，2004. Soil respiration under prolonged soil warming：are rate reductions caused by acclimation or substrate loss? Global Change Biology，9：1427－1437.

Knorr W，Prentice I C，House J I，et al.，2005. Long－term sensitivity of soil carbon turnover to warming. Nature，433（7023）：298－301.

Kong A Y Y，Scow K M，Córdova－Kreylos A L，et al.，2011. Microbial community composition and carbon cycling within soil microenvironments of conventional，low－input，and organic cropping systems. Soil Biology and Biochemistry，43：20－30.

Kong A Y Y，Six J，Bryant D C，et al.，2005. The relationship between carbon input，aggregation，and soil organic carbon stabilization in sustainable cropping systems. Soil Science Society of America Journal，69（4）：1078－1085.

Kononova M M，1964. Soil organic matter，its nature，its role in soil formation and in fertility. 2nd. London：Pergamon Press.

Kramer C，Gleixner G，2006. Variable use of plant－and soil－derived carbon by microorganisms in agricultural soils. Soil Biology and Biochemistry，38：3267－3278.

Kristiansen S M，Brandt M，Hansen E M，2004. ^{13}C signature of CO_2 evolved from incubated maize residues and maizederived sheep faeces. Soil Biology and Biochemistry，36：99－105.

Kuzyakov Y，Bol R，2006. Sources and mechanisms of priming effect induced in two grassland soils amended with slurry and sugar. Soil Biology and Biochemistry，38（4）：747－758.

Kuzyakov Y，Friedel J K，Stahr K，2000. Review of mechanisms and quantification of priming effects. Soil Biology and Biochemistry，32：1485－1498.

Lal R，2000. Physical management of soils of the tropics：priorities for the 21st century. Soil Science，165（3）：191－207.

Lee S B，Lee C H，Jung K Y，et al.，2009. Changes of soil organic carbon and its fractions in relation to soil physical properties in a long－term fertilized paddy. Soil & Tillage Research，104：227－232.

Lehmann J，Kleber M，2015. The contentious nature of soil organic matter. Nature，528（7580）：60.

Lemanski S，Scheu S，2014. Incorporation of ^{13}C labelled glucose into soil microorganisms of grassland：Effects of fertilizer addition and plant functional group composition. Soil Biology and Biochemistry，69：38－45.

Liang C，Amelung W，Lehmann J，et al.，2019. Quantitative assessment of microbial necromass contribution to soil organic matter. Global Change Biology，25：3578－3590.

Liang C，Cheng G，Wixon D L，et al.，2010. An Absorbing Markov Chain approach to understanding the microbial role in soil carbon stabilization. Biogeochemistry，106（3）：303－309.

Liang C，Schimel J P，Jastrow J D，2017. The importance of anabolism in microbial control over soil carbon storage. Nature microbiology，2：e17105.

Liang C，Zhang X，Balser T C，2007. Net microbial amino sugar accumulation process in soil as influenced by different plant material inputs. Biology and Fertility of Soils，44：1-7.

Li F，Song Q，Jjemba K P，et al.，2004. Dynamics of soil microbial biomass C and soil fertility in cropland mulched with plastic film in a semiarid agro-ecosystem. Soil Biology and Biochemistry，36：1893-1902.

Li L，Wilson C B，He H，et al.，2019. Physical，biochemical，and microbial controls on amino sugar accumulation in soils under long-term cover cropping and no-tillage farming. Soil Biology and Biochemistry，135：369-378.

Li M，Wang Y，Ding F，et al.，2019. Dynamics of maize straw residue C-13 incorporation into aggregates of a Mollisol as affected by long-term fertilization. Journal of Soils and Sediments，19（3）：1151-1160.

Li N，Xu Y，Han X，et al.，2015. Fungi contribute more than bacteria to soil organic matter through necromass accumulation under different agricultural practices during the early pedogenesis of a Mollisol. European Journal of Soil Biology，67：51-58.

Li N，Yao S，Qiao Y，et al.，2015. Separation of soil microbial community structure by aggregate size to a large extent under agricultural practices during early pedogenesis of a Mollisol. Applied Soil Ecology，88：9-20.

Li S，Gu X，Zhuang J，et al.，2016. Distribution and storage of crop residue carbon in aggregates and its contribution to organic carbon of soil with low fertility. Soil and Tillage Research，155（2）：199-206.

Li Y，Zhou G，Huang W，et al.，2016. Potential effects of warming on soil respiration and carbon sequestration in a subtropical forest. Plant and Soil，409：247-257.

Liao J，Boutton T，Jastrow J，2006. Organic matter turnover in soil physical fractions following woody plant invasion of grassland：evidence from natural ^{13}C and ^{15}N. Soil Biology and Biochemistry，38（11）：3197-3210.

Liu B，Gumpertz M L，Hu S，et al.，2007. Long-term effects of organic and synthetic soil fertility amendments on soil microbial communities and the development of southern blight. Soil Biology and Biochemistry，39（9）：2302-2316.

Liu C，Lu M，Cui J，et al.，2014. Effects of straw carbon input on carbon dynamics in agricultural soils：a meta-analysis. Global Change Biology，20（5）：1366-1381.

Liu X，Zhou F，Hu G，et al.，2019. Dynamic contribution of microbial residues to soil organic matter accumulation influenced by maize straw mulching. Geoderma，333：35-42.

Liu X B，Zhang X Y，Wang Y X，et al.，2010. Soil degradation：a problem threatening the sustainable development of agriculture in Northeast China. Plant Soil and Environment，56：87-97.

Liu Y P，Tang Y P，Lu Q，et al.，2011. Effect of temperature and land use change on soil organic carbon mineralization. Journal of Anhui Agriculture，39（7）：3896-3927.

Lu Y，Watanabe A，Kimura M，2003. Carbon dynamics of rhizodeposits，root- and shoot-residues in a rice soil. Soil Biology and Biochemistry，35：1223-1230.

Lugato E，Berti A，Giardini L，2006. Soil organic carbon（SOC）dynamics with and without residue incorporation in relation to different nitrogen fertilisation rates. Geoderma，135：315-321.

Luo R，Kuzyakov Y，Liu D，et al.，2020. Nutrient addition reduces carbon sequestration in a Tibetan grassland soil：Disentangling microbial and physical controls. Soil Biology and Biochemistry，144：107764.

Luo Z，Wang E，Sun O J，2016. A meta-analysis of the temporal dynamics of priming soil carbon decomposition by fresh carbon inputs across ecosystems. Soil Biology and Biochemistry，101：96-103.

MacDonald N W，Zak D R，Pregitzer K S，1995. Temperature ects on kinetics of microbial respiration and net nitrogen and sulfur mineralization. Soil Science Society of America Journal，59：233 - 240.

Madhavan D，Treichel I，O'Leary M H，1991. Effects of relative humidity on carbon isotope fractionation in plants. Botanica Acta，104（4）：292 - 294.

Magid J，Gorissen A，Giller K E，1996. Insearch of the elusive active fraction of soil organic matter：three size density fraction methods for tracing the fate of homogeneously ^{14}C labelled plant materials. Soil Biology and Biochemistry，28：89 - 99.

Majumder B，Kuzyakov Y，2010. Effect of fertilization on decomposition of ^{14}C labelled plant residues and their incorporation into soil aggregates. Soil & Tillage Research，109：94 - 102.

Malhi S S，Brandt S，Gill K S，2003. Cultivation and grassland type effects on light fraction and total organic C and N in a Dark Brown Chernozemic soil. Canadian Journal of Soil Science，83（2）：145 - 153.

Malhi S S，Nyborg M，Goddard T，et al.，2011. Long - term tillage，straw and N rate effects on quantity and quality of organic C and N in a gray luvisol soil. Nutrient Cycling in Agroecosystems，90：1 - 20.

Malhia M M，Nyborgb M，Solbergc E D，et al.，2011. Improving crop yieldand N uptake with long - term straw retention in two contrasting soil types. Field Crops Research，124：378 - 391.

Maria N，Beata K，2007. Effect of temperature on the respiration rate of forest soil organic layer along an elevation gradient in the Polish Carpathians. Biology and Fertility of Soils，43：511 - 518.

Marschner P，Kandeler E，Marschner B，2003. Structure and function of the soil microbial community in a long - term fertilizer experiment. Soil Biology and Biochemistry，35（3）：453 - 46.

Marschner P，Umar S，Baumann K，2011. The microbial community composition changes rapidly in the early stages of decomposition of wheat residue. Soil Biology and Biochemistry，43（2）：445 - 451.

Marshall T J，Quirk J P，1950. Stability of structural aggregates of dry soil. Australian Journal of Agricultural Research，1：26 - 27.

Maysoon M M，Charles W R，2004. Tillage and manure effects on soil and aggregate - associated carbon and nitrogen. Soil Science Society of America Journal，68：809 - 816.

McCalla T M，1944. Water - drop method of determining stability of soil structure. Soil Science，58：117 - 121.

Mcnally S R，Beare M H，Curtin D，et al.，2017. Soil carbon sequestration potential of permanent pasture and continuous cropping soils in New Zealand. Global Chang Biology，23（11）：4544.

Mikha M M，Rice C W，2004. Tillage and manure effects on soil and aggregate - associated carbon and nitrogen. Soil Science Society of America Journal，68（3）：809 - 816.

Miller R M，Jastrow J D，1990. Hierarchy of root and mycorrhizal fungal interactions with soil aggregation. Soil Biology and Biochemistry，22：579 - 584.

Miltner A，Bombach P，Schmidt - Brücken B，et al.，2012. SOM genesis：microbial biomass as a significant source. Biogeochemistry，111（1 - 3）：41 - 55.

Moore - Kucera J，Dick R P，2008. Application of ^{13}C - labeled litter and root materials for in situ decomposition studies using phospholipid fatty acids. Soil Biology and Biochemistry，40：2485 - 2493.

Mtambanengwe F，Mapfumo P，2008. Small holder farmer management impacts on particulate and labile carbon fractions of granitic sandy soils in Zimbabwe. Nutrient Cycling in Agroecosystems，81：1 - 15.

Müller K，Marhan S，Kandeler E，et al.，2017. Carbon flow from litter through soil microorganisms：from incorporation rates to mean residence times in bacteria and fungi. Soil Biology and Biochemistry，115：187 - 196.

Neff J C，Townsend A R，Gleixner G，et al.，2002. Variable effects of nitrogen additions on the stability and turnover of soil carbon. Nature, 419 (6910): 915.

Ni J Z, Xu J M, Xie Z M, 2000. Soil light organic matter. Techniques and Equipment for Environmental Pollution, 1 (2): 59 – 64.

Oades J M, 1984. Soil organic matter and structural stability: mechanisms and implications for management. Plant and Soil, 76: 319 – 337.

Oades J M, Waters A G, 1991. Aggregate hierarchy in soils. Australian Journal of Soil Research, 29: 815 – 828.

Ohm H, Hamer U, Marschner B, 2007. Priming effects in soil size fractions of a podzol Bshorizon after addition of fructose and alanine. Journal of Plant Nutrition and Soil Science, 170: 551 – 559.

Olsson P A, 1999. Signature fatty acids provide tools for determination of the distribution and interactions of mycorrhizal fungi in soil. FEMS Microbiology Ecology, 29: 303 – 310.

Palviainen M, Finér L, Kurka A M, et al., 2004. Release of potassium, calcium, iron and aluminium from Norway spruce, Scots pine and silver birch logging residues. Plant and Soil, 259 (1/2): 123 –136.

Panek J A, Waring R H, 1997. Stable carbon isotopes as indicators of limitations to forest growth imposed by climate stress. Ecological Applications, 7 (4): 854 – 863.

Pan F, Li Y, Chapman S J, et al., 2016. Microbial utilization of rice straw and its derived biochar in a paddy soil. Science of the Total Environment, 559: 15 – 23.

Paterson E, Sim A, 2013. Soil – specific response functions of organic matter mineralization to the availability of labile carbon. Global Change Biology, 19 (5): 1562 – 1571.

Pei J B, Li H, Li S Y, et al., 2015. Dynamics of maize carbon contribution to soil organic carbon in association with soil type and fertility level. Plos One, 10 (3): e0120825.

Pelz O, Abraham Wolf – Rainer, Saurer M, 2005. Microbial assimilation of plant – derived carbon in soil traced by isotope analysis. Biology and Fertility of Soils, 41 (3): 153 – 162.

Perelo L W, Munch J C, 2005. Microbial immobilisation and turnover of ^{13}C labelled substrates in two arable soils under field and laboratory conditions. Soil Biology and Biochemistry, 37 (12): 2263 – 2272.

Petersen S O, Debosz K, Schjønning P, et al., 1997. Phospholipid fatty acid profiles and C availability in wet – stable macro – aggregates from conventionally and organically farmed soils. Geoderma, 78: 181 – 196.

Plante A F, Conant R T, Stewart C E, et al., 2006. Impact of soil texture on the distribution of soil organic matter in physical and chemical fractions. Soil Science Society of America Journal, 70: 287 – 296.

Poirier V, Angers D A, Rochette P, et al., 2013. Initial soil organic carbon concentration influences the short – term retention of crop – residue carbon in the fine fraction of a heavy clay soil. Biology and Fertility of Soils, 49: 527 – 535.

Poirier V, Angers D A, Whalen J K, 2014. Formation of millimetric – scale aggregates and associated retention of ^{13}C $-^{15}$N – labelled residues are greater in subsoil than topsoil. Soil Biology and Biochemistry, 75: 45 – 53.

Potthast K, Hamer U, Makeschin F, 2010. Impact of litter quality on mineralization processes in managed and abandoned pasture soils in Southern Ecuador. Soil Biology and Biochemistry, 42 (1): 56 – 64.

Puget P, Drinkwater L E, 2001. Short – term dynamics of root – and shoot – derived carbon from a leguminous green manure. Soil Science Society of America Journal, 65: 771 – 779.

Qiao N, Schaefer D, Blagodatskaya E, et al., 2014. Labile carbon retention compensates for CO_2 released by priming in forest soils. Global Change Biology, 20: 1943 – 1954.

Raich J W, 1998. Above – ground productivity and soil respiration in three Hawaiian rain forests. Forest

Ecology Management，107：309.

Robinson D，2001. δ^{15}N as an integrator of the nitrogen cycle. Trends in Ecology and Evolution，16（3）：153－162.

Rubino M，Dungait J A J，Evershed R P，et al.，2010. Carbon input belowground is the major C flux contributing to leaf litter mass loss：Evidences from a ^{13}C labelled－leaf litter experiment. Soil Biology and Biochemistry，42：1009－1016.

Rustad L E，Campbell J L，Marion G M，et al.，2001. A meta－analysis of the response of soil respiration，net nitrogen mineralization，and above－ground plant growth to experimental ecosystem warming. Oecologia，126：543－562.

Sahin U，Angin I，Kiziloglu F M，2008. Effect of freezing and thawing processes on some physical properties of saline sodic soils mixed with sewage sludge or fly ash. Soil & Tillage Research，99（2）：254－260.

Samul A，Sylvie R，Victor R，et al.，2005. Mine realisation of C and N from root，stem and leaf residues in soil and role of their biochemical quality. Biology and Fertility of Soils，42（2）：119－128.

Schimel J，2003. The implications of exoenzyme activity on microbial carbon and nitrogen limitation in soil：a theoretical model. Soil Biology and Biochemistry，35（4）：549－563.

Schmatz R，Recous S，Aita C，et al.，2016. Crop residue quality and soil type influence the priming effect but not the fate of crop residue C. Plant and Soil，414：229－245.

Schutter M E，Dick R P，2002. Microbial community profiles and activities among aggregates of winter fallow and cover－cropped soil. Soil Science Society of America Journal，66：142－153.

Shahbaz M，Kuzyakov Y，Sanaullah M，et al.，2017. Microbial decomposition of soil organic matter is mediated by quality and quantity of crop residues：mechanisms and thresholds. Biology and Fertility of Soils，53（3）：287－301.

Shao P，Liang C，Lynch L，et al.，2019. Reforestation accelerates soil organic carbon accumulation：Evidence from microbial biomarkers. Soil Biology and Biochenistry，131：182－190.

Sierra C A，2012. Temperature sensitivity of organic matter decomposition in the Arrhenius equation：Some theoretical considerations. Biogeochemistry，8（1/3）：1－15.

Simpson A J，Simpson M J，Smith E，et al.，2007. Microbially derived inputs to soil organic matter：are current estimates too low? Environmental Science and Technology，41（23）：8070－8076.

Six J，Bossuyt H，Degryze S，et al.，2004. A history of research on the link between micro－aggregates，soil biota，and soil organic matter dynamics. Soil & Tillage Research，79（1）：7－31.

Six J，Conant R T，Paul E A，et al.，2002. Stabilization mechanisms of soil organic matter：implications for C－saturation of soils. Plant and Soil，241（2）：155－176.

Six J，Elliott E T，Paus tian K，2000. Soil macro－aggregate turnover and micro－aggregate formation：A mechanism for C sequestration under no－tillage agriculture. Soil Biology and Biochemistry，32（14）：2099－2103.

Six J，Elliott E T，Paustian K，et al.，1998. Aggregation and soil organic matter accumulation in cultivated and native grass land soils. Soil Science Socienty of Ameriacn Journal，62：1367－1377.

Six J，Feller C，Denef K，et al.，2002. Soil organic matter，biota and aggregation in temperate and tropical soils－effects of no－tillage. Agronomie，22：755－775.

Six J，Frey S D，Thiet R K，et al.，2006. Bacterial and fungal contributions to carbon sequestration in agroecosystems. Soil Science Society of America Journal，70（2）：555－569.

Six J，Paustian K，2014. Aggregate－associated soil organic matter as an ecosystem property and a measurement tool. Soil Biology and Biochemistry, 68: A4 - A9.

Six J, Paustian K, Elliott E T, et al., 2000. Soil structure and organic matter: I. Distribution of aggregate - size classes and aggregate - associated carbon. Soil Science Socienty of Ameriacn Journal, 64: 681 - 689.

Sjogersten S, Wookey P A, 2002. Climatic and resource quality controls on soil respiration across a forest - tundra ecotone in Swedish Lapland. Soil Biology and Biochemistry, 34: 1633 - 1646.

Sollins P, Spycher G, Glassman C A, 1984. Net nitrogen mineralization from light and heavy fraction forest soil organic matter. Soil Biology and Biochemistry, 16: 31 - 37.

Sparling G P, Shepherd T G, Kettles H A, 1992. Changes in soil organic C, microbial C and aggregate stability under continuous maize and cereal cropping, and after restoration to pasture in soils from the Manawatu region, New Zealand. Soil & Tillage Research, 24 (3): 225 - 241.

Stewart C E, Follett R F, Wallace J, et al., 2012. Impact of biosolids and tillage on soil organic matter fractions: implications of carbon saturation for conservation management in the Virginia Coastal Plain. Soil Science Society of America Journal, 76 (4): 1257 - 1267.

Stewart C E, Paustian K, Conant R T, et al., 2008. Soil carbon saturation: evaluation and corroboration by long - term incubations. Soil Biology and Biochemistry, 40: 1741 - 1750.

Stewart C E, Paustian K, Conant R T, et al., 2009. Soil carbon saturation: Implications for measurable carbon pool dynamics in long - term incubations. Soil Biology and Biochemistry, 41 (2): 357 - 366.

Stewart C E, Plante A F, Paustian K, et al., 2008. Soil carbon saturation: linking concept and measurable carbon pools. Soil Science Society of America Journal, 72 (2): 379 - 392.

Stockmann U, Adams M A, Crawford J W, et al., 2013. The knowns, known unknowns and unknowns of sequestration of soil organic carbon. Agriculture, Ecosystems and Environment, 164: 80 - 99.

Sun Y, Gao X, Zhao X, et al., 2017. Effects of corn stalk incorporation on organic carbon of feavy fraction and composition of soil aggregates in albic soil. Acta Pedologica Sinica (4): 1009 - 1017.

Sun Y, Shan H, Yu X, et al., 2013. Stability and saturation of soil organic carbon in rice fields: Evidence from a long - term fertilization experiment in subtropical China. Journal of Soils and Sediments, 13 (8): 1327 - 1334.

Swift M J, Heal O W, Anderson J M, 1979. Decomposition in terrestrial ecosystems. Studies in Ecology, 5 (14): 2772 - 2774.

Tavi N M, Martikainen P J, Lokko K, et al., 2013. Linking microbial community structure and allocation of plant - derived carbon in an organic agricultural soil using $^{13}CO_2$ pulse - chase labelling combined with ^{13}C - PLFA profiling. Soil Biology and Biochemistry, 58: 207 - 215.

Thiessen S, Gleixner G, Wutzler T, et al., 2013. Both priming and temperature sensitivity of soil organic matter decomposition depend on microbial biomass - An incubation study. Soil Biology and Biochemistry, 57: 739 - 748.

Thippayarugs S, Toomsan B, Vityakon P, et al., 2007. Interactions in decomposition and N mineralization between tropical legume residue components. Agriculture Systems, 72: 137 - 148.

Tisdall J, Smith S, Rengasamy P, 1997. Aggregation of soil by fungal hyphae. Soil Research, 35 (1): 55 - 60.

Tisdall J M, 1994. Possible role of soil microorganisms in aggregation in soils. Plant and Soil, 159: 115 - 121.

Tisdall J M, 1996. Formation of soil aggregates and accumulation of soil organic matter. In: Structure and organic matter storage in agricultural soils. carter. CRC Press, Boca Raton, FL.

Tisdall J M，Oades J M，1982. Organic matter and water－stable aggregates in soils. Journal of Soil Science，31：141－163.

Troy S M，Lawlor P G O，Flynn C J，et al.，2013. Impact of biochar addition to soil on greenhouse gas emissions following pig manure application. Soil Biology and Biochemistry，60：173－181.

Uselman S M，Qualls R G，Lilienfein J，2007. Contribution of root vs. leaf litter to dissolved organic carbon leaching through soil. Soil Science Society of America Journal，71：1555－1563.

van Groenigen K J，Bloem J，Báàth E，et al.，2010. Abundance，production and stabilization of microbial biomass under conventional and reduced tillage. Soil Biology and Biochemistry，42：48－55.

Verburg P S J，Arnone J A，Evans R D，et al.，2004. Net ecosystem C exchange in two moodel grassland ecosystems. Global Change Biology，10：498－508.

Verchot L V，Dutaur L，Shepherd K D，et al.，2011. Organic matter stabilization in soil aggregates：Understanding the biogeochemical mechanisms that determine the fate of carbon inputs in soils. Geoderma，161：182－193.

Waldrop M P，Firestone M K，2004. Microbial community utilization of recalcitrant and simple carbon compounds：impact of oak－woodland plant communities. Oecologia，138：275－284.

Wang H，Xu W，Hu G，et al.，2015. The priming effect of soluble carbon inputs in organic and mineral soils from a temperate forest. Oecologia，178（4）：1239－1250.

Wang H，Boutton T W，Xu W，et al.，2015. Quality of fresh organic matter affects priming of soil organic matter substrate utilization patterns of microbes. Scientific reports，5：10102.

Wang W J，Baldock J A，Dalal R C，et al.，2004. Decomposition dynamics of plant materials in relation to nitrogen availability and biochemistry determined by NMR and wet－chemical analysis. Soil Biology and Biochemistry，36（12）：2045－2058.

Wang X，Butterly C R，Baldock J A，et al.，2017. Long－term stabilization of crop residues and soil organic carbon affected by residue quality and initial soil pH. Science of the Total Environment，587－588：502－509.

Wang X，Li X，Hu Y，et al.，2010. Effect of temperature and moisture on soil organic carbon mineralization of predominantly permafrost peatland in the Great Hing'an Mountains，Northeastern China. Journal of Environmental Sciences，22（7）：1057－1066.

Wang Y，Hu N，Ge T，et al.，2017. Soil aggregation regulates distributions of carbon，microbial community and enzyme activities after 23－year manure amendment. Applied Soil Ecology，111：65－72.

Wang Y，Li M，Pei J，et al.，2019. Dynamics of maize straw－derived nitrogen in soil aggregates as affected by fertilization. Journal of Soils and Sediments，19：2882－2890.

Wang Y，Xu Y，Pei J，et al.，2020. Below ground residues were more conducive to soil organic carbon accumulation than above ground ones. Applied Soil Ecology，148：103509.

Wei H，Guenet B，Vicca S，et al.，2014. High clay content accelerates the decomposition of fresh organic matter in artificial soils. Soil Biology and Biochemistry，77：100－108.

Werner R A，Brand W A，2001. Referencing strategies and techniques in stable isotope ratio analysis. Rapid Communications in Mass Spectrometry，15：501－519.

Wetterstedt J A M，Persson T，Agren G I，2010. Temperature sensitivity and substrate quality in soil organic matter decomposition：results of an incubation study with three substrates. Global Change Biology，16（6）：1806－1819.

Whalen J K，Quancai H，Aiguo L，2003. Compost application increase water－stable aggregates in cor ventional and no - tillage systems. Soil Science Society of America Journal, 67: 1842 - 1847.

Wiesmeier M, Hübner P, Spörlein P, et al., 2014. Carbon sequestration potential of soils in southeast Germany derived from stable soil organic carbon saturation. Global Change Biology, 20: 653 - 665.

Williams M A, Myrold D D, Bottomley P J, 2006. Carbon flow from ^{13}C - labeled straw and root residues into the phospholipid fatty acids of a soil microbial community under field conditions. Soil Biology and Biochemistry, 38: 759 - 768.

Xiang S, Doyle A, Patriciaa Holden P A, et al., 2008. Drying and rewetting effects on C and N mineralization and microbial activity in surface and subsurface California grassland soils. Soil Biology and Biochemistry, 40 (9): 2281 - 2289.

Xu Y, Ding F, Gao X, et al., 2019. Mineralization of plant residues and native soil carbon as affected by soil fertility and residue type. Journal of Soils and Sediments, 19 (3): 1407 - 1415.

Xu Y, Ding X, Lal R, et al., 2020. Effect of soil fertility on the allocation of nitrogen derived from different maize residue parts in the soil - plant system. Geoderma, 379: 114632.

Yamada K, Kanai M, Osakabe Y, et al., 2011. Monosaccharide absorption activity of Arabidopsis roots depends on expression profiles of transporter genes under high salinity conditions. Journal of Biological Chemistry, 286: 43577 - 43586.

Yang Q P, Xu M, Liu H S, et al., 2011. Impact factors and uncertainties of the temperature sensitivity of soil respiration. Acta Ecologica Sinica, 31 (8): 2301 - 2311.

Young R A, 1984. A method of measuring aggregate stability under water - drop impact. Transactions of the American Society of Agricultural Engineers, 27: 1351 - 1354.

Zhang K, Chen L, Li Y, et al., 2020. Interactive effects of soil pH and substrate quality on microbial utilization. European Journal of Soil Biology, 96: 103151.

Zhang W, Xu, M, Wang X, et al., 2012. Effects of organic amendments on soil carbon sequestration in paddy fields of subtropical China. Journal of Soils and Sediments, 12: 457 - 470.

Zhang W D, Wang X F, Wang S L, 2013. Addition of external organic carbon and native soil organic carbon decomposition: A meta - analysis. PLoS One, 8 (2): e54779.

Zhang X, Amelung W, 1996. Gas chromatographic determination of muramic acid, glucosamine, mannosamine, and galactosamine in soils. Soil Biology and Biochemistry, 28 (9): 1201 - 1206.

Zhang X, Amelung W, Yuan Y, et al., 1999. Land - use effects on amino sugars in particle - size fractions of an Argiudoll. Applied Soil Ecology, 641, 11: 271 - 275.

Zhao H L, Ning P, Chen Y L, et al., 2019. Effect of straw amendment modes on soil organic carbon, nitrogen sequestration, and crop yield on the North - Central Plain of China. Soil Use and Management, 35 (3): 511 - 525.

Zhou L, Zhou X, Shao J, et al., 2016. Interactive effects of global change factors on soil respiration and its components: A meta - analysis. Global Change Biology, 22: 3157 - 3169.

L, Shen Y, Li S, 2019. Microbial residues were increased by film mulching with manure amendment semiarid agroecosystem. Archives of Agronomy and Soil Science, 65: 101 - 112.

Minasny B, Field D, 2009. Adapting technology for measuring soil aggregate dispersive energy trasonic dispersion. Biosystems Engineering, 104: 258 - 265.

A R, Gao B, Ahn M Y, 2011. Positive and negative carbon mineralization priming effects iety of biochar - amended soils. Soil Biology and Biochemistry, 43 (6): 1169 - 1179.